民用航空发动机持续适航工程技术

Continuous Airworthiness Engineering Technology of Civil Aero-engine

闫锋　陆江华　付金华　张弛　著

U0317196

清华大学出版社
北京

内 容 简 介

本书以欧美典型民用航空发动机使用经验为基础,介绍了航空发动机的维修理论和概念、航空发动机状态监控的基本理论和概念、航空发动机无损检测技术、航空发动机基本故障和诊断方法、航空发动机适航要求、航空发动机航线、定检和车间大修的概念、流程和方法以及航空发动机的工作限制和调整测试。力图从专业基础知识出发,由浅及深地介绍民用航空发动机维护维修的专业知识和工程实践技术,期冀读者较容易理解和掌握民用航空发动机维修的一些基本概念、维修理论和维修流程方法,为从事该行业工作提供理论基础。

本书可以作为相关专业的学习参考书,亦可作为业内参考用书。

图书在版编目(CIP)数据

民用航空发动机持续适航工程技术/闫锋等著. —北京:清华大学出版社,2020.9
ISBN 978-7-302-55501-8

Ⅰ. ①民… Ⅱ. ①闫… Ⅲ. ①民用航空－航空发动机－适航性－工程技术 Ⅳ. ①V23

中国版本图书馆 CIP 数据核字(2020)第 085373 号

责任编辑:王　欣
封面设计:常雪影
责任校对:刘玉霞
责任印制:杨　艳

出版发行:清华大学出版社
　　　　网　　　址:http://www.tup.com.cn,http://www.wqbook.com
　　　　地　　　址:北京清华大学学研大厦 A 座　　　　　　　邮　　编:100084
　　　　社 总 机:010-62770175　　　　　　　　　　　　　　邮　　购:010-62786544
　　　　投稿与读者服务:010-62776969,c-service@tup.tsinghua.edu.cn
　　　　质量反馈:010-62772015,zhiliang@tup.tsinghua.edu.cn
印　刷　者:北京富博印刷有限公司
装 订 者:北京市密云县京文制本装订厂
经　　销:全国新华书店
开　　本:185mm×260mm　　　印　张:13　　　　　　字　　数:317 千字
版　　次:2020 年 9 月第 1 版　　　　　　　　　　　印　　次:2020 年 9 月第 1 次印刷
定　　价:39.00 元

产品编号:086067-01

截至 2019 年 6 月底,中国民航业机队规模达到 6292 架,其中运输飞机为 3722 架,通用航空器为 2570 架;注册无人机 33.9 万架;运输机场 236 个,跑道数量 256 条,停机位 5865 个,航站楼面积 1456 万 m^2;航路航线总里程达 227784km。中国民航经历了改革开放 40 年的奋斗历程,从 1978 年到现在,飞机数量从 144 架增长到 3722 架,飞行人员数量增长近 15 倍,机务维修人员数量增长近 50 倍。中国民航业已经踏上了由"民航大国"向"民航强国"的伟大征程。但是我国民航运输飞机和发动机主要靠欧美进口,即使我国自主研发生产的支线飞机 ARJ21 和大飞机 C919 也是选装的进口发动机。航空发动机技术作为现阶段我国科技发展的"短板",一直制约着我国民用航空产业的发展,甚至可能会导致"卡脖子"的情况出现。2014 年 2 月,航空发动机和燃气轮机("两机")科技重大专项已经成为国家第 20 个重大技术专项,航空发动机已经列为国家战略。我国民航业积累了丰富的进口航空器使用经验,如果能利用这些宝贵的技术经验,在提升我国民用航空工业自主创新能力、提速行业全产业链条融通、提高民航运营管理水平、提供行业人才培养的智力支持等方面发挥一点积极作用的话,此乃此书最大的价值和意义。

航空发动机是整个飞机的动力来源(可以为飞机提供推力、电力、液压、气源等能源),其稳定可靠地工作是飞机完成预定任务、保证飞行安全的基本保障。尽管发动机设计技术、制造技术和可靠性技术日臻完善,但由于发动机原因而导致的飞行事故,特别是重大、特大等级事故,一直占较大的比例。中国民航局每月公布的 SDR 数据显示,发动机故障率一直处于较高水平。因此,如何有效地保证航空发动机的安全性和可靠性,成为各航空发动机使用单位的重要工作之一。

就民航机务人才培养而言,随着我国民用航空事业的蓬勃发展,航空发动机维修越来越需要一支专业、强大的队伍。航空发动机运营工程技术(或相近课程)是民用航空机务类专业的必修课,因各种原因无合适教材可供选择。该课程使用的教材一直是各院校的内部讲义,这种情况给教学带来了极大的弊端。该课程的一大特点就是理论与工程实践结合得较为密切。理论和工程实践的结合点应该围绕"安全"这一主线,着眼于三个方面,即航空器制造方、适航管理当局和运营人。贯穿这一主线,理论联系实际应落脚在这三大方面的各个细节上,如航空器制造商的航空器维修大纲制订的科学逻辑、适航管理当局的条例法规以及运营人的工程管理方法等。现已出版的著作种类极少，而且都没有系统全面地阐述民用航空发动机的维护理论及方法，本书恰好起到填补的作用。

本书以欧美典型民用航空发动机使用经验为基础，介绍了航空发动机的维修理论和概念，航空发动机状态监控的基本理论和概念，航空发动机无损检测技术手段，航空发动机的基本故障和诊断方法，航空发动机适航要求，航空发动机航线和定检，航空发动机车间大修的概念、流程和方法，航空发动机的维修成本和送修管理，以及航空发动机调整和测试。力图从专业基础知识出发，由浅及深地介绍民用航空发动机维护维修的专业知识和工程实践技术，期冀读者较容易理解和掌握民用航空发动机维修的一些基本概念、维修理论和维修流程方法，为从事该行业的工作人员提供理论基础。本书可以作为相关专业的学习参考书，亦可作为业内参考用书。

本书在工业与信息化部民机专项 MJ-2018-Y-56、中国民用航空飞行学院科研团队建设项目 JG2019-02、面上项目 J2014-31、面上项目 J2018-57、青年基金项目 Q2015-057 和研究生课程建设项目 XKJ2019-2 等资助下完成出版，在此表示感谢。

民用航空发动机持续适航管理是一项系统工程，需要科学的组织与实施才能保证维修工程活动的有效性、准确性和经济性。本书选取典型环节进行阐述，未涵盖全部流程和环节。最后，对于在此书编写过程中给予支持和帮助的中国民用航空飞行学院、中国民航科学技术研究院、成都航空职业技术学院、国航、厦航、东航、川航以及成都航空等单位的领导、老师和行业同仁在此深表谢意。中国民用航空飞行学院付尧明教授审阅了本书，并给予了宝贵的修改建议，最后一并表达诚挚的谢意。

由于著者水平有限，书中难免存在错误和疏漏之处，恳请读者批评指正，使其日臻完善。

著　者

中国民用航空飞行学院

2020 年 4 月

第 1 章

航空发动机维修概论

1.1 航空发动机维修简述

在人类社会中,维修是伴随着生产工具的使用而出现的,飞机作为人类的一种生产工具,是在地面设备技术基础上发展起来的,是当代科学与技术的结晶。对于这种飞行的机器,要保持它的正常运营,就不得不考虑它的维修问题。据记载,当年美国陆军通讯部门向莱特兄弟定购飞机时,就明确提出了"使用与维修方便"的要求,由此可以看出航空维修是与飞机同时出现的,是随航空技术的发展而不断发展的。

1.1.1 航空维修管理科学的起源与发展

19 世纪末到 20 世纪初,美国工程师泰勒把工业企业中传统的经验管理提高了一步,形成了科学管理的理论方法。这时,正值航空维修业发展的早期,飞机维修尚处于手工作坊生产的状态,维修基本上属于一门操作技艺,由于飞机简单,可以凭眼睛看、耳朵听、手摸等直观判断或通过师傅带徒弟传授经验的办法来排除故障,缺乏系统的理论,维修管理也只能算是经验管理。到了 20 世纪 30 年代,由于维修内容的增加以及技术复杂程度的提高,维修本身的规模和涉及的范围也日益增大,维修管理开始向科学管理过渡。这就是在经验管理的基础上,逐步形成了有关管理的计划、组织、控制等职能,并使之标准化、科学化。

计划是管理的首要职能。通过对维修实践的分析,维修被分为预防性维修和恢复性维修两种基本类型。预防性维修指的是可以按照预先制订的计划实施的维修项目;恢复性维修指的是在航空器部件和系统失效之后采取一定的维修措施,这种项目具有一定的突发性,很难控制。

第二次世界大战后期的维修业,由于缺乏预测技术和定量分析的方法,维修计划还只能根据经验的积累,以维修工时的控制为主要方法。

20 世纪 60 年代后期,随着航空公司机队规模的扩大和民航当局对维修管理的加强,航空器的维修计划成为一个航空公司取得运营资格的必要条件。在维修生产过程中,随着信息技术和电子技术的发展,维修生产的短期、中期和长期计划不断完善,维修管理工作对维修生产的控制能力有了很大的提高。

20 世纪 70 年代中期,世界上先进的维修企业已经开始采用计算机网络对维修文件、工作单卡、工时消耗以及航材跟踪等进行管理。

维修管理的组织职能是确定飞机维修的组织体制结构、制订相应的组织法规和制度以及组织实施维修作业等。

第二次世界大战之后的 50 年代,大多数航空业发达的国家,在航空维修管理方面已经逐步建立起一整套科学的规章制度和标准规范,包括规定航空公司在维修管理方面的方针、原则、任务、职责以及维修制度等的条例;各种飞机的维修方案、维护规程、修理规范,统计、登记、工艺卡片,以及工时、器材、设备的消耗定额等。同时,为了保证飞机的飞行安全,在维修工作中特别重视飞机维修的质量控制和质量保证体系,从维修人员的资格认证、零部件的使用和库存限制到仪器设备的效验,都建立了严格的管理制度。

1.1.2 民用航空维修思想的变化

从飞机问世之日起,航空器的维修思想经历了一系列的变化,特别是近 30 多年来,随着飞机制造技术的提高,先进的维修手段不断出现,维修经验不断增加,飞机维修理论和维修思想不断完善。在 20 世纪 60 年代,世界航空维修业进行了全球性的变革,指导飞机维修活动的航空维修观念发生了巨大的变化,逐步形成了一种新的现代航空维修思想。

1. 传统的维修思想

早期的飞机通常装有简单的活塞式发动机,起落架不能收放,而且没有襟翼。一般说来,这种简单飞机的零部件故障多同机械磨损和材料疲劳有关,因而故障的发生往往同使用时间有关,表现出集中于某个平均时间的趋势。通常只包含很少几种故障模式,航空器的可靠性与其使用时间有直接的关系。而且,这种简单飞机是没有余度保护的,人们便产生了把飞机及其零部件故障的预防和修理相结合,并以预防为主、保证飞行安全的维修指导思想,或者说是安全第一、预防为主,这一思想经受了历史的考验,对今天的飞机维修思想仍然起着重要的指导作用,是实施飞机维修工作必须遵循的一条基本原则。

概括地说,传统的维修思想是:飞机的安全性与其各系统、部件、附件、零件的可靠性紧密相关,可靠性又与飞机的使用时间直接有关,而且在预防维修与可靠性之间存在着根本性的因果关系。因此,必须根据使用时间进行预防维修工作,即通过经常检查、定期修理和翻修来控制飞机的可靠性。预防性维修工作做得越多,飞机越可靠。翻修间隔期的长短是控制飞机可靠性的重要因素。这是一种以定期全面翻修为主的预防维修思想或定时维修思想,"翻修期控制"直到现代维修思想确定之后,才逐步退出历史舞台,其合理部分作为一种维修方式保存了下来。

20 世纪 60 年代,高频的维修成本、翻修期长短与飞行安全的关系问题,迫使人们对传统维修思想进行重新评价,得出以下几点认识。

(1) 传统的定时维修只适用于一些简单零部件和有支配性故障模式的复杂零部件。这些零部件的故障往往集中出现在某一平均工龄附近,给它们一个工龄限制,对其可靠性可以起到有效的控制作用;给有安全性后果的零部件一个安全寿命,给有重大经济性后果的零部件规定经济寿命,也是必要的。但是,绝大多数零部件的故障发生时间沿着时间轴均匀分布,并不集中出现在某一平均工龄左右,因此,企图通过使用时间来控制其可靠性是不能奏效的。

（2）零部件的可靠性与安全性的联系，通过余度设计、破损安全设计和其他方法可以削弱和切断。这样，关于故障全部会影响安全性的假设就不符合现代飞机的实际情况。真正有安全性后果的故障不到 20%。

（3）飞机的固有可靠性和安全性水平是有效维修所能达到的最高水平。维修的作用是保持这一水平。如果采取了一切可能的预防措施，仍然发生问题，那就证明飞机的固有能力不足，唯一的办法就是更改设计。

（4）预防性维修必须根据零部件的故障规律及后果，采取有针对性的维修方式，不是预防工作做得越多越好。如果预防工作超过了一定限度，反而会使零部件的可靠性下降。

2. 现代维修思想

现代维修思想是以可靠性为中心的维修思想。这种思想是建立在综合分析航空器可靠性的基础上，根据不同零部件的不同故障模式和后果，而采用不同维修方式和维修制度的科学维修思想。它的实质就是采用最经济有效的维修，对航空器的可靠性实施最优控制。主要体现在以下几个方面。

（1）现代维修思想是以可靠性为中心。要正确认识和处理航空器设计与维修之间的关系，必须以可靠性为中心搞好维修品质设计，要采用各种先进的设计思想和制造技术，从根本上改善和提高航空器的可靠性、安全性。

（2）要以保持和恢复航空器的可靠性、安全性等水平为总目标，确定正确的维修方针。既要通过与空勤人员合作，把航空器的所有零部件均置于维修监控之下，又必须区分重要零部件和一般零部件、简单零部件和复杂零部件，只做那些十分必要的维修工作。

（3）制订以可靠性为中心的维修方案。航空器的维修方案是具体地对某一架航空器实施预防维修的指导性技术文件，是维修保障设计的一项重要内容。要运用决断分析技术加以实施。

（4）航空维修部门应以可靠性控制为主要目的来建立航空维修信息系统，收集和处理航空器故障信息和维修信息，为维修的优化和航空器的改进提供必要的数据。

1.2 民航维修基本概念

1.2.1 航空维修的定义

航空维修工作分为两个范畴，即维修技术和维修组织管理，它们之间是紧密相连的。维修技术是对"物"——民用航空器及其装备、维修手段和设施而言，而维修组织管理是对"事"——服务于航空维修目的的各项工作，或者称为"航空维修工程"。对这个"事物"的客观规律进行研究，对它们进行概括和总结，综合运用系统工程理论、航空工程专业理论、可靠性理论和管理科学，构成了航空维修理论。航空维修理论的定义是：它是反映航空维修工作客观规律的科学，是研究以最高的飞机使用可靠性、最低的消耗，为保障安全、正常地完成飞行任务提供有关航空维修技术、维修管理以及维修设计等的应用工程科学。

针对"维修"（maintenance）一词有以下几种其他的定义。

（1）一些典型航空公司的定义。为恢复和维持一个项目在可用状态而需要的一些活动，包括勤务修理、改装、大修、检查和状态确认。

（2）《以可靠性为中心的维修》（作者：莫布雷）中的定义。确保有形资产执行预定的功能。

（3）美国联邦航空管理局 FAA 的定义。部件的检查、翻修、修理、储存和更换。

（4）国家军用标准 GJB 451—90、GJB/Z 91—97 中的定义。为使产品保持或恢复到规定状态所进行的全部活动。

（5）国家标准 GB/T 3187—94 中的定义。为保持或恢复产品处于能执行规定功能的状态所进行的所有技术和管理，包括监督的活动。维修可能包括对产品的修改。

（6）防务采办术语-98 中的定义。因磨损或损坏而必须对产品进行的维护和修理。它既不使产品具有永久性特性，也不延长产品寿命，只是保持其有效的工作状态。维修通常包括"修理"，但在涉及不动产时，国防界将其区别于为了使不动产设施保持或恢复到可按规定目标有效利用的状态所需的反复的、日常的、定期的或计划的工作。维修包括为防止产品故障而进行的预防性维修和把产品恢复到正常状态的修复性维修。

（7）全球航空公司技术应用词汇 WATOG-91 中的定义。为恢复或保持产品处于可使用状态所需的活动，包括维护、保养、修理、改进、翻修、检查以及状态的确定等。

（8）《航空维修管理（第 2 版）》（作者：哈里（Harry Kinnison））中的定义。维修是一个过程，它确保一个系统在它设计的可靠性和安全性水平下，能持续履行赋予它的功能。

（9）《维修工程手册》（作者：林德利.贝希金斯）中的定义。维修是一门科学，因为它的实施过程总会与多数或所有学科有关；维修是一门艺术，因为看上去似乎相同的问题经常出现并有不同的解决方法和措施，还因为各维修理论、工段长和机务人员在维修方面表现出的较多的天性技巧，这是其他人所不能比拟或掌握的；维修尤其是一门富有哲理的学问，因为维修就是一种准则，这个准则可以加强应用，也可以适度应用，或者根本不用，这取决于可变因素广泛的变化范围，这些可变因素常常超越更直接或更明显的解决方法的范围。

（10）CCAR-145R3 中的定义。维修是指对民用航空器或者民用航空器部件所进行的任何检测、修理、排故、定期检修、翻修和改装工作。航空器或者航空器部件的制造厂家的保修或者因设计制造原因的索赔修理不属于该维修的范围。

1.2.2　民航维修的相关概念

（1）民航维修（civil aviation maintenance）

指对民用航空器和航空器部件所进行维护、修理、检查、更换、改装和排故的总和，从而确保飞机和旅客的安全。

（2）民用航空器（civil aircraft）

指用于执行军事、海关和警察飞行任务以外的航空器。

（3）航空器部件（aircraft component）

指航空器机体以外的任何装于或者准备装于航空器的部件，包括整台动力装置，螺旋桨和任何正常、应急设备等。

（4）限寿件（life limit part，LLP）

指在航空器、发动机或者螺旋桨的持续适航文件中有装机使用时间、循次和库存时间限制或寿命限制的零部件,及生产厂家文件规定有库存放时间限制或寿命限制的航材。

（5）改装（modification）

指在航空器及其部件交付后进行的超出其原设计状态的任何改变,包括任何材料和零部件的替代。

（6）修理（repair）

是对航空器及其部件的任何损伤或者缺陷进行处理,使其达到在规定的限制范围内继续使用的工作统称。修理是维修工作的一种。

（7）重要改装（major modification）

指没有列入航空器及其部件制造厂家的设计规范中,并且可能对重量、平衡、结构强度、性能、动力特性、飞行特性和其他适航性因素有明显影响的改装,或者是不能按照已经被接受的方式或者通过基本的作业就能够完成的改装。

（8）重要修理（major repair）

指如果不正确地实施,将可能对平衡、结构强度、性能、动力特性、飞行特性和其他适航性因素产生明显影响的修理,或者是不按照已经被接受的方法或者通过基本的作业就能够完成的工作。

（9）检测（inspection/test）

指不分解航空器部件,而根据适航性资料,通过离位的试验和功能测试来确定航空器部件的可用性。

（10）翻修（overhaul）

指通过对航空器或航空器部件进行分解、清洗、检查、必要的修理或者换件、重新组装和测试来恢复航空器或者航空器部件的使用寿命或者适航性状态。

（11）航线维修（line maintenance）

指按照航空运营人提供的工作单对航空器进行的例行检查,以及按照相应飞机、发动机维护手册等在航线进行的故障和缺陷处理,包括换件与按照航空运营人机型最低设备清单、外形缺损清单保留故障和缺陷。包括民用航空器短停(过站)、航行前、航行后的维修。一般勤务工作项目不作为航线维修项目。

（12）定期检修（scheduled maintenance）

指根据适航性资料,在航空器或航空器部件使用到达一定时限时进行的检查和修理。定期检修适用于机体和动力装置项目,不包括翻修。

（13）故障（fault）

指影响飞机系统正常工作的不正常状态。

（14）缺陷（defect）

指不影响飞机系统正常工作的不正常状态。

1.2.3　维修类型、方式与维修任务等的定义

1. 维修类型

（1）预防性维修（preventive maintenance）

通过对机件的检查、检测,发现故障征兆以防止故障发生,使其保持在规定状态所进行

的各种维修活动。预防性维修包括擦拭、润滑、调整、检查、更换和定时翻修等。

这些活动是在功能故障发生前预先对设备进行的,通过查看、检测、诊断判明航空器及其装备的技术状况是否良好及其变化趋势,及时发现并排除失常(缺陷)和潜在故障,并采用更换到寿件等措施,控制航空器的可靠性。这种维修主要用于故障后果会危及安全和影响任务完成,或导致较大经济损失的情况。航前、过站、航后、A 检、B 检、C 检和 D 检,具有计划性的特点。

(2)恢复性维修(corrective maintenance)

是指设备或其机件发生故障后,使其恢复到规定状态的维修活动,也称排除故障维修或修理。包括故障定位、故障隔离、分解、更换、调校、检验以及修复损伤件。

恢复性维修的来源是:

① 机组报告的故障;

② 航空器运行中发生的不正常事件;

③ 预定维修中发现的失效和故障。

(3)改进性维修(improvement maintenance)

是对设备进行改进或改装,以提高设备的固有可靠性、维修性和安全性水平。改进性维修是维修工作的扩展,实质上是修改设备的设计,应属于设计、制造的范畴。但由于维修部门的职责是保持、恢复设备的良好状态,因此在设备固有可靠性、维修性和安全性水平不足时,提出改进性维修是进行有效预防性维修和恢复性维修工作而采用的一种补充手段,也是设备改进循环中的一个必要环节。

2. 维修方式

以 MSG-2 为设计指导思想的航空器维修工作中使用了以下三种维修方式的概念。

(1)定时(hard time)方式

定义:给机件规定一个时限,该机件使用到这个时限,就采取一定的措施(翻修或更换)。

目的:预防功能故障发生,特别是预防有安全性后果或重大经济性后果的故障发生。翻修后的项目恢复到零工作时间状态。

适用条件:

① 功能故障具有耗损特性,即故障率随时间递增,但又不具有视情检查条件的机件,其故障对飞行安全有直接有害的影响或有重大经济性后果;

② 其可靠性水平随工龄而衰减。

关键点:确定一个最适宜的使用时限。

优点:工作明确,管理简单,风险小。

缺点:工作量大,效率低,浪费大,只要定时方式的机件到了它的使用时限,不管其本身实际技术状况如何都要翻修或更换,往往不能充分利用它的可用寿命。此外,还会增加维修后的早期故障,甚至产生人为故障。

定时维修方式在数十年的过程中,曾经是航空器预防维修的唯一方式,当这种方式所体现的传统维修思想变革为现代维修思想后,定时维修方式依然保存下来。现代的定时维修方式已经消除了过去的经验性(凭经验确定时限),而被赋予了科学的内容。例如,一些限寿件仍按固定的时限更换,但是它的安全寿命和经济寿命都是用科学的方法制订的。

（2）视情（on condition）方式

定义：有计划地定期检查机件的技术状态，根据机件本身的实际技术状况，确定翻修或更换的时机以及翻修工作的内容。一般是，当机件的视情检查参数超出了规定的限制值时，则要进行翻修或更换。

目的：发现潜在故障状态，发现故障状态的变化趋势，及时采取措施，预防功能故障发生。

适用条件：

① 要有能够代表机件技术状况的检测参数；

② 要有客观、科学的参数判断标准；

③ 要有一定的检测手段；

④ 航空器本身要作视情设计，可达性和适检性要好；

⑤ 机件的功能故障的发生是渐变的，从缺陷发展到功能故障有一个较缓慢的时间过程。

优点：能够充分利用机件的寿命，维修针对性强，检查工作量小，效率高。不分解检查，而采用原位或离位检查、测试的方法，可以缩短定期检查工作的时间，提高飞机的利用率。

缺点：维修管理复杂，实行视情方式需要一定的条件，需要购置检查测试设备，风险较大。

（3）状态监控（condition monitoring）方式

定义：不进行预防性工作，当机件发生故障后再作修复或更换。但是，它依靠故障信息的收集。

适用条件：

① 当机件发生故障时，对飞行安全没有直接有害的影响；

② 机件没有隐蔽功能，其故障对机组来讲是明显的。

优点：能最充分利用机件的寿命，使平时维修工作量达到最低限度。

缺点：实行这种方式，首先必须利用设计和试验资料，作机件的故障模式、影响和危害性分析，必须确保机件故障不影响安全和使用。航线排故水平要高。

特点：对机件不规定使用时限，也不作视情检查，采用的是发生故障后的事后处理方法。积累故障发生的信息，进行故障后果和趋势分析，制订标准，必要时采取纠正措施，从总体上监控这些机件的可靠性水平。

现代大型运输飞机，大约5%的项目采用定时方式，20%的项目采用视情方式，75%的项目采用状态监控方式。三种基本维修方式之间既没有明确的分界线，也没有一个绝对的方法来确定哪种方式适用哪种项目。这三种方式没有等级上下之分，也没有任何隐含的重要性排序。正确的维修方式首先取决于航空技术装备的设计，其次由航空公司的安全性和经济性考虑来决定。由于各航空公司的机队规模、工作环境、航线结构、维修经验和数据分析能力的不同，强制规定某个维修项目统一归于某种方式是不可能的。

对于一些重要项目如发动机，世界上大多数航空公司实际上采用了所有三种维修方式。对有寿命的时限部件如轮盘和轮轴，进行定时更换；用视情数据和视情检查来评估整个发动机或单元体的技术状态；而发动机的一些附件则用状态监控方式来控制。

3. 维修任务

对于以 MSG-3 为指导思想的航空器,维修工作是按维修任务来分类的。

(1)润滑/勤务:施以润滑或检查及更换必要的液体。清洁:清除飞机及其设备外部。

(2)空勤组监控:监控某个项目的使用,发现潜在故障。

(3)隐患(使用性)检查:检查隐蔽功能项目的故障。

(4)检查:对照特定的标准来检验某个项目。

(5)功能检查:确定某个项目的一项或多项功能是否在规定的限度内完成。

(6)恢复:使项目返回到特定标准的必需的工作,从清理到单个零件的更换直至完全的翻修。

(7)报废:在寿命时限内将某个项目自使用中拆下,并永远不再使用。

4. 维修大纲

维修大纲指的是航空器在型号合格审定前,在适航当局主持下,由航空器和发动机制造厂家以及该型号航空器的首批用户(航空公司)组成的工作组一起制订的航空器维修计划建议文件。该文件在航空器型号合格审定时作为型号合格审定的重要组成部分。适航部门委托一个专门的维修审查委员会(Maintenance Review Board,MRB)审查。审查合格并经适航部门批准后,该文件就称作维修大纲。维修大纲规定了该型号航空器的最低维修要求,它是具有法规性的技术文件。

5. 维修方案

维修方案是规定具体型号的航空器的运行全过程中的一整套维修工作的具有指导性的基本技术文件。

运营人必须根据维修大纲,结合自己的机队规模、航线结构、维修能力、使用经验,制订本公司的维修方案。在维修方案中规定的维修工作必须满足维修大纲的要求,只能超出维修大纲的要求,不能低于它。航空器在使用过程中,适航部门根据该型号航空器使用中的问题,以适航指令的形式,对影响安全的因素规定纠正措施,这些纠正措施必须反映在维修方案中。

制订维修方案是一项复杂的系统工程,独立地制订维修方案往往超出了航空公司维修工程部门的能力。因此,航空器制造厂会向航空公司提供一份维修计划文件(maintenance planning data,MPD),它是一种推荐性的技术文件,可作为航空公司最初的维修方案使用。

制订维修方案的依据:

(1)适航当局批准的维修大纲;

(2)制造厂推荐的维修计划文件;

(3)适航当局颁发的适航指令;

(4)本单位的实际情况和使用经验。

维修方案主要是指维修计划(maintenance schedule,MS)。MS 按 ATA(air transport association)章节分系统编写,以表格形式列出每一系统的维修工作项目,包括工作内容、检查间隔、工作区域、工作类别等。与 MS 配套的是工作单卡。工作单卡是执行 MS 作业标准的文件。

1.3 航空维修的基本理论

根据航空维修工作的内容,航空维修理论研究的范畴主要包括以下三个方面。

1. 航空维修技术理论

它是反映航空维修技术工作客观规律的科学,主要有以下内容。

(1) 故障研究。预防和排除故障是航空维修工作的重要内容之一。故障研究包括故障机理、故障规律和模式、故障率、故障预防、故障预测的研究;分析、判断、排除故障的理论根据和最佳程序的研究;各种条件排除故障和修理手段及其理论根据的研究等。

(2) 民用航空器及其装备的质量检查和监控。质量检查和监控是实现维修的重要手段,是外场维修人员大量、反复进行的一项技术工作。在这方面涉及的理论有自动检测与监控、无损检验与无损探伤、原位检查以及最佳检测程序的研究等。

(3) 环境、工作负荷和机械老化(飞机年龄老化)对民用航空器及其装备的影响的研究。包括由于环境恶化导致的腐蚀和损伤,飞机使用时间超过经济寿命的 75% 以上所导致的疲劳裂纹、磨耗和腐蚀,飞机在使用中的振动、加速度、冲击等引起的机械应力变化等方面的影响。因此,研究环境与载荷及其对航空器及其装备影响的客观规律,对于通过地面检查做好故障预防工作有着重要的作用。

(4) 维修方案的研究。根据航空器及其装备的固有可靠性、故障规律、环境影响等条件,选取最佳的维修工艺、维修周期、维修程序的理论根据和实施方法的研究,对于指导维修技术工作、取得最佳维修效果、实现维修目的有着重要的意义。

2. 航空维修管理理论

航空维修管理理论的研究对象主要有以下六个方面。

(1) 维修管理的决策分析。维修工作中,从一些重大决策问题,如制订整个维修工作方针原则、确定维修组织机构的设置和布局、研究与发展规划等,到一些具体问题,如飞机维护、修理和使用的安排,维修方案(或持续适航性维修大纲、翻修的方针、损坏的结构或机件是修复还是报废)等,都需要改变只凭直接经验做出决策的状况,而代之以运筹学决策。

(2) 维修方式或工作类型的研究。维修方式是 20 世纪 60 年代在国外民航界提出的问题。它是在可靠性工程理论和分析的基础上总结多年的维修实践,提出了控制维修活动的基本方式,或者维修工作基本类型。目前,西方国家比较系统地提出的理论,主要是"以可靠性为中心的维修"理论,推广以 MSG-3 文件来制订新型民用飞机的初始维修大纲。

(3) 维修经济性的研究。这个研究的目的是对付出的费用与取得的效果之间做出最佳的权衡,所以也叫"费用效果分析"或"费用因素分析"。实际上,经济性分析几乎贯穿在一切决策与权衡中,即任何工作都要从宏观和微观上按经济基本原理来进行经济决策,如对预防性维修费用估算、飞机经济寿命费用估算、飞机或机件的翻修费用等。

(4) 维修组织的研究。结合现代民航的特点,研究采取何种维修结构形式和体制,把人力、资金和设施进行最合理的安排,充分发挥各级组织的职能。

(5) 维修工效的研究。这个研究是以维修人员在维修作业中的操作活动为主要研究对象,以提高操作效率为目的。它不仅涉及人的生理、心理特点,还包括环境对人的活动的影响。它的理论属于行为科学的范畴,是现代管理理论的一个重要分支,称为"管理行为学"或"工效学"。

(6) 维修信息系统的研究。航空维修方面的信息,主要是组织实施维修工作所需的各种数据资料。维修信息不仅用于指导维修实践,同时也是维修理论研究(包括维修技术理论、维修组织方面的理论和维修设计理论)必不可少的依据。为了保证及时准确和可靠的信息,必须建立以应用电子计算机为管理手段的、完整的信息系统,包括数据收集和处理系统以及管理情报系统。

3. 航空维修设计理论

航空维修设计理论主要是指有关飞机维修性能的设计理论。飞机的维修性(如可达性、易装性、易修性、互换性、维修安全性等)是飞机全面质量指标之一,是制造条件赋予飞机的一种客观属性,是决定维修工作量与维修经济性的物质条件。维修人员是在这一物质条件下发挥其主观能动性的,如改进检查手段,改装与研制检查仪器,提高飞机维修性的加装、改装以及向制造厂家提出改进维修性的建议等。

飞机的维修性和可靠性密切相关,为了从根本上改变维修工作面貌,实现维修现代化,很重要的问题就是从根本上改进飞机的固有可靠性和维修性。航空器及其装备的使用单位应及时向制造厂家提出可靠性、维修性的要求。因此,维修设计理论自然就成为航空维修理论的组成部分之一。

1.4 以可靠性为中心的维修

美国现代维修理论的著名人士诺兰(F. S. Nowlan)在《以可靠性为中心的维修》一书中系统地阐述了以可靠性为中心的维修的基本概念、原理及其在飞机上的应用。这本书的不少分析原理和方法已为美国最新的维修工作逻辑决断法 MSG-3 所吸收,广泛应用到新型飞机的初始预定维修大纲和持续适航维修大纲上。

1.4.1 飞机的固有可靠性的特点

一架飞机本身固有的安全性和可靠性,取决于它的设计特点和生产过程。许多设计特点是为了满足适航条例,而适航条例是针对过去发生的事故征候而制订出来的。实现的办法一方面是使其有可能在维修中防止故障,更常用的办法是减轻故障的后果,使之不影响安全;另一方面是针对尚未发生的故障采取措施,从而降低飞机的故障概率。对一架飞机来说是防止故障发生,而对飞机的许多机件来说,允许它们在使用中发生故障,但这些机件发生故障时并不影响飞行安全。这些允许发生的故障是只限于在预测范围之内的故障。

这种允许发生故障的情况导致以下的飞机设计特点。

(1) 考虑影响机件功能的诸因素时,要把飞行人员作为因素之一。这样,机械零件可能发生故障,其后果虽然影响使用可靠性,但并不影响飞行安全。

(2) 对那些可能造成严重二次损伤的故障,为了减轻其后果,要有备用的保护性零件和系统。

(3) 在设计上尽最大可能采用损伤容限结构,以便在故障的初期就发现和排除它,从而避免结构强度的大幅度下降。

（4）对不能实现损伤容限设计的重要结构件,要确定其安全寿命。

以上的设计特点,使得民航飞机上每年有数以百万计的机件发生故障,但仍然取得了良好的安全记录和可靠性记录。

故障后果是飞机机件固有可靠性的一个最重要的特性,因为它是在设计和维修上确定要做什么工作和这些工作的优先次序。较完整的固有可靠性特性包括:

（1）故障后果——根据对飞行安全、使用可靠性、使用能力和维修费用的影响而判断;

（2）故障形式;

（3）会产生某些故障形式所造成的二次损伤;

（4）故障过程的可见性和机务人员发现潜在故障从而防止功能故障的能力;

（5）飞行人员在使用中能据以识别已发生故障的标志;

（6）会发生多重故障的后果;

（7）故障率;

（8）使用时间与故障率之间的关系;

（9）预防性维修费用;

（10）修复性维修费用。

以上十条可靠性特性对以可靠性为中心的维修的决断过程都有影响。

1.4.2　以可靠性为中心的维修分析的特点

使用单位有责任保持飞机设计时的故障容限,并防止发生超出允许范围的故障。这是依靠预防性维修大纲和排除空勤组所反映的故障缺陷来实现的。故障后果决定预防性维修的内容和对空勤组反映采取措施的迫切程度。故障后果按顺序逼近法评定。一个故障如果属于影响飞行安全的,就必须从维修上采取措施,使其故障率降低到可以接受的水平。同样地,必须从维修上保证可接受的隐蔽功能被监控到。在所有情况下,预定维修只需考虑经济效益,即完成一项维修工作所花的费用必须低于此项工作所获得的效益。

以上的设计特点,使得民航飞机上每年有数以百万计的机件发生故障,但仍然取得了可称赞的安全记录和良好的可靠性记录。

以可靠性为中心的维修包括下列四种基本类型的维修工作,机务人员可借以保证飞机的固有安全性和可靠性。

（1）到一定期限检查某机件,以便发现和排除潜在故障,从而预防功能故障或降低其频度。这种工作称为视情工作。

（2）到一定的工作时限（期限）或提前对某机件进行拆修（翻修）,从而降低其功能故障的频度。这种工作称为拆修工作。

（3）到一定工作期限或提前报废某机件或其中的一个或若干个零件,从而预防功能故障或降低其频度。这种工作称为报废工作。

（4）到一定期限检查某机件的隐蔽功能,从而发现和排除已经发生而空勤组未发现的功能故障。这种工作称为隐患检查工作。

前三种类型的工作用于防止机件发生故障,第四种用于防止一系列的多重故障。

以可靠性为中心的维修要求预定维修工作既适用又有效。适用性取决于所检查机件的固有可靠性,只有在能发现机件的抗故障能力下降、并能测出其下降程度的条件下,才能应用视情检查来发现和排除潜在故障。同样,只有当故障率随着使用时间的增长而增高时,拆修工作才是适用的。除上文所述,决定视情工作和拆修工作是否适用的准则还有许多,这里就不再详述。

所做工作的效果要用有效性来衡量,预想的效果取决于故障后果。例如,必须防止所有影响飞行安全的故障,或至少将其故障率降低到可接受的水平。如果准备做某项工作,预计其可以降低总的故障率,但是,只有在单独做这项工作或与其他工作一起做了之后能使故障率降到可接受水平时,才能认为这项工作是有效的。当不涉及安全问题时,有效性就意味着经济效益;完成预定维修的费用必须少于降低功能故障而获得的收益。

对视情工作来说,适用性与有效性之间的区别通常是显而易见的。一个机件具有某项视情工作适用或不适用的两种特点,如果该工作适用,则在较短的时间间隔内往往都是有效的。然而,对拆修工作来说,适用性与有效性之间的区别不明显。实际上,对某一机件规定拆修时限,并不能保证其故障率会下降;如果这个机件是有多种故障形式的复杂机件,其故障率通常不会下降。如果这个机件是元件或简单机件,其故障率往往由于定期拆修工作而下降。当两种或多种类型的工作都是适用和有效时,首先选择视情方式,因为它能保障机件中每一个零部件几乎实现其全部寿命,一直工作到潜在故障开始发展为止。此外,由于潜在故障而花费的维修费用,往往比功能故障的花费少得多。其次选择拆修工作,最后选择报废的办法。

制订以可靠性为中心的维修大纲要求做到下列五点。

(1) 用迅速、概略而偏保守的办法对重要机件进行分析。重要机件是指发生故障后会影响安全、经济后果严重的机件,以及具有隐蔽功能的机件。分析的规模仅限于这些机件。

(2) 对每件重要机件的后果进行详细的分析,并鉴别可能引起二次损伤的任何故障形式。

(3) 用下列准则判断工作的有效性:

① 如果故障后果影响安全,则其故障率应降低到可以接受的低水平;

② 保证隐蔽功能有适当的适用性,以控制多重故障的发生概率;

③ 对发生故障不影响安全的明显功能,则考虑经济效益。

(4) 按机件的固有可靠性确定所做工作的适用性。

(5) 对每项适用而有效的工作,确定其间隔时间。

在不影响安全的条件下,上述准则否定了虽能降低故障率但经济效益不好的预防性工作。这时,故障率高就成为这个机件的固有可靠性特性之一。如果既要降低故障率,又要考虑经济效益,则唯一的办法是改进设计。

组成既适用又有效预定维修大纲工作的、以可靠性为中心的维修决断过程,可用决断图来表达。可以采用 RCM 逻辑决断方法,如图 1.1 所示的是综合的 RCM 逻辑决断图。这个决断图包括一系列的问题,每个问题要求一个"是"或"否"的答案。故障后果控制由决断图所表述的全部决断过程,最终得出的是飞机上各机件的固有可靠性相适应的一整套维修工作。二元式的问题,使每个问题都可以取得明确的工程判断。

此外,还有一套暂定对策,即在资料不足无法回答问题或者编写大纲的工作组意见不一

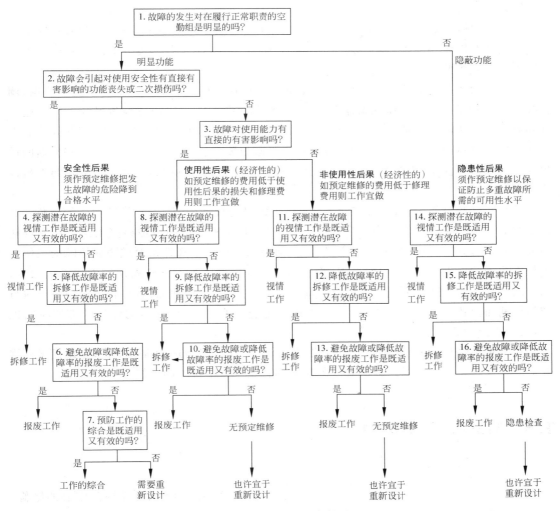

图 1.1　RCM 逻辑决断图

致时所采用的措施。暂定措施给出保守的答案,以使安全和使用可靠性得到保证,但所做的工作可能比实际需要的多,特别是对新型飞机的初始维修大纲尤其是这样,因为通常无法取得为确定合适的工作间隔时间所需要的资料,因而其间隔时间将取保守的较短的时间。根据使用经验中获得的资料,工作间隔时间将予延长,不必要的工作将予减少。可以这样说,以可靠性为中心维修理论研制并控制的维修大纲是一个何时取得资料、何时即可修改的大纲。

1.4.3　以可靠性为中心的维修分析结果

定期拆修工作对提高复杂机件的总的可靠性没有什么效果,除非它是支配性的故障模式。因此对后果并不影响安全的故障是无效的。在飞机投入使用一段时期之后,才能取得评定这类工作适用性所需的故障数据。对报废工作也需要使用故障数据来评定工作的适用性,除非已有根据准确模拟使用环境的研制试验所确定的安全寿命数据。经济效果分析也需要实际使用数据。因此,对几乎所有关于定期拆修和定期报废工作的适用性和有效性的问题,暂定答案都是"否"。

因此,初始的以可靠性为中心理论控制的维修大纲主要包括视情工作、少数几项安全寿命报废工作和隐蔽功能项目的隐患检查工作。拆修工作,即使有也是极少的。有许多机件干脆没有预定维修工作。

在飞机投入使用后要系统地审定初始维修大纲中的所有工作。按照实际使用数据,调整视情工作和隐患检查工作原来保守的周期,研究拆修工作和按经济寿命报废工作的适用性和有效性。实际使用通常会肯定原来对故障后果的评定,但偶尔也会发现,有些故障后果原来评定得过重或过轻,或者把明显故障定成隐蔽故障,或者相反。收集所有这些数据的过程叫作使用时限探索,因为得到的数据是装备使用时间的直接函数,而且某些数据与本机件使用时间有关。

必须建立数据系统、收集和储存系统,有些数据是自动的,如丧失明显功能的事件;其他数据必须保证在初始大纲中产生,特别是发动机和飞机结构的视情检查大纲。在制订初始大纲时,就能测定抗故障能力的下降程度,但是判断这种下降开始变成明显故障的工作时限是不精确的。因此,初始的检查周期是短而保守的,然后进行维修周期探索而得出数据,用于确定较长的合适的周期。取得维修周期的数据以后,要迅速加以应用,以避免由于执行初始周期而浪费维修费用。然而,周期探索也可能表明,有的机件达到较长的工作时间以后,反而需要频繁地检查大纲。

在积累足够数据之前,对某型号飞机如何既安全又经济地进行维修工作,是现代飞机维修上的一大难题。以可靠性为中心的维修原理就是对这个难题的解答。

1.5　MSG-3 分析原理

1.5.1　MSG-3 概述

1978 年美国联合航空公司维修分析主任诺兰和希普出版了《以可靠性为中心的维修》一书,对 MSG-2 提出了改进和补充意见,并提出了一个新的逻辑决断图,称为以可靠性为中心的维修(reliability centered maintenance,RCM),其中提出的分析方法称为 RCM 法。1979 年美国联邦航空局,英国民航局,美国和欧洲的飞机、发动机制造厂家,各航空公司再次成立一个维修评估组,对 MSG-2 需要改进的地方进行了研究,他们认为 MSG-2 存在以下一些缺点:

(1) MSG-2 未谈及确定维修周期的原则;

(2) 结构检查大纲制订法较粗,在安全性和经济性方面缺乏明确的区分;

(3) 对具体的做法缺乏解释性的说明;

(4) 对隐蔽故障缺乏恰当的处理;

(5) 未论及怎样根据使用经验改进维修大纲和改进产品。

针对上述缺点,并参考了诺兰等人提出的 RCM 逻辑决断图和 RCM 决断法,他们制订了以可靠性为中心的维修逻辑《MSG-3 维修大纲制订文件》,在 1980 年 9 月颁布实施。20 世纪 80 年代的头五年中,MSG-3 应用于一系列新型飞机和动力装置的初始维修大纲和改进飞机维修方案。经过各航空公司和航空工业制造厂家近八年的实践和经验总结,由美国空运协会组织、美国和欧洲主要航空公司和制造厂家及适航当局代表参加,对 MSG-3 的使用情况和意见进行了讨论,编制了 MSG-3(R1)文件草稿,再经过多方面吸收意见和建议,最后于 1988 年 9 月获得美国联邦航空局(FAA)的批准。1990 年,美国空运协会和欧洲空运协会以及亚太地区一些著名的航空公司着手对 MSG-3(R1)进行修订,并与美国联邦航空局(FAA)和欧洲联合民航局(JAA)共同讨论,为下一代民用航空器编写初始维修大纲制订原则和方法。经过三年多的工作,MSG-3(R2)于 1993 年 9 月正式通过并颁布实施。

1.5.2　MSG-3 维修大纲

MSG-3 分析是制订维修大纲的方法,它采用自上而下的分析方法,将工作的重点从零部件转移到航空器的各个功能系统,包括系统/动力装置分析和结构分析两部分,每一部分都有自己的解释性内容和逻辑决断图。

1) 系统/动力装置分析

制订系统、动力装置维修大纲的方法是应用一个连续的逻辑决断图,根据现有的技术数据来评定每个重要维修项目(系统、子系统、单元体、部件、组件、零件等)的维修要求。

(1) 鉴定重要维修项目

重要维修项目(maintenance significant item,MSI)的选择是从最高的可管理层次(系统或发动机)自上而下展开的。用简便而又保守的方法确定会有以下问题之一的项目,其故障:

① 会影响地面或空中的安全性;

② 在使用中觉察不到;

③ 会有使用性影响;

④ 会有非使用性重大的经济影响。

(2) 鉴定每个项目的故障模式和影响后果,包括:

① 故障模式,项目的故障表现形式;

② 故障影响,功能故障的后果;

③ 故障原因,发生功能故障的原因。

要对项目的每一种功能的每一种故障模式进行分析,研究预防的对策,确定的维修要求必须具体到针对每一种功能故障模式。

(3) 鉴定维修大纲中须列的工作类型和内容

MSG-3 将基本的维修工作分为七类,根据适用性和有效性原则确定重要维修项目的维修工作类型。

(4) 确定工作周期

要确定有无实际和适用的数据来帮助建立有效的工作周期。

根据别的飞机系统、动力装置的先前经验,有实际的证据表明预定维修工作是有效的并在经济上是合算的。

根据制造公司的试验数据,表明预定维修工作对所分析的项目是有效的。

如果没有上述数据,则只有通过有经验的工作组人员应用良好的判断力和使用经验,确定工作周期。

系统、动力装置的 MSG-3 分析的重点在于确定适用并有效的维修工作类型,工作周期则主要根据航空公司的可靠性方案由工龄探索确定。

2）飞机结构分析

将飞机结构项目分为重要结构项目（SSI）和一般结构项目。按结构项目的设计思想将重要结构项目分为安全寿命项目和损伤容限项目，对安全寿命项目根据设计给出的安全寿命数据，以及 MSG-3 分析给出的结构的损伤原因、偶然损伤和环境损伤（腐蚀）的感受性和项目的可检性，确定检查的等级和频度；对损伤容限结构项目根据对损伤原因（疲劳损伤、偶然损伤和环境损伤）的评定确定检查的等级、首次检查时间和重复检查间隔时间。

MSG-3 结构项目分析的重点在于确定适用并有效的检查等级和检查周期。结构项目的预定维修工作的类型是明确的，对安全寿命项目，是报废工作和视情检查；对损伤容限项目则是视情检查。MSG-3 将结构项目的检查分为五个等级：①巡视检查；②外部检查；③内部检查；④详细检查；⑤特殊检查。

MSG-3 分析中，系统和动力装置分析的关键环节是故障模式和影响后果分析，结构分析的关键环节是结构损伤等级评定。然而，这两个关键环节在 MSG-3 文件中并没有给予具体说明，因为这两部分涉及过多的专业内容。在 MSG-3 文件中规定，结构损伤等级评定方法由航空器制造厂自行制订，交适航部门审批。

1.5.3　MSG-3 飞机系统/动力装置分析程序

确定预定维修的任务和系统/动力装置（包括部件和 APU）维修间隔的方法，是应用了一个循序渐进的逻辑决断图。这个逻辑决断图是在现有技术数据的基础上评定每个重要项目（系统、子系统、单元体、部件、附件、组合件、零件等）。这些评价主要是基于特定项目的功能故障和故障原因。

1.5.3.1　MSI 选择

在 MSG-3 逻辑图实际应用于一个项目之前，必须确定飞机的重要维修项目（MSI），即飞机的重要系统和部件。

MSI 是那些完全符合已经定义的选择标准的项目（见下文第三步），所以 MSI 分析是建立在最高可管理层的基础上。

应用工程判断法确定 MSI，是以预期的故障后果为基础的保守评定过程。这种自上而下的分析方法，是在最高可管理层上对航空器 MSI 的评判过程。

MSI 选择程序描述如下。

1）第一步

制造厂把飞机分割成几个主要的功能模块：ATA 系统和子系统。这个程序一直进行到确定了飞机上所有可单独更换的部件为止。

注：在 ATA 章节（51～57）中的属于系统分析的项目（如机身排水系统、门的机械装置等）应放在这一步。另外，所有安全/应急系统或者装置也应当放在这里。

2）第二步

制造厂应按照从上而下的逻辑分析方法制订一个包括所有需要进行是否属于 MSI 的问题判断的项目清单。

3）第三步

制造厂对第二步确定的项目清单按下面的问题判断。

（1）在正常职责范围内,故障对空勤人员来说是无法发现或不易察觉的吗?

（2）故障影响安全性（地面或空中）吗? 包括安全/应急系统或者装置。

（3）故障有无重要的使用性影响?

（4）故障有无明显的经济性影响?

4）第四步

（1）对于这些项目,只要有一个是肯定答案,MSG-3分析就需要继续进行。从而最高可管理层也就被确定（参见上面的第二步）。要考虑选择一个更高的可管理层,把这个项目作为一部分包括在这个更高的层次系统中。

（2）一个MSI通常是一个系统或者一个子系统,在多数情况下,MSI的等级都高于第一步所述的最低层级（在飞机上）。这个层级就被认为是最高的可管理层。例如,一个项目的层级需足够高以避免不必要的功能分析,但是,层级也必须足够低,经过适当的分析,就能确保所有功能、功能故障和故障原因都被包含。

（3）如果对于上面四个问题回答都是否定的,那么就不需要再进行MSG-3分析,也不需要进行更低层级的MSI项目分析。另外,低层次的项目要列出来,表示它们不需要再进行评定。这个清单必须由制造厂提交给ISC审阅并得到批准。

5）第五步

一旦这个最高可管理层在第四步被确定了,由此产生的项目清单将被视为"候选MSI清单",并由制造厂提交给ISC。ISC经过审阅并批准后把这个清单下发给工作组。

6）第六步

工作组将审查这个候选MSI清单,并对它进行MSG-3分析以验证所选择的最高可管理层或者需要时向ISC提出对MSI清单的修改意见。工作组审查的主要目的就是确保没有重要项目被忽略,并确定所选择的是合适的分析等级。

注:一个项目被选择作为MSI并进行分析,并不意味着必须在分析中确定出一项相应的维修任务。

1.5.3.2 分析程序

当MSI被选定后,必须用下面条款对每一个MSI鉴定:

（1）功能——项目正常的特性作用;

（2）功能故障——项目不能在规定的极限内履行其指定的功能;

（3）故障影响——功能故障的后果是什么;

（4）故障原因——为什么发生功能故障。

在定义一些功能故障时,需要对系统及其设计原则有一个详细的理解。例如,有些系统部件的单个元件有双重加载通道的特性,如同心管或双层板,每个通道的功能应该单独分析。因为一个通道的功能退化或失效可能是不明显的。

当给出功能、功能故障、故障影响和故障原因时,需要注意所有保护设备的功能。主要包括有以下功能的设备:

（1）异常情况能引起飞行组注意;

（2）在故障发生时会关闭设备;

（3）可以消除或减轻故障所引起的非正常状况;

（4）能替代发生故障的功能。

陈述保护功能时应当描述保护功能本身,也应当有"如果"或者"在……条件下"等措辞跟在一些事件或者环境的简短描述后面。例如,"如果某系统的压强超过 300psi 时,释压活门就会打开"。

在计划维修项目中,维修工作和间隔需要用前面所述的程序进行确定。与维修工作相关的经济性和安全性都应当被考虑,以便制订初始预定维修工作/间隔。

所有来自供应商的建议都应当得到充分考虑,并要在维修工作组(maintenance working group,MWG)会议上讨论。如果这些建议按照 MSG-3 是适用和有效的,则应该接受或采纳。

在将 MSG-3 逻辑决断法应用于一个项目之前,应该确定一个定义了 MSI 以及其功能、功能故障、故障后果、故障原因及其他与此项目相关数据的工作清单,例如 ATA 章节目录,机队适用范围,制造厂部件号,项目的简单描述,预期故障率,隐蔽功能,在最低设备清单(minimum equipment list,MEL)中列出的项目,部件的冗余度(可能是附件、系统或者系统可管理等级)等。为了满足用户要求,应该设计这样的工作清单,并将其作为整个 MSG-3 文件的一部分。

下面程序采用的方法,为每个功能故障提供了一个逻辑路线。每一个功能故障和故障原因必须按照逻辑进行,这样可以对是否需要一项任务做出必要的判断。这些工作任务和间隔的结果将形成最初的预定维修大纲。

1.5.3.3　逻辑图

逻辑决断图(如图 1.2 和图 1.3 所示)是用来分析系统/动力装置的项目。其流程图设计为使用人员从顶层开始分析,并由每一问题的"是"或"否"来确定下一步分析流程的方向。

分析步骤如下。

决断逻辑有两层:

(1)上层即第一级(问题 1、2、3、4)对每个功能故障进行分析,以确定其故障影响,即明显的安全性、使用性、经济性,隐蔽的安全性和隐藏的非安全性。

(2)下层即第二级(问题 5、6、7、8、9 的从"A"到"F"),根据每个功能故障的故障原因来选择特定的工作类别。

在下层,即工作选择部分,可以看到并行的和默认的逻辑。不管第一个问题"润滑/勤务"的回答如何,都必须问第二个问题。在隐蔽的和明显的安全性影响分支中,所有后续问题都必须问。而在其他分支中,除第一个问题外,得出"是"的回答后就可以结束分析工作。

注:从使用者的角度来看,在所有问题回答为"是"之后,可以进一步问下面的问题,但是当维修工作的费用跟预防故障的费用相等时即结束分析工作。

除安全性影响部分之外,有关工作选择逻辑的安排还反映了默认逻辑(default logic)。如果在下层问题中缺少足够的信息来回答"是"和"否"的话,默认逻辑默认值为"否",然后必须问下面的问题。因为选择"否"的答案后只能选择进入下一个问题。这在大多数情况下,将导致一项更保守、更严格和更费钱的任务。

1.5.3.4　程序

这个程序需要考虑功能故障、故障原因和每项任务的适用性和有效性。每个功能故障

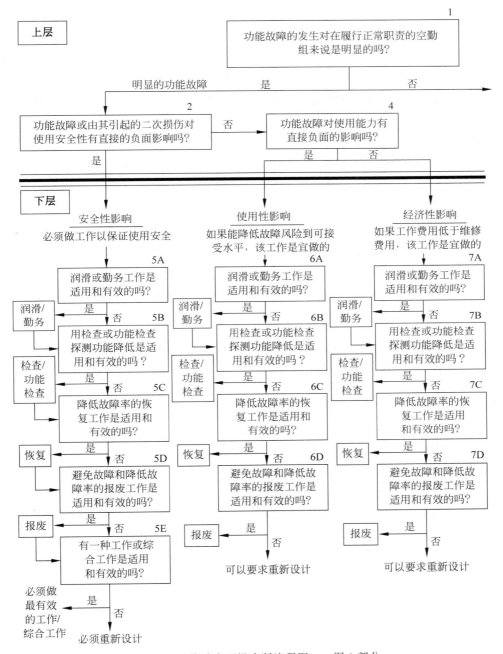

图 1.2 系统动力逻辑决断流程图——图 1 部分

经过逻辑分析后将被归入五个故障后果的类别之一(参见 1.5.3.6 小节)。

损伤-容错系统

为了采用 MSG-3 进行分析,应该定义容错系统,即该系统设计了冗余元件,当其中一个元件出现故障时其使用性或者安全性不受影响。换句话说,系统的冗余元件即使出现了故障,其系统本身也不会出现故障。个别情况,或者在一些组合系统中,这些故障可以

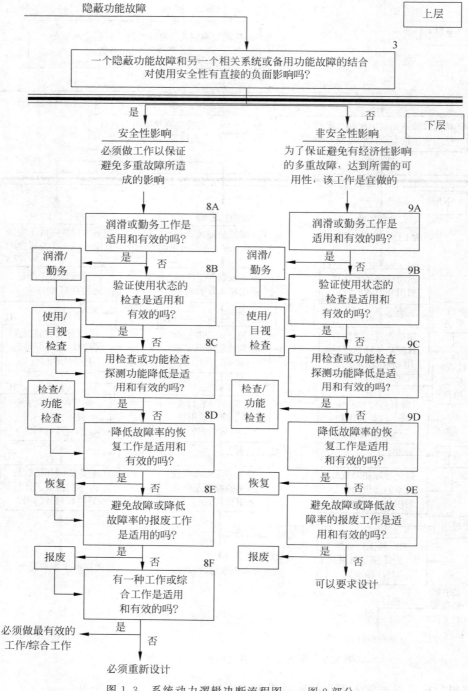

图 1.3 系统动力逻辑决断流程图——图 2 部分

不通知给机组人员,因为根据设计,飞机也可以带故障件飞行,并且仍继续满足所有的审定和运营要求。

因此,这就意味着制造厂通过容错系统的设计可以提高系统的在役可用性。

MSG-3 仅被用于每个 MSI 的功能故障和故障原因的分析,以保持飞机的固有安全性和可靠性水平,它不能提高系统的在役可用性。通过确认关系到运营人使用或经济效益的容错系统的故障,可以提高飞行的在役可用性。这些工作不是使用 MSG-3 制订的,也不包括在 MRB 文件中。

1.5.3.5　故障后果(上层)

逻辑图有助于确定所要求的任务。上层有四个问题。

1. 明显/隐蔽性功能故障

问题 1:功能故障的发生对在履行正常职责的空勤组来说是明显的吗?

此问题是问空勤组在履行其正常职责时是否会发现功能的丧失(故障)。对所分析的每个功能故障都必须问这个问题。这是为了把明显的和隐蔽的功能故障分开。空勤组包括驾驶舱和客舱中合格的值班人员。正常职责指在每天的基础上,与飞机日常使用相关的那些职责。

如果某些系统的使用频率不确定,那么就需要做一些假定。这个假设要记录在分析清单中,以便将来核对使用。这同样适用于电子设备自动做出相关测试的假设。

地勤人员不包括在空勤组中。

在被管理当局批准的飞机飞行手册(AFM)中,规定了机组人员的正常职责。在 MSG-3 分析中按照明显性分类,工作组可以认为这些空勤人员工作的检查是机组正常职责的一部分。无论何时,为了保证空勤组检查的可信度,应该以文件形式对其工作进行备注。

由于在 MSG-3 的初始分析中被批准的 AFM 还没有出来,所以工作组需把上层的所有故障分析用文件形式给出,这些分析是基于这些机组检查工作将包含在 AFM 中。一旦 AFM 批准,所有基于这个假设的上层分析都要进行核实,以确保所有这些检查都包括在批准的 AFM 中。一旦出现假设的飞行组的检查工作没有包括在批准的 AFM,则上层的分析必须重做。这样当他们执行正常职责时,系统故障对空勤组来说就被认为是明显的。

注:在把使用 MSG-3 进行上层的分析递交给 MRB 之前,必须要确认有关 AFM 中工作的假设;否则,提交给 MRB 的 MSG-3 上层的分析必须假设那些任务不是机组正常职责。

"问题 1"的回答如果是"是"意味着这个功能故障是明显的,则继续问题 2。

如果是"否"意味着这个功能故障是隐蔽的,则继续问题 3。

2. 对安全性有害影响的功能故障

问题 2:功能故障或由其引起的二次损伤对使用安全性有直接的负面影响吗?

"是"就是功能故障对使用安全性有直接有害的影响。

直接:直接功能故障或者导致的间接损伤必须是由它本身造成的,而不是与其他功能故障合并在一起造成的(没有冗余度,并且它是一项重要的放行必备项目)。

对安全性有害的影响,即故障后果是极其严重的,或者可能是灾难性的,甚至导致机毁人亡,妨碍持续安全飞行或者着陆。这些故障都被看作是对使用安全性有害的功能故障。

使用性:旅客和空勤组为了飞行的目的在飞机上所经历的时间。

回答"是"意味着该功能故障必须在安全性影响类别内进行分析,并且必须按照 1.5.3.6 中的第 1 节确定所需的工作。

回答"否"意味着影响是使用性的或者经济性的,必须进一步问题 4。

3. 隐蔽性功能故障对安全性影响

问题 3：一个隐蔽功能故障和另一个相关系统或备用功能故障的结合对使用安全性有直接的负面影响吗？

对每个经过问题 1 后的确定隐蔽功能故障都要问这个问题。

该问题考虑了这样的功能故障情况：隐蔽功能(其故障对空勤组来说是不知道的)本身的丧失并不影响飞机安全性,但是和另一个功能故障(与系统相关的或备用的)合在一起对使用安全性有有害的影响。

对安全/应急系统或设备的隐蔽功能,在系统或设备的设计中应考虑承受另外故障的能力,在这种情况下,将被选择为故障影响第 8 类(FEC8)。它的应用与规章中是否需要这项功能或者使用者是否选择执行该功能无关。

如果回答"是"时,表示存在安全性影响,必须按照 1.5.3.6 的第 4 节的程序制订所需的工作。

如果回答"否"时,表示对安全性没有影响,应按照 1.5.3.6 的第 5 节的程序要求去分析。

4. 使用性影响

问题 4：功能故障对使用能力有直接负面的影响吗？

这个问题问的是功能故障对使用能力是否有直接有害的影响：

(1) 在下次飞行签派之前,要么执行使用性限制,要么对其予以排除；

(2) 要求空勤组使用非正常或者紧急程序。

对那些对安全性没有直接有害影响的明显功能故障都要问这个问题。

判断一个故障对使用性有没有影响,需要依据 MMEL 或(和)其他使用程序文件。考虑在 MSG-3 分析的起始阶段,确定对使用性能有无影响的必要文件还没有出来,工作组应该以与问题 4 相关的假设为基础,以文件的形式列出上层的功能故障分析。这样一旦拿到相关的文件,则必须对所有以这个假设为基础的上层的功能故障分析都进行核实。

如果该问题的回答为"是",则功能故障对使用性能有有害的影响,并按照 1.5.3.6 的第 2 节选择必要的工作规定；

如果回答"否",则表示功能故障对经济性有影响,需要根据 1.5.3.6 的第 3 节的要求去分析。

1.5.3.6 故障影响类别(上层)

一旦分析者回答了上层的应用问题,将进入以下五种故障后果类别分析阶段：

(1) 明显的安全性(第 5 类)；

(2) 明显的使用性(第 6 类)；

(3) 明显的经济性(第 7 类)；

(4) 隐蔽功能的安全性(第 8 类)；

(5) 隐蔽功能的非安全性(第 9 类)。

1. 明显的安全性影响（第5类）

在进入明显的安全性影响类分析时必须认识到，一定要做工作以保证安全使用。在该类内的所有问题必须都问，如分析后认为无有效的工作可做，则必须重新设计。图1.4所示是具有明显的安全性影响的功能故障的逻辑分析流程。

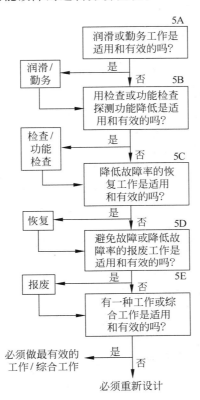

图 1.4　有明显的安全性影响的功能
故障分析流程图

2. 明显的使用性影响（第6类）

如果一种维修工作能使发生故障的风险降到一个可接受的水平，则应做此项维修工作。当通过逻辑判断分析故障原因时，要求回答第一个问题（润滑/勤务）。无论对问题A的回答是"是"还是"否"，都应进入下一个问题。之后，如果回答"是"将完成分析，所得出的维修工作能满足要求；如果所有回答是"否"，则无工作可做。如果使用性故障后果非常严重，则可以要求重新设计。图1.5所示是对具有明显的使用性影响的功能故障的逻辑分析流程。

3. 明显的经济性影响（第7类）

如果工作费用低于维修费用，则该工作是宜做的。用逻辑图按故障原因进行分析时，要回答第一个问题（润滑和勤务）。无论对问题A的回答是"是"还是"否"都应进入下一个问题。之后，若回答"是"，将完成分析，所得出的维修工作能满足要求；若所有回答是"否"，则无工作可做，如果经济性损失是非常严重的，则可以要求考虑设计。图1.6所示是对具有明显经济性影响的功能故障的逻辑分析流程。

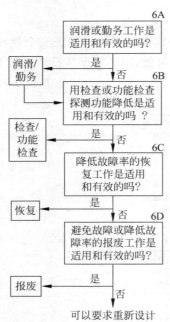

图 1.5　有明显的使用性影响的功能
故障分析流程图

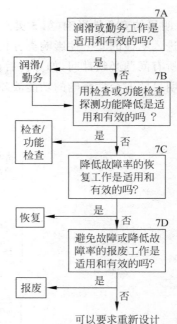

图 1.6　有明显的经济性影响的功能
故障分析流程图

4. 隐蔽功能的安全性影响（第 8 类）

要求对隐蔽功能的安全性影响的项目做工作，以保证达到避免有安全性影响的多重故障性。所有问题都必须问。如果没有有效的工作，则必须重新设计。图 1.7 所示是对具有隐蔽功能安全性影响的逻辑分析流程。

5. 隐蔽功能的非安全性影响（第 9 类）

隐蔽功能的非安全性影响类表示：为了保证达到避免有经济性影响的多重故障，可以要求做工作。用逻辑图分析故障原因时，要回答第一个问题（润滑/勤务）。不论该问题的回答是"是"或"否"，都要进入下一个问题。之后，如果回答是"是"，则分析就完成了，所得出的工作能满足要求；如果所有回答是"否"，则无工作可做，如果经济性损失是严重的则可以考虑重新设计。图 1.8 所示是对具有隐蔽功能的非安全性影响的分析流程。

1.5.3.7　任务的确定（下层）

五类故障影响类别的检查工作制订是相似的，在逻辑图的下层确定工作时，有必要考虑功能故障的故障原因。在各类影响类别中，可能有以下六项需要确定的工作。

1. 润滑/勤务（适用于所有类别）

问题 5A、6A、7A、8A、9A：润滑或勤务工作是适用和有效的吗？

任何能保持固有设计能力的润滑或勤务工作。

（1）适用性准则

消耗性材料的补充必须能降低功能的恶化速度。

（2）有效性准则——安全性

工作必须能降低发生故障的危险性。

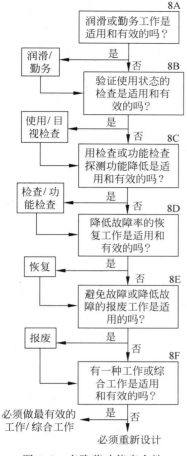

图1.7　有隐蔽功能安全性
影响的分析流程图

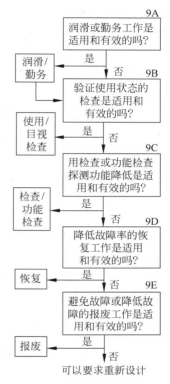

图1.8　有隐蔽功能非安全性影响的
分析流程图

（3）有效性准则——使用性

工作必须将故障发生的风险降低到一个可接受的水平。

（4）有效性准则——经济性

工作必须是有经济效益的。

2. 使用/目视检查（只适用于隐蔽功能故障类）

问题8B和9B：使用状况的检查是适用和有效的吗？

使用检查是指确定某一项目是否能完成其预定的工作目的的任务。这种检查不是一种定量检查，只是一种发现故障的工作。

目视检查是指通过观察确定某一项目是否能完成其预定的功能。这项检查不需要定量的检查，是一种发现故障的工作。

（1）适用性准则

故障状况必须能被识别。

（2）有效性准则——安全性

工作必须能保证达到隐蔽功能的适当的可用性，以降低发生多重故障的风险。

（3）有效性准则——经济性

工作必须能保证达到隐蔽功能的适当的可用性，以避免发生对经济性有影响的多重故障，并且必须是有经济效益的。

3. 检查/功能检查（适用于所有类别）

问题 5B、6B、7B、8C 和 9C：用检查或功能检查探测功能降低是适用和有效的吗？

检查包括：

（1）一般目视检查

一般目视检查是对内部或外部区域、装备或组件进行的目视观察，以寻找明显的损伤、故障或不正常的迹象。除非另有规定，否则这种检查应该是在可以接触到的距离内进行的。为了提高目视检查的可达性，有必要借助镜子来检查暴露表面。这种检查可以在正常光线下进行，如日光、机库内灯光、照明灯等。为了更好地接近检查区域，有时可能需拆掉或打开检查口盖、门，或者需要准备工作台、梯子等。

（2）详细检查

详细检查是对特定的结构项目、装备或组件进行的仔细目视检查，以寻找损伤、故障或不正常的迹象。检查者可借助正常的照明设施，如镜子、放大镜等辅助工具，必要时，可以要求进行表面清洁处理和精心设计接近程序。

（3）特殊详细检查

特殊详细检查是对特定项目、安装或组件进行的仔细观察，以寻找损伤、故障或不正常的迹象。这种检查需使用特定的检查技术和设备，并需要进行复杂的清洁、实物的接近，甚至分解工作等。

功能检查是一种定量的检查，以确定一个项目的一种或几种功能是否在规定的限度之内。

（1）适用性准则

抗故障能力的下降必须是可探测的，并且在功能故障和功能恶化情况之间存在合理的稳定的时间间隔。

（2）有效性准则——安全性

为保证安全性，工作必须能降低发生故障的风险。

（3）有效性准则——使用性

工作必须能将发生故障的风险降低到一个可接受的水平。

（4）有效性准则——经济性

工作必须是有经济效益的，即工作的费用必须低于所预防故障将会损失的费用。

4. 恢复（适用于所有类别）

问题 5C、6C、7C、8D 和 9D：降低故障率的恢复工作是适用和有效的吗？

恢复就是把一个项目恢复到规定标准所需的工作。

由于恢复工作可以是单个零件的清洗或更换，也可以是全面的翻修，因此必须规定每个项目对所选工作的工作范围。

（1）适用性准则

项目必须在某个可鉴定的使用期限显示出功能恶化的特性，并且该项目的大部分必须能生存到该使用期，还必须能把项目的抗故障能力恢复到规定的标准。

（2）有效性准则——安全性

为保证安全性，工作必须能降低发生故障的风险。

（3）有效性准则——使用性

工作必须能将发生故障的风险降低到一个可接受的水平。

（4）有效性准则——经济性

工作必须是有经济效益的，即工作的费用必须低于所预防故障将会损失的费用。

5．报废（适用于所有类别）

问题 5D、6D、7D、8E 和 9E：避免故障或降低故障率的报废工作是适用和有效的吗？

报废就是按规定的寿命限制使项目退役。

报废工作通常适用于单个零件，如滤芯、壳体、筒体、发动机机盘、安全寿命结构件等。

（1）适用性准则

项目必须在某个可鉴定的使用期显示出功能恶化的特性，并且该项目的大部分必须能生存到该使用期。

（2）有效性准则——安全性

为保证安全性，使用安全寿命限制必须能降低发生故障的风险。

（3）有效性准则——使用性

工作必须能将发生故障的风险降低到一个可接受的水平。

（4）有效性准则——经济性

经济寿命限制必须是有经济效益的，即工作的费用必须低于所预防故障将会损失的费用。

6．综合（仅适用于安全性类）

问题 5E 和 8F：有一种工作或综合工作是适用和有效的吗？

由于这是一个安全性类别的问题，一定要做工作，必须分析所有可能的方法。为此，需要审查所有适用的工作，通过审查选择出最有效的工作。

7．维修工作选择的准则

维修工作选择的准则见表1.1。

表 1.1　维修工作选择的准则

工作	适 用 性	安全有效性	使用有效性	经济有效性
润滑/勤务	消耗性材料的补充必须能降低功能恶化速度	工作必须能降低故障的风险	工作必须能将故障发生风险降低到一个可接受的水平	工作必须是有经济效益的
使用/目视检查	故障状况必须能被识别	工作必须能保证达到隐蔽功能的适当的可用性，以降低发生多重故障的风险	不适用	工作必须能保证达到隐蔽功能的适当的可用性，以避免发生有经济性影响的多重故障，并且必须是有经济效益的

工作	适用性	安全有效性	使用有效性	经济有效性
检查/功能检查	抗故障能力的下降必须是可探测的,并且在功能故障和恶化状况之间存在合理的稳定的时间间隔	为保证安全性,工作必须降低发生故障的风险	工作必须能将故障发生风险降低到一个可接受的水平	工作必须是有经济效益的,即工作的费用必须低于所预防故障将会损失的费用
恢复	项目必须在某个可鉴定的使用期内显示出功能恶化的特性,并且该项目的大部分必须能生存到该使用期,还必须能把项目的抗故障能力恢复到规定的标准	为保证安全性,工作必须能降低发生故障的风险	工作必须能将故障发生风险降低到一个可接受的水平	工作必须是有经济效益的,即工作的费用必须低于所预防故障将会损失的费用
报废	项目必须在某个可鉴定的使用期显示出功能恶化的特性,并且该项目的大部分必须能生存到该使用期	安全寿命限制必须能降低发生故障的风险,以保证安全使用	工作必须能将故障发生风险降低到一个可接受的水平	经济寿命的限制必须是有经济效益的,即维修工作的费用必须低于所预防故障损失的费用

1.5.3.8 系统/动力装置维修间隔确定

1. 总则

作为 MSG-3 逻辑分析的一部分,对于满足适用性和有效性准则的维修工作,维修工作组(MWG)应该确定每项计划维修工作的时间间隔。MWG 应该根据可获得数据和工程经验判断法,为每项维修工作选择合适的维修时间间隔。在缺少有关故障和特性的特定数据时,系统维修工作间隔在很大程度上是根据类似系统/部件的使用经验确定的。

只有在设备投入使用之后,才能得到确定最优维修工作间隔所需的数据。在许多情况下,可以借鉴以前相同或相似项目的经验。建立维修工作"准确的"间隔的难点实际上是一个贯穿于设备整个使用寿命的信息问题。

在进行维修工作时,不能仅仅因为容易做就使其维修频率比经验值或建议的次数还多,因为维修次数超过经验值会增加人为出错的概率,并且会对可靠性和安全性产生不良影响。

2. 信息来源

MWG 在确定维修工作间隔时应该考虑下列情况。

(1) 制造厂的试验数据和技术分析;

(2) 制造厂的数据与供应商的推荐资料;

(3) 客户需求;

(4) 由类似或相同部件和子系统得到的使用经验;

(5) "工程最优估计"法。

为了获得维修工作的"最佳初始"维修间隔,MWG 必须根据所有可用的相关数据对维修间隔进行估计。为估计最佳的维修时间间隔,MWG 应该考虑以下问题。

（1）在确定有效维修间隔时，其他飞机上的通用/相似的部件/附件/系统获得什么样的经验数据？

（2）为保证更长的检查间隔已采用了什么样的设计改进？

（3）销售商/制造厂根据试验数据或故障分析推荐什么样的时间间隔？

3. 维修工作间隔参数

维修间隔是根据在能引起故障的环境中的暴露方式确定的。最常用的使用参数是：①日历时间；②飞行小时；③飞行循环；④发动机/APU 的工作小时/循环次数。

维修间隔的确定主要包括恰当的描述参数、相应的间隔时间或者适当的字母检。

一般可以接受的是使用参数或者字母检来表示维修间隔，并在某些给定的程序中将其联合起来使用。如果维修间隔用使用参数表述，那么该间隔的确定包括以下步骤。

（1）第一步是定义主要的使用参数。对于多数系统/动力装置，飞行小时是主要参数；然而，对于某些任务来说，飞行循环或日历时间可能是主要的使用参数。间隔也可能由多个使用参数一起来表述。

（2）第二步是根据下面所给的标准确定使用参数的时间间隔。

对于个别检查项目或者检查系统，如果没有合适的使用参数，可以由工业指导委员会（ISC）来确定所采用的字母检。

对于某些检查，由 MWG 来确定一个不同于重复间隔的初始间隔是比较合适的。

4. 维修间隔的选择准则

除包括在 1.5.3.8 第 1 小节中的通用准则以外，还应考虑下述具体的建议。

（1）润滑/勤务（故障预防）

① 工作间隔应该以消耗件的使用频率、库存中的消耗件的数量（如果适用的话）和恶化特性为基础。

② 当确定恶化特性时，要考虑典型的运行环境和气候条件。

（2）使用/目视检查（故障发现）

① 当隐蔽功能失效时，要考虑在恶化环境中造成一个隐蔽性故障的暴露时间长短及由其产生的后果。

② 工作间隔的基础应该是减少关联的多重故障至 MWG 认可的可接受水平。

③ 在故障查找工作及其间隔的确定过程中，应该考虑该项工作使隐蔽功能处于失效状态的可能性。

（3）检查/功能检查（潜在性故障发现）

① 应该明确存在确认潜在故障的条件。

② 工作间隔应该比潜在故障从变成可探测故障开始到恶化成一个功能故障为止的时间间隔要少（如果有现成的故障数据，那么这一个间隔可以作为潜在失效（potential failure）到功能失效（fluential failure）的间隔）。

③ 在这一间隔完成该项维修工作是可行的。

④ 从开始发现潜在故障到功能故障发生时的最短时间应该再留有足够长的时间，以便采取适当的措施避免、消除故障或把故障的后果减到最小程度。

（4）恢复和报废（故障避免）

① 当出现严重恶化以及故障的条件概率明显增加时，恢复和报废间隔应该根据"可识别的工龄"来确定。

② 考虑供应商推荐类似部件所使用的数据。

③ 确保故障发生的多数情况出现在这个检查时间之后,这样可使初始故障降低到一个可接受水平。

5. "由接近确定"(access defined)的检查间隔

有时候,直到一个部件/系统被拆卸/更换时才可能完成某项维修工作,所以这时的检查间隔应该与部件/系统的拆卸/更换时间相一致。

如果部件/系统的拆卸/更换的间隔短于要求的维修间隔时间,那么维修工作间隔应该由 MWG 定义为拆卸/更换间隔(计划的或非计划的)。如果维修工作间隔比拆卸/更换间隔短,将其确定为"由接近确定"的间隔是不合适的。

注意:如果 MWG 选择了一个"由接近确定"的间隔,考虑应该给出一个最短的工作间隔。例如,如果"发动机更换"是"由接近确定"的间隔,而且发动机由于非计划事件而在更换发动机之后不久再次被拆换,那么工作不应该重复进行,除非已经经历了最短的工作间隔时间。

6. 审定维修需求

除通过 MSG-3 分析制订的维修工作和间隔以外,预定的维修工作还可能由 FAR 25.1309 审定程序产生。

审定维修需求(certification maintenance requirement,CMR)是一种必须做的周期性工作,是在飞机的设计审定中作为型号审定的一个使用性限制而制订的。CMR 是在型号审定过程确定的一部分维修工作。CMR 能够产生正式的数字化的分析结果,它可以反映灾难性和危险性的故障状况。CMR 的目的是检查重大隐蔽性故障(与其他一项或者多项特定故障结合起来造成灾难性后果的故障)以保持预期的安全性。

必须注意的是,CMR 来源于一个不同的分析过程,而不是像维修工作和间隔来源于 MSG-3 的分析。按 MSG-3 制订的维修工作和与 CMR 相协调的程序在 AC 25-19 中有详细的描述,并且涉及了可能影响 MWG 的间隔选择的审定维修协调委员会(Certification Maintenance Coordination Committee,CMCC)。

7. 抽样

对于系统和动力装置分析程序中定义的项目,可采用抽样检查。

抽样检查是为了确认故障没有意外的恶化特性。按已确定的间隔对一定量的项目进行检验,未抽样的项目可持续使用,直到抽样结果表明需要进行附加的计划维修为止。

第 2 章　航空发动机状态监控

2.1　航空发动机状态监控概述

发动机一般是由数万个零件组成的,每一个零件正常与否均关系到整个发动机的工作状况。发动机所发生的故障,通常由一些缺陷发生和发展而来,如零部件的腐蚀和磨损、外来物损伤、发动机结构出现异常、安装配合关系发生变化、高温造成部件的烧蚀和裂纹等。使用经验表明,发动机的故障和发动机工作参数之间有着极其重要的关联关系,尽管每一种故障在大多数情况下各参数的表现不同,但绝大多数故障都可以从参数的异常变化中分析出来,乃至通过参数的变化进一步发现和侦测发动机故障。

各学科互相渗透、互相交叉、互相促进是现代科学技术发展的重要趋势。第二次世界大战以后,特别是进入 20 世纪 60 年代,随着以计算机为代表的现代电子技术的迅猛发展,已有数千年历史的医学诊断的基本思想被应用到工程学科中来,形成了设备的状态监控和故障诊断学(condition monitoring and fault diagnosis,CM&FD)这一大有作为的新兴学科,而近 30 年又是这门学科发展的黄金时期。

航空发动机是飞机最核心部件,其工作在高温、高压、高载荷的工况下,因此保证发动机的健康状况是保证飞机可靠性的前提。飞机故障中发动机故障占有很大的比例,因航空发动机导致的故障占总故障的 60% 以上,严重影响了飞机工作效率和正点放行率。为此,制造商和用户均开始采用有效手段,对发动机各部件的工作状态以及与其密切相关的参数实施监测,并根据监测所得的数据对各部件工作状态的发展趋势做出有价值的准确判断,实时地把握发动机的健康状态和性能趋势,提高预警性和保证飞机安全,同时能够改善发动机的经济性。

从航空发动机监测技术发展历史来看,航空发动机状态监测主要经历了四个阶段的发展,分别是人工记录、机载记录、飞机状态监控系统、实时监控和人工智能阶段。

1. 人工记录

在飞机稳定巡航状态,由机组人员人工记录驾驶舱仪表数据,然后将其录入计算机,再利用软件进行数据的分析。但是该方法易出现读出、抄写和输入的错误,因而工作效率低,监控参数少,存在时间差,准确性差,数据的再开发利用也比较困难。尽管有这么多的缺点,但人工记录的方法费用较低,并且对飞机设备无特殊要求,易于制订程序,使它成为早期发动机监控的通用方式。

2. 机载记录

利用数字飞行记录器(digital flight data recorder, DFDR)或快速记录器(quick access recorder, QAR)中连续记录的参数,可以对发动机的工作状况进行监控,该方法避免了中间环节的错误,提高了性能监控的准确度,并且可以随时进行译码或重放,但获得的发动机监控参数种类和数据有限,不能选择记录器规定数据以外的参数进行监控。

3. 飞机状态监控系统

利用飞机状态监控系统(aircraft condition monitoring system, ACMS)连续监控飞行数据链并汇总数据,以报告的方式记录。该方法操作简单,监控范围广,减少了输出的数据量,提高了精度,但最初投入费用高,对监控人员的专业水平要求高。

4. 实时监控和人工智能

为了更加实时、有效地监控发动机运行工作状态,许多新的发动机状态监测技术已经相继研制成功并投入应用,如用于数据实时传输的飞机通信、寻址与报告系统(aircraft communication addressing and reporting system, ACARS)。ACMS 与 ACARS 联用,实时将发动机工作状态数据传递给地面基站及维修工程部门,同时利用人工智能系统进行故障隔离和判断,及时分析研究,并采取措施。该方法除具有飞机状态监控的优点外,还增加了实时性,即能及时分析并采取有效措施,地面能对机组的操作及时给予指导,并且能提前做好地面维修准备。这样可以提高飞行安全性,减少地面维修停场时间。

为了得到与性能劣化相关的特征,人们选择了状态监测技术。状态监测就是确定物理参数,并通过一定的技术手段来判断机器设备的状态完整性。状态监测与故障诊断有很大的关系,大致的过程如图 2.1 所示。

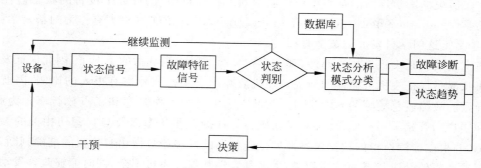

图 2.1　状态监控过程

综上所述,为了得到与航空发动机性能劣化相关的特征,开始选用发动机状态监测技术,通过确定与发动机工作状态相关的物理参数,并以一定的技术和后续处理手段来判断航空发动机的状态。经过几十年的发展与改进,航空发动机状态监测技术的作用也日益凸显,带来了巨大的直接或潜在经济效益。

5. 航空发动机监测技术的意义

由于航空发动机状态监测技术得到了长足的进步,现代航空发动机能够采用基于状态的视情维修策略,因此实行发动机状态监测的具体意义体现在以下几个方面:

（1）及时判断故障原因和预防故障发生；

（2）提高发动机的性能和利用率；

（3）提高安全性；

（4）有效、灵活地组织维修；

（5）更合理地制订下发和送修计划；

（6）更经济、准确地控制备发数量。

例如，某型发动机采用先进监控技术后，空中停车、航班延误或取消、非计划换发、计划拆换分别减少了 12％、13％、15％ 和 2％，提高了飞机的安全性和经济性。总之，通过发动机状态监控，能够以更安全、更可靠、更经济的方式来使用和维修发动机，由此也可以为航空公司带来巨大的社会和经济效益。

2.2 航空发动机监控的概念

2.2.1 研究对象

本章的研究对象是航空燃气涡轮发动机，限制条件是完全组装好的、准备工作的，或正在工作的，或刚刚完成工作的发动机（有时也包括像风扇、压气机、涡轮等独立的单元体）。而整个研究过程（基本上）不对其进行分解，并且所有使用、测量和检查方法均是无损的。这些检测和分析工作主要在飞行过程中或一、二级维修中进行，也可以在发动机的专门工作中进行。

在发动机的设计、生产和翻修过程中也大量采用与监控技术相同或相似的技术手段，但研究对象的状况与以上的约束条件有很大的区别，因此方法的适用性和最终的结果也会有所差异。

2.2.2 发动机的状态和故障

1. 状态

状态就是发动机的技术状况，通常将发动机的技术状况分为正常状态、异常状态和故障状态。

当发动机、发动机附件或工作系统（以设计目的表征的）功能指标或物理指标均处在规定的范围之内时称为正常状态，这时发动机可以完成规定的任务。一般认为处在正常状态的发动机没有缺陷或虽有缺陷但在允许的限度之内（实际上某些缺陷几乎是不可避免的，如燃烧室内火焰筒的局部裂纹）。

异常状态通常是一个相对的状态，这时发动机、发动机附件或工作系统的功能指标或物理指标相对其规定数值发生了偏差，但仍未超出规定的范围，如发动机推力下降、振动量增加等，此时发动机尚可以完成规定的任务。异常状态一般是发动机由于某种缺陷已有一定的发展或出现了某种缺陷，此时发动机尽管可以完成一定的任务，但其功能指标与规定指标有着较大的偏差。

当发动机、发动机附件或工作系统的（以设计目的表征的）功能指标或物理指标低于（或高于）规定的最低（或最高）限制值时，称为故障状态，这时发动机将无法完成规定的任务。

故障往往是由于某种缺陷不断扩大、从异常状态进一步发展而形成的,但故障并不意味着失效。

发动机的状态是由其内在品质和外在环境条件共同决定的。内在品质或(和)外在环境的变化,必然导致发动机状态的变化。如果允许发动机一直使用下去的话,那么发动机随着使用时间的增加,必然会出现从正常状态经历异常状态而后发展为故障状态的状态演变过程。但是根据现行的发动机管理机制,实际上大量的航空发动机并未发展成异常状态或故障状态就进行了预防性维修或已经退役。

由于理论和技术的限制,以及状态划分本身的模糊性,对发动机状态的认识可能存在着主观和客观上的差别,这种差别从理论上讲是无法完全消除的,因此,就存在着发生各种等级事故的可能性和必然性(例如,主观认为发动机处在正常状态,而客观上发动机已经处在故障状态,此时仍然继续使用发动机),同时也存在着大量的过度维修现象(例如,主观认为发动机处在或将处于故障或异常状态,而客观上发动机尚处在正常状态,进行发动机维修、大修甚至更换)。从某种意义上讲,监控的工作就是要尽可能地减小这种差别。

2. 状态量(状态参数)

能够表征并区分发动机技术状况的各种连续的或离散的可测量参数均可称为状态量或状态参数(一般在基本理论中称为状态量,在实施技术、装备中称为状态参数),通常这些参数中既包括发动机的各种工作参数(如发动机转速、排气温度、振动等),也包括专门的监控参数(如发动机转子跳动量、轴承噪声值、惯性运转时间等)。即使对于同一种型号的发动机,由于个体的差异和使用环境、使用方法的差异,状态量随着发动机的使用将形成一个连续或离散的随机(时间)过程,利用测量、记录设备(仪器)得到的这个随机过程的图形称为机械图像。在状态监控与故障诊断工作中将所有状态量的集合称为状态向量。在实际应用中由于使用的监控和诊断方法的不同,通常只选择状态向量的一个特定的子集。

3. 故障

一般意义上,故障的范畴可以包括如下的内容。

(1)引起装备立即丧失其功能的破坏性事件。

(2)与降低装备性能相关联的性能上的事件。

(3)即使装备当时正在正常工作,而操作者误操作或蓄意,或者环境条件恶化使装备偏离正常状态的事件。

任何特定系统的故障对"正常工作"或"完成任务"的影响程度都与装备的功能有关。例如,因滑油泵的故障(如流量下降)而出现的告警对汽车发动机和航空发动机有很大的差别,在单发动机的飞机和多发动机的飞机上也有很大的差别。

下面列举了部分比较明确的航空发动机故障。

(1)由于发动机的原因,迫使发动机不得不停车或减小油门致使发动机推力下降超过正常要求值的10%。

(2)由于发动机有故障迹象而造成发动机停车,除判定是人为错觉的情况之外,即使在停车后并不能证明发动机发生故障仍作为故障。

(3)由于发动机附件故障,不能保持油门杆位置所要求的推力,推力损失等于或大于该位置最小推力的10%。

（4）如果故障通过更换附件已经排除，即使更换下来的附件在试验器上不能证明有故障仍作为故障。

（5）直接由于发动机的原因，在15min内不能把发动机启动起来。

（6）由于滑油消耗量超过规定或滑油分析结果异常而导致发动机需要修理或更换。

（7）由于振动超过允许极限而导致发动机的修理或更换。

（8）装配部位和管路接头处的漏液量超过规定。

（9）利用规定的检查设备和检查方法发现直接由于发动机的原因造成的发动机零件超过规定容限的损伤。

4. 故障的分类

按故障的形式可分为结构型故障（如裂纹、磨损、腐蚀、不平衡、不对中等）与参数型故障（如失速喘振、共振、超温等）；按故障的危险程度可分为危险性故障与非危险性故障；按故障的发展速度可分为渐发性故障（能通过早期试验或测试来预测的故障）与突发性故障（无法靠早期试验或测试来预测的故障）；按故障的影响程度可分为局部性故障（导致某些功能的丧失，但不会引起所需功能的全部丧失）与全局性故障（完全丧失所需功能）；按故障的持续时间可分为临时性故障与持续性故障；按故障的原因可分为先天性故障、劣化性故障与滥用性故障；从故障预防的角度可分为随机故障与可预测故障；从故障征兆的特点可分为征兆可观测故障与不可观测故障；在可靠性研究中可分为早期性、偶发性及随机性故障。

很显然，人们特别注意的故障是危险性、突发性、全局性和持续性故障，因为它们往往造成灾难性的损失，比较难以防范。

2.2.3　发动机状态参数的录取

在使用条件下选择发动机技术诊断方法和设备主要取决于状态参数记录的适用性，仅靠其本身的结构和辅助设备即可保证在不分解的情况下，能够获得客观评定发动机技术状态必需而可靠的信息。

1. 状态参数的特点

专门的试车和外场使用实践证明，根据发动机结构的复杂程度，在不分解的条件下，用测量和分析20～100个参数的方法就能够客观地评定生产的发动机。通过处理这些参数就能够保证监控发动机的工作能力和功能正确性，以及确定其诊断深度达到发动机部件（单元体的）完好性。但在调整发动机的条件下，以及在必须评定其诊断深度达到单个零部件的发动机技术状态时，则需要测量和分析200～1000个参数，此时，参数的处理方法将十分复杂。

现代生产和试验用的发动机在台架试车情况下，所用测量系统的容量和精度可以满足监控方法的要求。在飞机上测量的发动机参数的数量比台架试车时要少，精度也相对低一些。近年来，发动机电调系统、飞机综合航电系统和飞机参数记录系统的发展，为从飞行中的飞机上获取有关发动机状态信息提供了十分便利的条件。因此，监控所需信息的获取，一般来说，并不需要或者只需要不多的专用补充设备。

在监控理论中使用的状态参数包括两大类：一类是发动机的各种工作参数，即与完成发动机的设计功能相关联的机械或气动热力参数，如转子转速、涡轮前（或后）燃气温度、燃油消耗率等，工作参数还可以根据其特点分为基本参数、辅助参数和故障参数等，这类参数通常都需要换算后才能使用，所携带的故障信息往往是隐含的；另一类是专门的监控参数，这些参数主要是保证设计功能的完成，如振动、滑油状态检验参数、涡流探伤参数等，这类参数的针对性很强，所携带的故障信息是直接具体的，通常可以直接使用。也有的参数兼有两类参数的特点，如喘振参数，这些参数一般属于工作参数中的故障参数。根据参数的特点，有些参数需要连续测量、监控，有些参数只要在规定的时间和情况下测量、监控即可；有些参数在发现异常时需要立刻由人工或自动系统做出反应，有些参数则只进行事后处理分析。

根据参数的类型和测量技术的状况，不同的参数有不同的测量精度要求。通常基本参数和监控参数的测量精度要求最高。在使用条件下，由个别部件或附件完成各种功能所确定的辅助参数的测量精度要求相对低一些，因为这类参数用于诊断深度达到发动机的部件或附件即可。在按用途使用发动机的条件下，事故参数的精度测量具有重要的意义，因为事故参数若超过允许的极限范围就可能导致发动机损坏。

2. 状态参数测量的时机

发动机状态参数中的工作参数和部分监控参数的测量必须在发动机工作时进行，测量工作既可以在飞行中也可以在地面试车中完成。从飞行中记录数据具有以下优点。

（1）飞行中发动机的许多工作条件和工作状态是无法在地面试车中模拟的，如高空小速度飞行的大换算转速和小进气压力、低空大速度飞行的进气高压和高温、大涵道比涡轮风扇发动机低压涡轮的高空工作状态，以及飞机机动飞行时的进气流场等。

（2）在飞行中发现的某些现象，在发动机的地面试车时常常不能完全复现，如滑油消耗率大的故障、在一定飞行状态下的强烈振动、某些喘振现象、燃烧过程的异常等。

（3）飞行中参数的测量不需要额外消耗时间、燃料和发动机的使用寿命，而这些情况在地面试车记录诊断信息时是不可避免的。

根据上述理由，总是希望直接在飞行中收集尽可能完整的发动机诊断信息，当然这并不排除利用地面试车。在工厂的发动机试车中，直接在试车过程中系统地、有组织地记录被测参数，实际上仍是获取诊断信息的重要渠道。

另外，还有部分监控参数的测量是在发动机不工作的情况下完成的，测量工作可以结合在飞行前、后检查，也可以在发动机的定期工作中进行。

3. 状态参数的测量手段

发动机主要部件可能采用的参数测量手段如图 2.2 所示。

无论在飞行中还是在地面上记录被测参数，既可以用手工方法，也可以用专门的自动测量记录系统。随着自动系统的成本、质量和尺寸的下降，新一代飞机均采用了飞行参数记录系统来自动测量和记录状态数据，记录系统具有能够连续地录取信息（包括发动机的不稳定工作状态）、同时测量多个参数数值，以及测量记录精度高、稳定可靠等一系列优点。

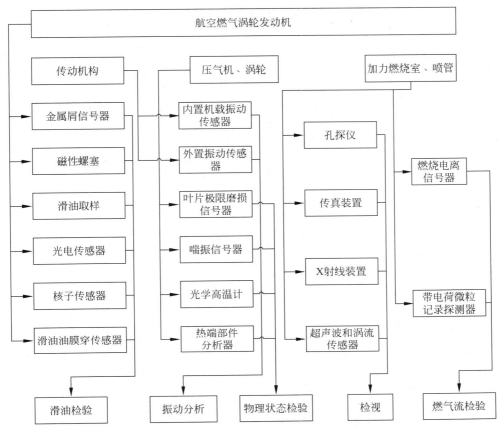

图2.2 航空燃气发动机主要部件可采用的状态参数测量手段

2.2.4 监控和故障诊断的任务

监控和故障诊断是一项工作的两个层次,因此其任务也是各有侧重,如图2.3所示。

监控的任务是采用各种测量、分析和判别方法,结合发动机的历史状况和运行条件,弄清发动机所处的客观状态,以便最合理地确定发动机的使用和修理,包括确定、预测可能的故障,这项工作由地勤和空勤人员来完成。故障诊断的任务则是需要进一步确定故障的性质、程度、类别、部位、原因,说明故障发展的趋势及影响等,为预报、控制、调整、维修、改进提供依据,这项工作通常由专门的技术人员完成。总之,状态监控与故障诊断的任务是通过掌握发动机过去和现在、在运行中或(基本上)不分解情况下的状态量,判断其质量优劣、利用程度、是否安全、异常或故障的原因及预测对将来的影响,从而确定使用、维修和控制策略。

从以上内容可以看出,发动机的监控和故障

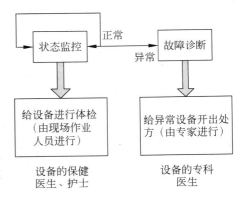

图2.3 监控与故障诊断方法

诊断学是在传统的技术保障的基础上，经过理论的提炼和升华发展起来的，并非技术保障工作的全部内容。

2.2.5　发动机监控系统

将分散安装在飞机、发动机以及地面上的各种类型的监控与故障诊断设备（包括硬件和软件）和技术保障、管理人员以一定的工作程序综合成一个系统，就组成了航空发动机监控系统（engine monitoring system，EMS），如图 2.4 所示。

图 2.4　航空发动机监控系统（EMS）

广义地讲，发动机监控系统的目的是采集、记录和处理在飞行和地面试验中的数据，以辅助发动机的设计、管理、安全使用、维修和后勤保障。其数据的采集和处理过程可以是人工的、计算机辅助的或自动完成的，涉及的设备可以是专用的，也可以是与其他系统共用的。

2.3　航空发动机状态监控的基本内容

2.3.1　状态监控与故障诊断学的体系

目前，状态监控与故障诊断学已逐步发展形成了既有传统理论又有具体方法、既有现代的检测手段又有先进的分析技术、既直接应用于工程实际又与高技术密切相关的学科体系。该学科的基本体系由基本理论、实施技术以及实施设备三大部分构成，如图 2.5 所示。

（1）基本理论包括故障规律、故障状态、故障机理、故障模型、故障树分析、信号处理、状态识别、模糊聚类识别、趋势分析，以及监控诊断的标准值或图谱等理论的研究，这些基本理论为实施技术提供科学的理论依据。所以,基本理论相当于该学科基本体系的"软件"。

（2）实施技术包括声振诊断、无损诊断、温度诊断、污染诊断、估算与预测、综合诊断以及诊断决断等技术的研究,实施技术通常具有较强的针对性,这些实施技术是构成该学科的主体,也是该学科建立与发展最重要的基础。

（3）实施设备包括信号采集、特征提取、状态识别、趋势分析、诊断决策形成、计算机辅助检测（computer aided test,CAT）与计算机辅助诊断（computer aided diagnosis,CAD）系统以及诊断专家系统等专用设备的研制,这类专用设备为实施技术提供必要的实施手段。因此,实施设备相当于该学科基本体系的"硬件"。

图 2.5　状态监控与故障诊断学的基本体系

2.3.2　状态监控与故障诊断的实施过程

状态监控与故障诊断的实施过程主要包括故障文档建立和监控诊断实施两大部分,如图 2.6 所示。

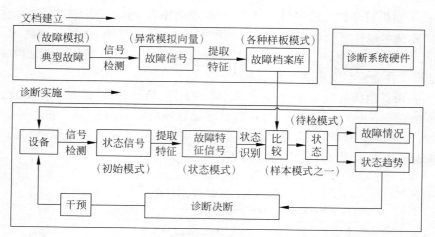

图 2.6　状态监控与故障诊断的实施过程

1. 建立故障文档库

对发动机的状态监控与故障诊断犹如对人体疾病的监视与诊断一样,既要有理论上的依据,也要有大量实践经验的积累和总结。故障文档库是一种事先编制好的各种有关发动机的不同性质、不同部位、不同程度的故障样板数据库,也就是病例档案。以目前广泛使用的机械图像或模型参数诊断为例,一般做法的关键是要把正常图像或正常模型参数与故障图像或故障模型参数区分开。这里所谓的模型参数,是指利用各种建模理论(如时序模型、模态模型等)根据测试所得信号建立起来的表征被测系统特征的数学模型中所包含的各种动态参数。

建立故障文档库的方法有根据现场在线监控数据的长期积累、实验室实验研究和分析、计算机辅助实验等。由于用现场监控数据的长期积累方法来建立数据库的周期较长,而用实验室实验研究和分析方法来建立数据库又需要花费很大的人力、物力,因此,计算机辅助实验方法在这里具有特殊的意义。无论采用哪种方法,都需要事先对发动机正常状态和各种故障进行大量的试验、观察、分析、统计和归纳,以建立发动机故障文档库。故障文档库是识别故障的可靠依据,如果没有故障文档,那么整个监控与诊断工作将成为空中楼阁。

2. 实施监控与诊断

监控与故障诊断包括以下几个关键环节。

(1)信号检测。发动机的状态向量和载荷(环境)向量是发动机异常或故障信息的重要载体,是进行发动机状态监控和故障诊断的客观依据,所以按不同的诊断目的选用一定的检测方法和检测系统、及时而正确地测量足够数量的状态向量和载荷(环境)向量是进行诊断的先决条件,往往信号检测工作决定着整个监控与诊断工作的成败。一般将这些信号称为初始模式向量。

(2)特征提取(或称信息处理)。由于初始模式向量中的故障信息混杂在大量的背景噪声之中,为提高诊断的灵敏度及可靠性,必须采用信号处理技术。故障特征的提取(信号处理过程)就是将初始模式向量进行维数压缩、形式变换、排除或削弱噪声干扰、去掉冗余信息、保留或增强有用信息、精化故障特征信息的过程,最终形成待检模式向量。

(3)状态识别。监控与诊断是一个典型的模式识别过程,而故障文档库中的各种故障样板模式就是进行状态识别的基础。状态识别是指将待检模式与样板模式进行对比,并将其归属到某一已知的样板模式中的过程。为此要建立判别函数,规定判别准则并力争使误判率最小。根据状态识别的结果便可判定诊断对象所处的状态是否正常,并预测其状态的变化趋势。

(4)诊断决策。当判别结果为异常或故障时,必须进一步对异常或故障的原因、部位和危险程度进行评估,采取相应对策对发动机及其工作进行必要的预测及干预。预测就是能对被诊断出来的故障,在不采取任何措施的情况下,估计继续运行下去会产生什么样的后果,以及还可以继续运行多长时间。干预包括临时处治方案、加强监控方案以及更换大修方案和措施。

综上所述,诊断实施是一个典型的去伪存真、去粗取精、由此及彼、由表及里、由远及近的模式识别的过程。

2.3.3 状态监控与故障诊断的基本理论

1. 建立故障库

根据被测机械图像或模型参数的变化来判断发动机故障,在具体执行诊断工作时常用以下两种方法。

(1)分析法:将实测图像或模型参数与标准规范(指正常的标准图像或模型参数)相比较,根据所得的差异来确定故障的有无、性质、部位、程度和原因。

(2)统计法:将实测的图像或模型参数与各种故障情况下的图像或模型参数相比较,根据类比关系处理故障。

2. 实施监控与诊断

状态监控与故障诊断技术在实施过程中主要涉及六个方面的理论知识,即检测方法、信号处理、识别理论、预测技术、计算机及有关发动机的专业知识。下面介绍前四个方面的知识。

1)检测方法

检测方法涉及检测对象、检测系统、测量方式、采样方法、测试内容及信号记录等六个方面的问题。

2)信号处理

发动机状态信号的处理既可从统计的观点出发,也可从系统分析的观点出发,分别在时域、幅值域、延时域、转速域、频率域、相位域中研究信号的波形、形态、强度、波动度、分部特性、幅值概率、相似性、相位变化、频率结构及传递特性等。

3)识别理论

状态监控与故障诊断是一个典型的模式识别过程。无论进行故障分类、建立样板模式、压缩模式向量维数、去掉冗余信息、提取特征量,或将待检模式与已知样板模式对比,按相似程度或距离指标进行判别或聚类,都离不开识别理论的指导和识别技术的支持。

在状态监控与故障诊断中常用的基本识别方法如下。

(1)主成分分析法:将多个指标综合或化为少数几个指标的统计分析方法,主要用来压缩模式向量的维数。主成分分析法广泛地应用于多因素、多指标的统计分析处理,找出几个综合因子来代表原来众多的因子,而这些综合因子可以尽可能地反映原来因子的信息,彼此之间互不相关。对于线性问题则直接简化为相关矩阵的特征值问题。

(2)聚类分析:将样本按某种特性进行分类的方法称为聚类分析。聚类分析分为系统聚类分析、动态聚类分析、模糊聚类分析和图论聚类分析等四种分析方法。

① 系统聚类分析的基本思想是首先将每个样本看成一类,然后根据样本之间的相似程度进行合并,并计算新类与其他类之间的距离,再选择最相似者合并,每合并一次减少一类,继续这一过程,直到不宜再减少为止。

② 动态聚类分析又称为逐步聚类法,其基本思想是先选一批凝聚点,然后让样本向最近的凝聚点凝聚,这样由点凝聚成类,得到初始分类,然后逐步修改不合理的分类,最后形成最终分类。动态聚类分析较之系统聚类分析具有计算工作量较小、方法简单的优点。

③ 模糊聚类分析的基础是模糊数学,在样本之间的界线不是很清晰时模糊聚类关系的引入具有十分重要的意义。在状态监控与故障诊断中聚类分析不仅可以用于故障分类、模式向量维数压缩,也可以进行判别分析和预测。

④ 图论聚类分析要建立与问题相适应的图,图的节点对应于被分析数据的最小单元,图的边或者弧对应于最小数据之间的相似性变量。因此,每个最小处理单元之间都会有一个变量的表达,这就确保数据局部特性比较易于处理。

(3)模式识别:主要有统计模式识别法和模糊模式识别法两种。统计模式识别法是一种分类误差最小的判别分析方法。其中的多组(两组)判别分析主要研究判断待判样本属于已有某种方法分成的多组类别中的哪一类。逐步判别分析则能在影响分类的多个变量中"有进有出"地挑选对分类影响最大的那些变量来建立判别函数,进行判别。统计模式识别法与人脑进行模式识别的思维方法差别较大,而以模糊数学为基础的模糊模式识别则与人脑的思维方法有相似之处,这种识别方法可以分为个体识别和群体识别两种。

应该注意的是,虽然聚类分析和模式识别都是分类问题,但无论就所处理问题的性质还是处理问题的方法来说,两者都是不同的。模式识别所讨论的问题是已知若干模式,或者已有若干个标准的样本,要求正确地判断研究对象应该属于哪类模式。聚类分析所研究的对象是一大堆样本,要求能按它们各自的特性来进行合理的分类,而没有任何模式可供参考或遵循。即模式识别是一种有模式的分类问题,而聚类分析是一种无模式的分类问题。

(4)系统辨识:通过观测系统的输入-输出关系,以确定其数学模型的过程。根据对系统事先了解的程度,辨识问题常常分为两类,即完成辨识问题"黑箱"问题和部分辨识问题"灰箱"问题。实际上大多数工程问题都属于后一类,由于对系统的结构已有很多了解,因此可以导出系统的动力学特定数学模型。在这种情况下,只要确定模型方程中的一组参数就可以了,从而模型化问题被简化为参数识别问题。不同的系统或故障,其数学模型或模型参数存在差异,利用这种差异,可以对系统或故障进行分类。很明显,对于同一系统,模型参数的不同意味着系统特性的变化,所以模型参数的变化可以作为故障诊断的依据。

4)预测技术

预测是对尚未发生或目前还不明确的事物进行预先的估计和推测,是现在对将要发生的结果进行探讨和研究。

预测(或预测工作)实际上是这样的一个过程:从过去和现在已知的情况出发,利用一定的方法或技术去探索或模拟未知的、未出现的或复杂中间过程,推断出未来的结果,为决策提供依据(图 2.7)。

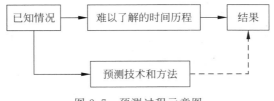

图 2.7　预测过程示意图

在状态监控与故障诊断中预测技术主要用于估计故障的传播、发展,对发动机的劣化趋势作出预报,是故障预防和进行无损监测的主要手段。预测的基本原理包括惯性规律、相似规律、相关规律和概率规律。

2.3.4　状态监控与故障诊断的分类

按目的和要求的不同,状态监控与故障诊断可分为:①状态监控与故障诊断;②定期诊断与连续监测;③直接诊断与间接诊断;④常规诊断与非常规诊断;⑤机载监控与地面诊断;⑥在线诊断与离线诊断。

按诊断方法的完善程度,状态监控与故障诊断可分为:①简易诊断技术与精密诊断技术;②人工诊断技术、系统诊断技术和专家系统。

2.3.5　航空发动机主要的监测技术

状态监测包含多种针对不同对象的监测方式,典型状态监测技术可分为:①油液分析(油液量、油液污染);②磨损颗粒监测和分析;③振动;④温度;⑤性能;⑥噪声;⑦目视检查和其他。

应用于航空发动机的状态监测技术也可根据监测对象的不同进行分类,发动机状态监测技术主要有:①基于气路参数分析(gas path analysis,GPA)的监控技术;②发动机转子系统的振动诊断技术;③基于滑油分析的发动机磨损状态诊断技术;④发动机内部气路部件的孔探检测技术等。而民用航空公司在实施具体监控方法时,往往视具体情形而对监控技术进行具体分类,如某航空公司发动机控制部门就将监测技术划分为滑油监测、振动监测、气路参数监测、常规监测、特殊监测。

2.4　航空发动机滑油状态监控技术

2.4.1　概述

在航空发动机中通常利用滑油来对工作部件进行润滑和降温,当工作部件发生磨损时,产生的磨粒就会进入滑油中,因此对滑油中磨粒的监测便成为监测运转机件磨损状态的重要途径,同时也是揭示磨损表面的损伤机理、诊断磨损过程和磨损类型的重要手段。因此,滑油系统油液监测是发动机状态监测与故障诊断的主要方法之一。发动机滑油油路磨损状态监测与故障诊断主要是采用光谱分析、铁谱分析或磁堵监测等分析手段,对润滑系统的滑油进行在线监测或者离线分析,以此来判断设备中相关部件的磨损状况,常称为滑油监测与诊断技术。滑油监测与诊断技术同振动、噪声分析等技术相比,具有操作方法可靠、环境干扰少、不需对发动机进行改装、也不受所提供有限监测参数的限制等优势。

在航空发动机上,广泛使用轴承和齿轮来支撑转动转子的传递功率,部件在发动机运转过程中,由于相互之间的运动而产生摩擦,进一步导致磨损和产生大量热量。滑油系统的作用在于形成滑油油膜并带走摩擦磨损产生的热量,以维持机械部件的正常工作状态。因此,在滑油中可能悬浮有磨损下来的金属颗粒。若磨损严重,还会引起某些零件掉皮、掉块。尤其是发动机主轴承,有可能出现掉皮、滑蹭等现象。根据摩擦学理论,不同类型的磨损故障所产生的磨屑的大小、形状各不相同,因此可以通过分析滑油中的金属磨屑来确定发动机磨损故障的类型,并根据金属磨屑数量的多少来确定故障损害程度,这是对航空发动机润滑系统部件尤其是对其封严系统状况的一种有效的监测手段。民航发动机属于复杂的技术密集型机械产品,其中包含大量的齿轮、轴承等相互摩擦的机械部件,因此针对滑油磨粒分析的磨损状态监测在发动机状态监测与故障诊断过程中扮演了重要的角色。

在对航空发动机整个滑油系统的监测中,一般包括以下三种方法:

(1) 滑油消耗率及消耗率监控;

(2) 滑油中的金属屑分析;

(3) 滑油理化品质状况分析。

监测及分析的目的有四个方面:

(1) 测定油品的品质,判断油液是否能够继续使用;

(2) 鉴定及判别不同种类油品的品质,判断油液的优劣性;

(3) 通过油液中磨损产物的种类、分布、尺寸大小、形状等油品信息来判断航空发动机机械部件的工作状态和运行情况,发现可能存在的问题;

(4) 通过油液分析数据处理结果,预测滑油系统潜在的故障。

三种滑油系统监测方式中,滑油消耗率分析是通过记录飞机飞行前后的滑油量,然后分析出滑油消耗速率,从而得知有关滑油是否泄漏的信息,或得知由于燃油/滑油散热器损坏而在滑油中是否出现燃油污染的信息。滑油消耗率的计算方法是用本次滑油添加量除以本次滑油添加时间和上次滑油添加时间之间的飞机飞行时间总和;同时计算每5次的加油段的滑油消耗率作为趋势值。这样就可对滑油趋势值进行监控,及时报告滑油趋势不正常情况。

航空公司通常采用的滑油消耗率的计算公式为

$$\text{oilrate} = \frac{I_{\text{oil}}}{T_{\text{fly}}} \tag{2.1}$$

式中,oilrate 为滑油消耗率;I_{oil} 为滑油添加量;T_{fly} 为此次添加滑油和上次添加滑油之间发动机所在飞机的飞行时间。

通过这样的计算而得到的一系列发动机滑油消耗率的波动比较大,不便于之后的分析。为了更好地进行分析,需采用将连续5次的滑油消耗率求平均值作为第5次的滑油消耗率,公式如下:

$$R_{\text{avg\_oilrate}} = \frac{\sum\limits_{i=0}^{5} R_i}{5} \tag{2.2}$$

式中，$R_{avg\_oilrate}$ 为滑油消耗率的平均值；R_i 为第 i 次的滑油消耗率。

　　航空公司的滑油消耗率监控应满足如图 2.8 所示的流程，并且这是经某航空公司的实际使用而得到证实的可行的方法。

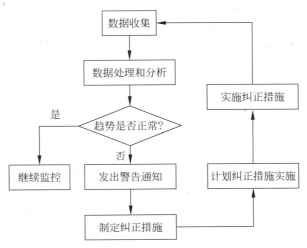

图 2.8　滑油消耗率监控流程

　　对滑油量的监测，一般是在滑油箱上通过油尺或目视镜进行，是由地面机务人员在做日常维护时来检查油箱的滑油量。但现在的涡轮发动机在驾驶舱内设有滑油量指示，在发动机工作过程中，其可提供连续不断的滑油量指示。通过对滑油量的监控，可发现滑油消耗量的变化趋势。

　　对金属的监测可分为两大类：

　　(1) 在线监测，如磁性屑探测器；

　　(2) 离线的实验室分析，如滑油铁谱分析技术和滑油光谱分析技术。

　　滑油理化状况分析通过监控检验油品的品质来确定油品包含的理化信息，从而决定是否能继续使用，其主要对象是针对油品本身而并非发动机的机械系统。涡轮发动机通常使用的滑油均为人工合成的滑油，是由矿物质油和从动植物中提取的二元酸酯混合而成，而不是纯矿物质滑油。在长期使用过程中滑油可能被氧化、酸化、分解，或被燃油稀释，从而改变它的特性，影响滑油效果。通过对滑油颜色的变化进行观察或在实验室中进行化学分析，可判断滑油是否已经变质，是否适合继续使用。例如，新鲜的航空滑油的颜色较明亮，而使用后的滑油则因为氧化所生成的胶质及沉淀的影响，颜色会变暗。如果滑油氧化强烈，它就会变成淡红色；严重过热时，还可能发出滑油烧焦的味道，并且里面还会出现小的黑颗粒，从而使滑油变成暗黑色。

　　发动机滑油润滑零部件磨损故障监测与诊断技术中，大部分监测对象主要还是发动机润滑油中的磨损产物，即对滑油中金属屑进行分析，形象地说就是给发动机"验血"。现代大型发动机上通常都装有信号式油滤或磁堵，用以对滑油中的磨损物含量进行在线监测，当其超过设定指标时便会告警，待发动机停车后再进行深入地检查。与此相比，更为有效的则是滑油离线监测技术，即定期对所监测的发动机进行滑油取样，对采集到的油样进行离线分析，主要的分析手段有磨粒计数、磨粒显微形态学分析以及光谱分析等。准确掌握滑油油样中所携带的磨损产物的成分、含量和形貌种类等重要信息后,就可以推断出相关零部件的磨损状态。

常用滑油中磨粒分析方法的监测诊断的结果统计见表2.1所列。

表 2.1　可靠性统计结果

监测方法	诊断结果			
	正确诊断/%	经验偏差/%	缺少信息偏差/%	不能诊断/%
光谱分析	36	0	43	21
铁谱分析	55	20	15	10
油品分析	21	0	16	63
计数器	33	0	0	67
方差综合	70	20	10	0

综合利用各种滑油油液分析手段来判别滑油系统乃至整个发动机的工作状态,将会具有显著的效益。第一,不需要专门停机对发动机进行检查,因此可大大提高发动机的使用效率,避免过度维修;第二,通过滑油的工作参数和油液油样进行监测,不需要专门的参数测试,提高了工作效率;第三,有利于对不同类型的发动机进行对比检查。

2.4.2　磨损原理

磨损是一个复杂的消耗过程,一般包括磨合、正常磨损和严重磨损3个阶段。与这3个阶段相对应,磨损故障的形式分为早期故障、偶然故障和耗损故障。图2.9所示为磨损过程与故障率的浴盆曲线。

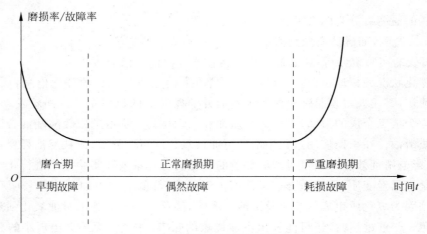

图 2.9　磨损过程与故障率的浴盆曲线

根据磨损发生过程的不同机理,磨损分为黏着磨损、磨料磨损、疲劳磨损、腐蚀磨损和冲蚀磨损。而磨损过程中产生的磨粒类型与磨损的类型也有一定的对应关系,可以分为正常滑动磨粒、严重滑动磨粒、切削磨粒、疲劳剥块磨粒、层状磨粒、球状磨粒和氧化物磨粒等。因此,如果能够准确地获得磨粒的类型信息,就可以推断出磨损的类型,进而推断出磨损的损伤形式、所处的磨损阶段以及可能发生磨损的发动机零部件。上述磨损类型的基本关系见表2.2所列。

表 2.2 磨粒类型与磨损类型、损伤模式、典型零件和接触性质的对应关系表

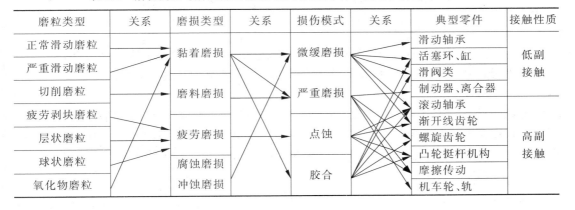

1. 磨损失效分类

磨损是一个复杂的过程,磨损的原理和失效模式各不相同。

1) 黏着磨损

部件摩擦表面微凸体的相互接触会由于应力过大而产生局部塑性变形。塑性表面在载荷的作用下黏着形成结点焊合。在相对运动的条件下,结点材料可能会从一个较软的表面转移到较硬的另一个表面,也可能会被撕下而形成黏着磨损磨粒。按照表面的破坏程度,通常可以将黏着磨损划分为五级,由轻至重依次是轻微磨损、涂抹、擦伤、撕脱和咬死。在发动机处于高速、高温和重载情况下时,发动机的齿轮、轴承等工作部件产生的胶合便是黏着磨损破坏的一种表现形式。

2) 磨料磨损

磨料磨损是一个表面同与其匹配表面上的坚硬微凸体之间的接触,或与相对于一对接触表面作相对运动的硬质粒子之间的接触而造成的材料损失或转移。前者称为二体磨料磨损,后者称为体磨料磨损。航空发动机零部件在磨合期比较容易发生的磨损形式为二体磨料磨损。根据磨料对金属表面磨削的条件不同存在以下 3 种损伤原理。

(1) 微切削。在这种损伤过程中,由于磨料的几何形状可以产生完整的切屑,表面损伤可能是犁沟,也可以是飞边。对于脆性材料,微切削将引起材料的崩落。

(2) 疲劳破坏。由于磨料颗粒的作用,金属表面产生交变的接触应力而导致疲劳破坏,同时,犁沟的隆起也会使金属产生多次应变而导致疲劳破坏。

(3) 压痕假说。对塑性较大的金属表面来说,由于磨料颗粒在应力的作用下会被压入金属表面而产压痕,并且还会从金属表面上挤压出剥落物。

3) 疲劳磨损

两接触表面作滚动或滚滑复合相对运动时,由于交变应力的作用,接触表层金属会发生塑性变形,进而萌生出裂纹。裂纹扩展后表层金属会发生断裂剥落,因而会在金属表面上留下一个空坑。疲劳寿命的波动性非常大,一般有收敛性和扩展性两种疲劳磨损类型。收敛性疲劳磨损往往出现在磨合期,一般情况下,随着部件磨合期的结束会自行消失;而扩展性疲劳磨损会使初始的疲劳麻点随着使用时间而不断扩展,直至零件失效。疲劳磨损一般发生在润滑条件较好的封闭式环境的机械系统中,否则,其他的磨损失效形式往往会先于疲劳

磨损出现之前发生。发动机主轴承以及减速器齿轮、轴承等零件最常见的磨损失效形式就是疲劳磨损失效。

4）腐蚀磨损

腐蚀磨损是金属表面与周围介质发生化学或电化学反应时产生的表面物质损失。在海域上空飞行或采用劣质燃料时，发动机气流通道零件更容易发生腐蚀磨损。

5）冲蚀磨损

冲蚀磨损是由于金属表面受到含有硬质粒子的流体（液体或气体）冲刷造成的表面材料损失。根据粒子的入射角大小，可将冲蚀磨损分为研磨冲蚀和碰撞冲蚀。直升机在灰尘的条件下工作时，发动机气流通道零件就容易发生冲蚀磨损。

2. 磨损微粒分类

磨损产生物是指磨损过程中产生的微小颗粒，所以也称为磨损微粒，简称磨粒。研究磨损问题时，磨粒是重要的分析依据，它是揭示摩擦学表面的磨损机理、监测磨损过程以及诊断磨损失效类型的最为直接的信息元。

（1）按磨粒成分分类

如果按磨粒成分划分磨粒种类，那么可将磨粒分为金属磨粒和非金属磨粒两大类。金属磨粒又可依据铁磁性质而分为铁磁性金属磨粒（如铁、钴、镍以及相应的化合物）以及非铁磁性金属磨粒（如铝、铜、巴氏合金磨粒等）。非金属磨粒则是指结晶体、摩擦聚合物、积碳磨粒、纤维、砂粒等微粒。

（2）按磨粒形状分类

在磨粒的形成过程中，由于不同接触方式、载荷、温度和环境因素的影响，并且磨损机理也不尽相同，因此，磨粒具有各异的形态特征。根据磨粒的形态特征，可以划分为正常滑动磨粒、严重滑动磨粒、切削磨粒、疲劳剥块磨粒、层状磨粒、球状磨粒和氧化物磨粒等。

（3）按磨粒的形态特征分类

大量关于磨损以及磨粒形成机理的研究表明，不同的磨损形式会产生不同种类的磨粒，而不同种类的磨粒具有其相对固定的形态特征。通过利用铁谱技术和扫描电镜等先进技术等手段进行的大量监测实例表明，各种磨损形式所产生的特征磨粒一般来说具有各自相对特定的形态特征。图 2.10 所示是从标准特征磨粒图谱库中选出的部分特征磨粒图谱。

磨粒是摩擦副作相互运动时产生的材料损耗或转移形成的颗粒。根据颗粒摩擦学的思想，磨粒分析的依据有以下几点：

（1）不同的摩擦副的结构特点决定了其可能产生的磨损形式，如滚动轴承会产生滚动疲劳磨损，齿轮传动会产生滚-滑复合磨损等；

（2）不同的磨损形式会产生不同特征的磨粒；

（3）磨粒的形态特征（如尺寸、形状、表面形貌和纹理等）与磨损的破坏机理密切相关，是判断摩擦系统是否正常工作的重要参考信息；

（4）磨粒的物理性能、机械性能隐含着摩擦接触处被破坏之前的温度和组织变化信息；

（5）磨粒的成分和颜色信息，可以揭示磨粒的来源，进而依此来判断故障的部位。

可以根据磨损微粒的形态特征，大致推断出摩擦表面发生的磨损过程及其磨损失效类型，进而判断发生磨损故障的零部件的位置。

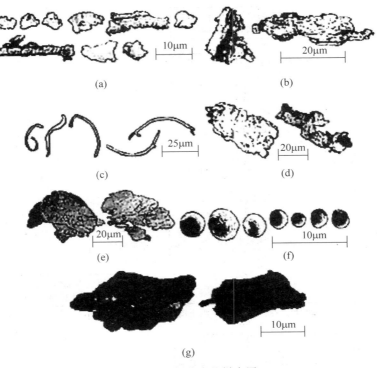

图 2.10　部分磨粒样本图

(a) 正常的磨粒；(b) 严重滑动磨粒；(c) 切削磨粒；(d) 疲劳剥块；
(e) 层状磨粒；(f) 球状磨粒；(g) 红色氧化物和黑色氧化物磨粒

2.4.3　磨损微粒的控制

发动机滑油是各种屑末的运输媒介，金属屑末监控检查的目的是持续监控发动机磁堵和油滤检查发现的不正常屑末的变化情况，并在必要时能及时制订纠正措施，并确保发动机磁堵和油滤检查所发现的不正常屑末的状态在维护手册的允许范围内，如图 2.11 所示。

对滑油中金属颗粒的监控可分为在线监测和离线分析两大类。

(1) 在线监测：在发动机上装有机载的金属屑末监控设备，如磁性屑末探测器。通常在发动机的油滤壳体上还安装有机械式油滤旁通指示器，以便使维护人员在作维护/检查时及时发现问题。另外通过分析附着在油滤上的杂质，也可判断发动机内部的磨损情况。随着监控技术的发展，一些新型的机载金属屑探测器如离心式颗粒分离器、金属屑量监控器等也会被应用到发动机上。

(2) 离线分析：维修人员利用滑油取样，在实验室中进行滑油分析。通常包括滑油铁谱分析技术和滑油光谱分析技术，以此判断磨损的具体零部件。

1. 发动机金属屑末的数据收集

对照工卡及飞机维修手册中的说明或图例，检查屑末是否正常，并填写"发动机滑油金属屑末检查报告单"。若发现异常，应对屑末进行照相，并收集屑末进行分析化验。

维修单位飞机维修人员把屑末装入收集袋中并确保屑末在运输过程中不至于丢失，并

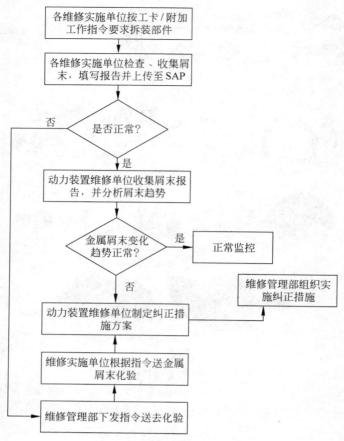

图 2.11　磨损微粒监控工作流程图

填写好"金属屑末标签"的相关内容,贴在收集袋表面(标签主要包括发动机序号/装机/位置、磁堵/油滤位置、收集日期、工卡/技术指令号、检验者等项目,由检验人员填写)。写明屑末的数量和颗粒形状、尺寸、尺寸分布和颜色等数据,还应附照片进行说明。

2. 发动机金属屑末的数据分析

发动机滑油金属屑末检查完成后,维修单位飞机整机放行人员决定该发动机是否可以放行。若检查发现屑末超过标准,飞机整机放行人员应按手册要求实施临时的纠正措施,并及时报告维修计划控制部门,同时提供屑末照片给维修管理部和工程技术部。维修人员将金属屑末送专门的实验室化验分析成分,并把化验结果反馈给维修单位发动机状态监控工程师/技术支援工程师;对每次收集的金属屑末报告进行评估,当发现屑末数量迅速增长或有不正常变化趋势时,下发技术指令实施纠正措施,同时将处理措施报工程技术部管理工程师;对发现屑末的发动机,进行综合评估,如需采取进一步措施,则应下发技术指令。

3. 纠正措施

检查发现不正常的发动机必须:

(1) 维修单位发动机状态监控工程师监控滑油系统的压力、温度、耗油量等的变化,评估确定最终的纠正措施。

（2）由维修单位发动机状态监控工程师/技术支援工程师进行持续监控，确保飞行安全。此类监控项目只有当具备以下几种条件之一才可以关闭：发动机拆换、故障/缺陷被排除或厂家确认屑末不影响发动机正常使用。

2.4.4 铁谱分析技术

1. 铁谱分析的基本原理

铁谱分析的基本原理与医学临床中通过验血来监测病人的身体状况的方法相类似。因为铁谱分析正是用来给机械设备来"验血"的，其早期思想是由塞弗尔特（W. W. Seifert）和韦斯科特（V. C. Westcott）于1971年率先提出来的，1972年韦斯科特取得了专利权，并通过Foxboro公司制成了第一台铁谱仪。该仪器的工作原理是利用高强度磁场将机器润滑油中携带的磨粒分离出来，并沉积到铁谱基片或沉积管内，之后再利用光密度计、电子扫描显微镜和铁谱显微镜等各种精密仪器对沉积的磨粒进行细致观察或精确测量，进而依据磨粒的表面形貌特征、颜色特征以及粒度分布特征等信息，判断机械运转部件的摩擦和磨损状态。

2. 铁谱分析的一般步骤

铁谱分析的一般操作程序是取样、制谱、观测与分析和结论四个基本环节。

1）取样

取样就是用取油工具从油路管线上或油箱中抽取润滑油样本。取样操作必须确保所收取的油样含有能反映机器工况变化的磨损颗粒，只有这样才能通过铁谱分析做出正确的判断。因此，取样时应遵循以下几条原则。

（1）应尽量选择在润滑油过滤之前并避免从死角、底部取样。

（2）应尽量选择在部件运转时，或刚停机时取样。

（3）应始终在同一位置、同一条件下（如停机则应在相同的时间后）和同一运转状态（转速、载荷相同）下取样。

（4）取样周期应根据机器的性质和对状态检测的要求来制订。部件在新投入运行或刚经解体检修时，其取样间隔不应太长，通常是间隔几小时取样一次，以此来监测并分析整个磨合过程；机器进入正常工作阶段后，取样间隔可适当加长；此后，当发现磨损发展很快时，就需要缩短取样时间间隔。

2）制谱

制谱是铁谱分析的一个关键步骤。制谱就是用铁谱仪分离油样，将其中的铁磁性颗粒沉积于玻璃基片上，经固化和清洗后完成，以利于之后的观测与分析。为便于油液中磁性金属颗粒的沉积，应对所抽取的油样进行稀释，即在油样中加入一定比例有机溶剂。

3）观测与分析

分析包括定性分析和定量分析两部分。

（1）定性分析即利用显微镜观察所制谱片上磨粒的尺寸、形状、颜色，并根据颗粒特征以定性分析运转设备的润滑状态，从而判断磨损类型和磨损部位。直读式铁谱仪不适合用来进行定性分析，因为直读式铁谱仪不能提供关于磨屑形态、磨屑来源的信息。

（2）定量分析即配套使用光密度测量义与显微镜，以此来测出谱片上不同区域的磨屑颗粒覆盖面积，再通过公式算出磨损指数。随着计算机技术的飞速发展，目前可利用计算机对铁谱片磨粒图像处理进行定量分析,该分析方法通过使用扫描摄影机将铁谱显微镜里的图像输入图像分析仪,按照给定的灰度反差对几何图形进行定量分析。其测量的基本参数有面积、周长、弦长、方位、投影长度和计数等。利用计算机软件并按照一定的数字模型对这些基本参数进行处理,即可以再衍生出一系列所需要的参数,并为进一步发现能反映磨损特征的参数提供充分的依据,这就是探索与磨损机理有关的磨损微粒几何形态的内在规律。目前已使用的数学模型有线性回归法、中心取矩法和概率分布法等。

4)结论

根据分析结果给出状态监测或故障诊断结论,为制订发动机的维护措施提供依据。总体而言,铁谱分析技术特点在于:

(1)因为可以从油样中沉淀出 $1\sim250\mu m$ 尺寸范围内的磨粒并进行检测,且该范围内磨粒最能反映机器的磨损特征,所以能够及时准确地跟踪机器的磨损变化。

(2)能够进行直接观察,并对油样中沉淀磨粒的形态、大小和其他特征进行研究,进而掌握摩擦副表面磨损状态,从而确定磨损形式。

(3)可以通过对磨粒成分的分析和识别,判断不正常磨损发生的部位;铁谱仪比光谱仪更廉价,并且适用于不同机器设备。

2.4.5　滑油磨粒光谱分析技术

1. 光谱分析的基本原理

根据原子结构的不同,每种元素都具有其特征谱线。根据元素的特征谱线可以对元素进行定性分析;根据特征谱线强度的变化可以对元素进行定量分析。光谱理论指出:光在滑油内传播时,被油内的颗粒物散射、吸收,会导致光透射光谱曲线呈现差异。现有的光学检测方法中,由于单一波长光源本身易发生变化,造成监测润滑油质量变化情况有误差,因此,对滑油进行光谱分析,就是利用油样中所含金属元素原子的光学电子在原子内能级间跃迁产生的特征谱线,来检测该元素是否存在的一种分析方法。而特征谱线的强度则与该种金属元素的含量多少有关,通过光谱分析,就能检测出被检油样中所含金属元素的类别及其相应浓度,由此推断出这些元素的磨损具体发生部位及其严重程度,并依此对相应零部件的工况进行判断。

在进行光谱分析时,应严格按操作手册的规定来抽取滑油样品。一般情况下抽样是在发动机停车后,并在地勤人员执行发动机勤务之前进行的,并且要求从油箱中无沉淀的地方进行取样。实验表明,光谱技术中的监测传感器有优良的抗干扰能力,测试精度高,较大温度范围内保持较高的黏度,工作稳定性高,可以有效地检测出滑油的质量等特性。光谱分析技术实现的重要组成部分是光谱分析仪,其工作原理是抽样的油液通过汞灯的激发,经过透镜、狭缝、折射板,在光栅上分散出不同波长的谱线,对谱线分析得出结论。

2. 光谱分析系统基本组成

一般光谱仪器都由四部分组成:光源和照明系统、分光系统、探测接收系统和传输存储显示系统,如图 2.12 所示。

光源和照明系统既能作为研究的对象,也能作为照射被研究物质的研究工具。

分光系统作为光谱仪的核心部分,它一般是由准直系统、色散系统、成像系统三部分组

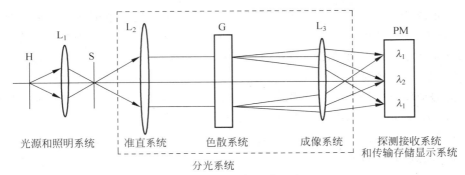

图 2.12 光谱仪基本组成

成,主要的作用是在一定空间内将入射进来的光线按照不同波长规律进行分离。

探测接收系统的作用是将成像系统所接收到的光谱能量转换成易于测量的电信号,即实现光电信号的转化,并测量出对应光谱组成部分的波长和强度,从而获得被研究物质的特性参数,如物质的组成成分及其含量以及物质的温度、运动速度等。

传输存储显示系统的功能是将探测接收系统转化出来的电信号初步处理后,进行存储或通过高速传输接口将其上传给上位机,而上位机则会对光谱数据进行进一步的数据处理及显示等。

2.4.6 滑油磁堵检测技术

1. 磁堵检测的基本原理

磁堵检测的工作原理是通过将带磁性的堵头插入润滑系统的管道内,当油液流经磁性堵头时,滑油中较大的铁磁性颗粒就会被吸附于磁性堵头上。根据发动机上装有的磁性金属屑探测器的功能可以将磁堵分为两类:第一类磁堵需要定期从油路中取出,用于观察和测量所捕获的磨粒形貌和数量;而第二类磁堵连接有传感器,它们之间有个信号转换器,可以将磁堵所捕获的磨粒量转换为电信号,此信号与捕获的铁磁性磨粒总量成正比。这些设备可在油路的不同部位收集铁磁性磨屑,监测人员会对磁性屑探测器进行定期检查,并通过肉眼对所收集到的磨屑大小、数量和形貌进行观测与分析,以此来推断机器零部件的磨损状态。磁堵检测适用于磨屑颗粒尺寸大于 $50\,\mu m$ 的情形。若出现磨屑量过多或过大的现象,则说明发动机内部出现严重磨损或掉块损伤,此时应及时采取相应措施防止故障事件升级。随着监测技术的发展,一些新型的机载金属屑探测器如离心式颗粒分离器、金属屑量监测器等也将会被应用到发动机滑油监测上。

2. 磁堵检测系统基本组成

磁堵由一个永久安装在润滑系统中的主体和一个磁性探头共同组成。当探头插入主体后磁铁就会暴露在循环着的滑油中,而把磁性探头取出后,主体内的封油阀就会自动封闭油路出口以防止滑油的泄漏,其结构如图2.13所示。当磁堵中的磨屑过多时,控制线路会

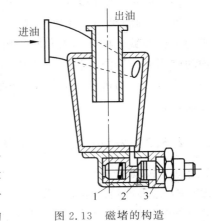

图 2.13 磁堵的构造

1—示封油阀;2—油磁性探头;3—凹轮廓

被触发,提示磁堵磨屑过多应尽快进行处理。磁堵应该被安装在滑油系统中最有可能捕获到磨屑的地方,较合适的部位是油管弯曲的地方。根据历史经验,大部分碎屑是在磨合期收集到的,这主要是由装配时留下的外界杂物和微屑造成的。而在进入正常运转后碎屑数量就会显著减少,如果通过监测发现磁性磨粒数量、尺寸明显增加,就表明零件摩擦发生了异常磨损,此时应将磁性探头的更换周期缩短,增加取样频数进行进一步观测,如果发现磨粒数量的增加仍呈上升趋势,那么就需要立即采取必要的维修措施。

通过对铁谱分析技术、光谱分析技术以及磁堵检测技术的分析,总结了三种滑油金属屑检测技术优缺点和适用范围,如表 2.3 所列。

表 2.3　磨损状态监测技术比较

滑油监测技术	优　点	缺　点
磁堵检测	技术要求低,操作简单,易于实现检测,耗费少	监测范围有限且精度不高
光谱分析	与计算机结合,准确度提高,结果直接得出,光谱传感器不易受外界因素(温度、电压、时间)影响	技术要求高,设备精度要求高
铁谱分析	技术发展较早且成熟,磨粒尺寸基本都在适用范围 20～200μm 内	要求磨粒为磁性材料

2.5　航空发动机振动状态监控技术

2.5.1　概述

振动信号是发动机状态监控与故障诊断过程中常见的一类数据。发动机的高、低压的转子是由盘、轴、叶片等零部件组装而成。在运行过程中,这些部件不可能做到完全平衡,并且发动机转子是高速旋转部件,这种不平衡在旋转过程中会产生一定程度的振动信号,这些振动信号就是状态监控与故障诊断的征兆信息。发动机生产厂家对转子都有一定的不平衡度要求,发动机出厂时都应满足此要求,并且厂家也规定了发动机在使用过程中所允许的最大振动值,只要发动机的振动值不超过此限制值,就是允许的。

振动监控故障诊断可分为在线诊断和离线诊断。前者是对运行状态下的机组振动故障原因做出诊断,采用计算机实现,系统的核心是专家经验。如何将分散的专家经验变成计算机的语言为缺乏振动知识和经验的运行人员服务,是国内外许多专家研究的一个技术问题。振动监测离线诊断是将振动信号、数据提取出来,进行仔细的分析、讨论或模拟实验,主要集中在故障特征和机理的分析上,其在故障诊断深入程度上要比在线诊断具体得多,因此难度也较大。

2.5.2　发动机振动机理及超限的原因

航空发动机主要由进气道、压气机、燃烧室、涡轮和尾喷管组成。其中涡轮和压气机连为一体,这种旋转件是主要振源,它的振动通过轴承和发动机承力结构传到发动机,引起发动机的整机振动。因此,航空发动机的振动有整机振动、转子振动和轴承振动等。发动机转子作为旋转机械系统,其振动故障通常包含如下的情况,如图 2.14 所示。

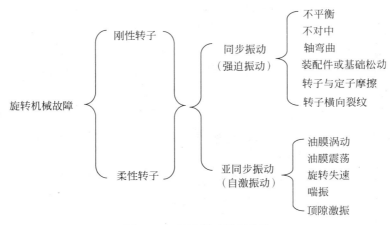

图 2.14 转子振动故障分类

在发动机上装有振动信息传感器感受发动机振动的部位,如轴承的支承座、涡轮机匣或风扇机匣等。传感器感应的振动信号被送到振动信号分析仪,经过滤波后,对应于发动机的高低压转子的转速。把信号分成不同的波段,然后对不同的频率波段进行连续跟踪,找出其中最大的振动值,并把此值传给飞机指示系统。发动机性能工程师通过 FDR 或 QAR 系统也可获得振动数据并对其进行分析。其中转子不平衡、转子不对中和碰摩是常见的振动故障,其对应的主要原因有以下几个方面。

1)转子不平衡的原因

引起发动机转子部件运转不平衡的原因主要有以下两个。

(1)零部件本身的缺陷。由于转子内部的叶片、轴、盘等零部件在加工制造过程中都有一定的偏差,因此装配成转子后自然无法达到 100% 的平衡。发动机生产厂家规定了发动机在使用过程中所允许的最大振动值,只要不超过此限制值,就是允许的。

(2)在发动机的使用过程中,零部件磨损等原因会引起转子的振动。

2)转子不对中的原因

转子在装配过程中经常出现不对中偏差。轴不对中偏差是由于相邻轴承座不同心而导致轴中心线偏斜所引起的。轴不对中偏差可能出现三种情况:平行度偏差、角度偏差,以及同时存在平行度、角度偏差。对中不良的转子运行将导致轴承负荷不均衡,使发动机振动加剧,关键件过早失效。

3)转动件与静止件碰摩的原因

在发动机运转过程中,由于转子不平衡、转动件与静止件的径向间隙小、轴承座同心度不良等,均能发生转动件与静止件碰摩,并导致振动剧增。

发动机制造厂商规定了各种型号的发动机在使用过程中所允许的最大转子振动值。以 GE 公司的 CF6 型发动机为例,N_1(低压转子的振动)最大值为 3.0Units,N_2(高压转子的振动)最大值为 5.0Units。如果监控值超过了最大值,说明转子部件出现故障。一般情况下,发动机振动增加或超限,可能的原因如下:

(1)工作叶片发生部分损坏或折断;

(2)工作叶片安装不合适;

（3）转子上有部件丢失，如螺栓、螺母等；

（4）工作叶片或转子变形；

（5）转子轴承不同轴或轴承磨损；

（6）联轴器的安装或连接螺栓拧紧不当。

2.5.3 振动监测系统的组成

振动监测系统包括机载记录、数据传输和通信、预处理、振动监测、警告/显示以及数据库六个主要部分。其结构流程示意图如图 2.15 所示。

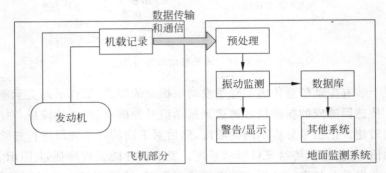

图 2.15 地面振动监测系统功能模块示意图

发动机振动监测过程可分为振动测量、振动信号处理及故障特征提取、状态识别。振动测量根据监测对象的特征，如结构特点、振动信号频带范围和幅值，确定测试系统的传感器和记录设备。振动信号处理是振动监测的核心，它完成从原始振动信号中提取有用信息。状态识别是根据信号处理结果和故障特征信息，判断监测对象的状态及其故障的发展趋势。最后，信号处理和故障状态识别通过计算机软件实现。振动总量反映了发动机总的振动能量状况，而振动分量则反映出是何种振源及其激励的大小。发动机一般都规定总量限制值，如果振动总量超过限制值，表明发动机振动过大，部件可能因此而破坏。发动机上的各振源通常有不同的激振频率，如转子质量不平衡会激起频率为转子工作转速的振动，不对称故障会激起较大的二阶振动，而转子与静子碰摩会产生分频等频率成分十分丰富的振动。振动信号处理就是要从原始振动信号中提取这些有用信息，为状态识别提供依据。

振动监测系统的主要功能如下。

（1）数据存储与显示。系统可以保存每个典型工作状态的状态参数、每个起落的振动原始数据，显示振动信号和发动机、飞机工作参数的时间历程曲线。

（2）系统的信号分析与处理功能主要有：

① 对飞行工作参数进行预处理，剔除野点和消除噪声；

② 根据飞机和发动机的工作参数，选择典型的工作状态；

③ 监测发动机各测点处的振动总量；

④ 对发动机稳态振动信号进行频谱分析，并监测各分量的振动值；

⑤ 对发动机加减速过程进行时频分析；

⑥ 对振动总量以及各转子振动分量进行趋势分析，并判断转子振动的变化趋势。

（3）数据管理。利用数据库管理监测结果和历时记录，并将数据和报表打印输出。

2.5.4　发动机的振动测量

根据振动信号的转换方式,相应的振动检测技术可分为电测法、机械法和光学法,其简单原理、优缺点及应用见表2.4。

表 2.4　振动监测方法

名　　称	原　　理	优缺点及应用
电测法	先将被测对象的振动量转换为电量,再用电量测试仪器进行测量	灵敏度高,动态、线性范围及频率范围宽,便于分析和遥测,但易受电磁场干扰,是目前极广泛采用的方法
机械法	利用杠杆原理将振动量放大后记录下来	抗干扰能力强,但动态、线性范围及频率范围窄,测试时将会给工件加上一定的负荷,影响测试结果,用于低频大振幅振动及扭振的测量
光学法	利用光杠杆原理、读数显微镜、光波干涉原理以及激光多普勒效应等进行测量	测量精度高,不受电磁场干扰,适于对质量小及不易安装传感器的试件进行无损检测,在精密测量和传感器、测振仪标定中用得较多

航空发动机的振动测量系统包括以下两部分。

（1）振动传感器

目前用于航空发动机振动测量的传感器主要是电动式速度传感器和压电加速度计。由于航空发动机振动非常复杂,而且工作环境又比较恶劣,所以航空发动机振动测量用的传感器需要经过特殊设计、专门研制和生产。

电动式速度传感器产生的电信号与振动速度成正比,经过积分电路可以测量振动位移。电动式速度传感器曾广泛应用于发动机的振动测量,但是由于其本身存在着不可避免的缺陷,随着现代测试技术的发展,被压电加速度计所取代是不可避免的。

压电加速度计是根据某些材料的压电效应设计的,它输出的电信号与振动加速度成正比,通过积分电路可以测量振动速度和振动位移,其有着寿命长、适用于宽频带振动测量和分析、耐高温、安装方便以及工作方向任意等特点。因此在航空发动机振动测量中越来越多地使用压电加速度计。

（2）振动测量分析仪

目前航空发动机振动测量分析仪主要有四类。

第1类是最简单的振动测量分析仪。它通过在仪器内部特殊设计的带通滤波器测量发动机某一频段（如70～200Hz）的振动总量,必要时选择窄带通滤波器测量某一特定频率的振动分量,进行简单的振动分析。这类仪器使用简单、方便、价格便宜,目前在国内发动机振动测量中应用最为普遍,但其测量误差较大。

第2类是采用专门设计的自动跟踪转速滤波技术的振动测位分析仪。它最突出的特点是能够根据转速表提供的参考频率,从宽频的振动信号中分离出发动机转速频率及其谐波的振动分量。这对于寻找振源非常重要,尤其是在多转子发动机的振动测量和分析中。自动跟踪转速振动测量分析仪的关键是跟踪滤波器,国内早已成功研制出运用相关检测原理的自动跟踪振动分析仪。近几年国外成功研制出采用数字信号处理技术的跟踪滤波器,这种测量分析仪能同时给出振动的幅频特性和相位特性等数据,为发动机的现场整机动平衡提供了条件。

第3类是运用快速傅里叶变换技术的数字式振动信号分析仪,它可以在测量现场对发动机的振动信号实时地进行频谱分析,显示或打印出发动机振动频谱。这类仪器国外发展比较快,在发动机振动测量分析中使用这类仪器比较普遍。

第4类是机载发动机数字式振动监视仪,它可以在飞行过程中分析加速度计所测的振动信号,生成并存储关于发动机振动幅值和相位的数据。目前国外许多公司,如波音、空中客车等生产的客机上均装布这种称为MICROTRAC的仪器。

航空发动机的振动测量对飞行安全极为重要。

(1)测振点选择

传统测量工艺是将测振点选择在发动机的外部机匣上,由于测振点离振源较远,容易受到发动机结构振动的干扰,因此测量误差较大。一些新型发动机在设计阶段就将测振点转移到内部转子支承点上,大大提高了测量精度。

(2)测量方法

传统的发动机振动测量方法是用电动式传感器对发动机机匣的振动速度信息进行测量,通过相应的积分放大电路获得振动位移,再通过带通滤波器显示振动位移峰-峰值。但大量的试验证明,这种方法测出的是由转速频率振动等多个不同频率振动的复合,因此误差较大。

比较新的测量方法是采用压电加速度计测量振动加速度信息,必要时选择窄带通滤波器或转速自动跟踪滤波器显示发动机转速频率的振动加速度分量。这种测量方法不需要任何换算,减小了测量误差。

(3)振动参数

机械振动可以用振动位移、振动速度、振动加速度三个互相关联的参数表示。其中振动位移反映物体的结构变形,振动速度反映物体的振动能量,振动加速度反映物体的振动惯性力。多数机种的振动用加速度表示。振动位移和加速度都与振动频率的平方有关,同一振动量在低频时位移较大而加速度很小,在高频时位移很小而加速度较大,因此在宽频带内表示发动机的振动用位移和加速度都不方便。但振动速度却与频率无关,从低频到高频同一振动量的振动速度不变。所以普遍认为,用速度表示发动机的振动比较合适。例如,美国军用标准MIL-E-5007D《航空涡轮喷气和涡轮风扇发动机通用规范》明确规定发动机的振动用速度有效值表示。实际上低频时测量振动位移比较直观且信噪比高,现在仍习惯用位移峰-峰值表示低频振动。例如,CFM-56发动机低压转子的振动极限就用位移峰-峰值表示,但高压转子的振动极限用速度有效值表示。高频振动的惯性力对结构件破坏很大,必要时需要给出振动加速度。MIL-E-5007D规定了何时提供发动机振动的速度谱图和加速度谱图,关键危险部件的振动应能在加速度谱图上确定出来。

2.6 航空发动机气路监测技术

2.6.1 概述

气路系统部件是航空发动机的最核心部件,包括燃烧室、压气机、涡轮。这些部件的一些热力参数可反映发动机性能变化,如压力、温度(发动机进气温度和发动机排气温度 (exhaust gas temperature,EGT))、燃油流量、转子转速等。在起飞阶段和巡航阶段分别分析气路参数的变化情况,再把这些参数转换成标准状态下的数值,并与发动机厂家所给定的该型发动机的标准性能参数进行比较,来判断发动机健康状况,实现对发动机的监控,并分析出产生异常的原因,为预防和排除故障提供依据。表 2.5 列出了通常民航发动机在起飞阶段和巡航阶段需要监控的气路参数。

表 2.5 民航发动机气路监控参数

飞行阶段	监 控 参 数	参 数 解 释
起飞阶段	EGT 裕度	起飞阶段的排气温度裕度
	N_2 裕度	起飞阶段的高压转子转速裕度
巡航阶段	EGT 偏差	EGT 与基线值的偏差
	N_2 偏差	N_2 与基线值的偏差
	FF 偏差	燃油流与基线值的偏差
	N_1 偏差	N_1 与基线值的偏差

发动机气路状态监控是指根据厂家的发动机性能监控软件计算出的发动机气路性能参数偏差值的趋势来判断故障的方法。广义的发动机性能监控还包括通过 QAR 数据对具有特定数据特征的故障进行监控、经过 ACARS 系统下传的 ACMS(aircraft condition monitoring system)报告(俗称 ACARS 报文)监控等。

简要地说,发动机气路状态监控的理论基础是偏差理论,即当发动机出现异常时,部分气路性能参数会偏离正常的运行轨道,通过参数的偏差值的趋势反映出来。

气路参数监控分析技术的要点是,用特征量的变化量或相对变化量来表征发动机的故障量。虽然特征量往往不能直接测量,但是发动机可测量的征兆量与特征量存在着一定的函数关系。所以特征量的变化量或者相对变化量可用征兆量的变化量或相对变化来确定,从而实现对发动机的监控以及故障隔离。

EGT 裕度下降是发动机气路性能衰退的表现。通常低涵道比涡扇发动机的性能衰退主要源于风扇、压气机的性能变化,占 60%~70%;涡轮变化占 10%~15%;剩下的是由于封严间隙增大。对于高涵道比涡扇发动机,由于涡轮前总温高,性能衰退主要源于高压涡轮,占 63%~67%;高压压气机占 16%~28%;低压转子占 7%~21%。EGT 裕度(ΔEGT)定义为红线温度与全功率时排气温度 EGT 的差值(标准大气压下,拐点温度处),计算公式如下:

$$\Delta \mathrm{EGT} = \mathrm{EGT}_{red} - \mathrm{EGT}_e \tag{2.3}$$

式中,EGT_{red} 为红线温度;EGT_e 为全功率时排气温度。

巡航数据的处理方法是把记录的原始值与模型发动机相同飞行条件的标准值相比较,得到一个两者之间的差值,并把一段时间里的偏差值绘制成曲线显示出来。

起飞数据的处理方法是把记录的 EGT 值与相同起飞条件(发动机压力比(engine pressure ratio,EPR)或 N_1 相同)下的 EGT 红线值相比较,得到一个 EGT 裕度,并把一段时间里的 EGT 裕度绘制成曲线显示出来。起飞监控参数主要涵盖 EGT 裕度(exhaust gas temperature margin,EGTM)和外界空气温度限制(outer atmospheric temperature limit,OATL)。

2.6.2 EGT 裕度降低的原因

从发动机的设计角度来看,发动机性能衰退主要有三个原因:泄漏损失、轮廓改变以及表面粗糙度变化引起的损失。

（1）空气泄漏：发生在转子叶片尖部与机匣之间，也会发生在静子叶片与转子之间。泄漏量的增加主要是由转子和静子之间的刮磨引起的。

（2）轮廓改变：在流路中向前台阶的轮廓改变引起激波损失，通常可以避免。

（3）表面粗糙度：表面粗糙度超过某一值时开始衰退，且随着表面粗糙度的增大，衰退量也增大。

从发动机使用角度分析，发动机性能衰退主要是由以下原因造成的。

（1）核心机气路的原因。指气流通过压气机、燃烧室及涡轮时，由于个别单元体的效率下降，或者由于整个核心机随使用时间增加而导致效率下降，从而引起排气温度升高。

（2）燃油系统的原因。如喷嘴积碳或者安装位置的误差致使雾化不良产生局部超温、燃油计量装置发生故障使 EEC 检测产生误差致使油量增大等都可能造成 EGT 超温或局部超温现象。

（3）故障方面原因。指发动机不能按规定正常工作时引起的 EGT 超温，如起飞滑跑时发生喘振、鸟击或外来物致使叶片损失、启动过程中提早关闭放气活门等都有可能使 EGT 超温。

（4）人为因素致使 EGT 超温。诊断记录表明，发动机超温大多是人为因素造成的。

（5）外部物理环境变化引起 EGT 超温。如严寒条件下启动，或空气中盐分、水分及微尘含量过高都可能会使 EGT 升高。

2.6.3　温度监测技术及其基本原理

发动机排气温度超温是民用航空发动机使用过程中常见的危害较大的故障之一，常采用 EGT 裕度进行监控。通常对 EGT 的评价指标是：在起飞时采用 EGTM，在巡航时采用 DEGT，这两个指标之间密切相关。随着 EGTM 的不断下降，DEGT 相应地逐渐递增。以 CF6-80C2A5 型发动机为例，其 EGTM 和 DEGT 之间增减变化关系曲线如图 2.16 所示。

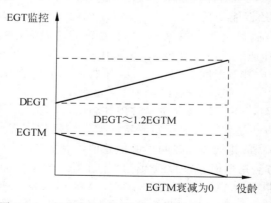

图 2.16　发动机 EGTM 和 DEGT 趋势变化关系图

现代涡轮风扇发动机使用过程中的性能评定参数主要是 EGT 裕度（ΔEGT）。通过对其进行分析，可以监控、预测发动机的运行状态，对快速排除故障有很大帮助。

2.6.4 EGT 测量方法

温度是表征物体冷热程度的物理量,是监测技术中的一个重要参数,发动机中许多状态量通过温度反映,比如滑油温度、发动机进/出口温度、大气温度、尾气排出温度等。温度监测技术实现的三种方法分别为热电偶测温法、辐射测温法和光纤测温法。

1. 热电偶测温法

热电偶测温法的工作原理就是热电效应,又称为塞贝克效应,是随着温度梯度由高温区往低温区移动,所产生的电流或电荷堆积的一种现象。如图 2.17 所示,两种不同的导体(或半导体)A 和 B 串接成一个闭合回路,测温时结点 1 作为测量端(热端),置于被测的温度场中,结点 2 作为参考端(冷端),处于某一恒定温度场中,测量回路中的热电势,然后将其换算成温度。

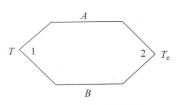

图 2.17 热电偶回路

传统的热电偶温度测量受表面的燃气干扰大,质量大,响应慢,热交换速度慢。随着科技的发展,采用电镀、真空蒸发、真空溅射等薄膜热电偶测温法取代了传统热电偶测温法。先进的热电偶测温法可以对航空发动机表面直接测温。先进的热电偶测温法采用薄膜热电偶传感器来测量涡轮叶片表面温度,这种传感器能最大程度地减少对流场的干扰。

2. 辐射测温法

众所周知,燃烧室出口温度很高,即使采用耐高温的材料,采用热电偶测温,热电势也不稳定,而且工作寿命较短,热电偶测温需要支撑载体,其必然影响流场。近年来流行的辐射测温法弥补了上述缺点,其工作原理是任何物体,其温度超过绝对零度,都会以电磁波的形式向周围辐射能量电磁波,其中与物体本身温度有关、传播热能的那部分辐射,称为热辐射。通过收集某一表面的热辐射传递给探测器以产生正比于辐射强度的电信号,运用斯忒藩-玻尔兹曼定律并对表面辐射加以修正便建立起该信号与表面温度之间的关系。辐射测温技术有测温范围广、测温快、对周围以及被测介质干扰小等优点。特别是红外辐射测温法因其被测介质红外辐射能量的强度与其温度成正比,测量灵敏度高,测温范围广。

3. 光纤测温法

光纤测温技术的工作原理是光经过光纤到达传感器的热敏材料部分,传感器反射回一个与自身温度相对应的脉冲信号,信号经过处理分析确定温度。它较传统的测温技术,有灵敏度高、抗干扰性以及适用性强、抗电磁干扰性强、耐用性高等优点。据研究表明,光纤传感器可以长期工作在 1800℃ 的高温环境,具有精度高、响应快的特点,特别适用于航空发动机涡轮入口燃气温度和燃烧室温度场的测量。

2.6.5 航空发动机气路状态监控流程

发动机气路状态监控总流程如图 2.18 所示。

1. 气路状态数据的收集

发动机状态监控工程师负责取下 QAR 光盘、PC 卡,上传至 QAR 服务器;或通过

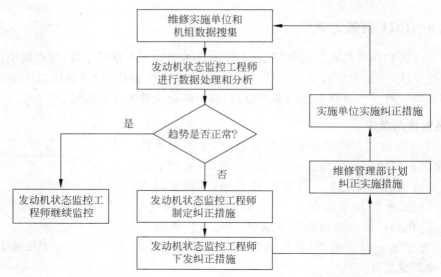

图 2.18 发动机 EGT 监控总流程

ACARS 直接将数据上传到发动机厂家。普惠(P&W)发动机通常采用发动机增压比(engine pressure ratio,EPR)来反映工况,巡航监视发动机排气温度(EGT)、燃油消耗量(WF)、高压压气机转子角速度(N_2)和低压压气机转子角速度(N_1)4 个参数。GE 发动机采用 N_1 来反映工况,巡航监视 EGT、WF 和 N_2 3 个参数。

发动机状态监控工程师应该对监控软件数据进行定期备份,以保证数据连续,防止数据丢失。对于发动机制造厂提供远程监控服务的发动机,则由厂家的远程系统提供备份。

在航空器飞行过程中,EGT 按照数据采集的不同阶段分为巡航 EGT 和起飞 EGT。

(1) 巡航 EGT

巡航 EGT 是指巡航阶段稳定飞行条件下发动机的排气温度,通常用 EGT 偏差(DEGT)衡量,即巡航状态下的实际飞行数据与发动机出厂基线之差,如图 2.19 所示。

(2) 起飞 EGT

起飞 EGT 是指起飞阶段最大推力条件下发动机排气温度,该阶段中发动机极容易发生超温现象,从而带来毁灭性影响,应坚决避免这种情况的出现,因此,必须严密监控。通常用起飞 EGT 裕度 EGTM 来判定是否是由于发动机超温引起的故障,并可根据其历史数据预测发动机的寿命。

EGTM 是衡量发动机性能的一项综合指标,同时也是民航业广泛采用的性能指标。EGTM 被定义为发动机在海平面压力、拐点温度(T^*)条件下,进行全功率起飞时,EGT 值与 EGT 红线值之间的差值,同时要求起飞过程中飞机正常引气,发动机整流罩防冰和大翼防冰关闭。其中 EGT 红线值指发动机型号合格证中规定的运行所允许的 EGT 最大值。

民航发动机额定平功率(或平推力)是指发动机在平功率温度点 T^*(如图 2.20 中所示)可以产生的额定推力。发动机使用时,在 T^* 以下,发动机额定推力基本不变,因此,随着 T_{t2}(发动机进口总温)的降低,发动机在转速、燃油流量和 EGT 都较低时就可产生其额定推力。这样,就可以在不牺牲推力的同时降低 EGT,也就降低了发动机热部件的衰退率。在 T^* 以上,为防止热部件的超温,发动机将保持 EGT 基本不变。这意味着,发动机将无法产生额定推力,而且随着 T_{t2} 的逐步增加,推力会逐步下降。经过大量的数据分析后发现,涡轮前温度每下降 20~30℃,发动机热部件寿命大约可增加一倍,因此想要延长发动机寿命,防止 EGT 超温十分重要。

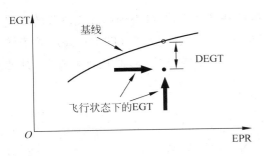

图 2.19　DEGT 定义示意图

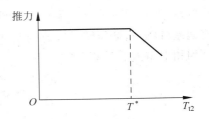

图 2.20　发动机推力随进气口温度变化图

外界空气温度限制(OATL)也是反映发动机性能衰退大小的参数。在图 2.21 中,将曲线 2 延长与 EGT 红线值相交,此时对应的 OATL(标准日情况下 T_{t2} 即为外界空气温度)就是该台发动机的 OATL。它表示当环境温度等于 OATL 时,如果仍然想要发动机产生额定的全推力,此时 EGT 就会等于红线值,显然,外界空气温度限制 OATL 与 EGT 裕度存在一定的关系,当发动机性能劣化后外界空气温度限制 OATL 会越来越小,这就是一些性能较差的发动机虽然在标准 EGTM 为 0 甚至小于 0 时,在天气较冷的时候还依然可以执行飞行任务的原因。因此,OATL 也可以用来反映发动机的性能衰退程度。

图 2.21 表示了两种情况下的 EGTM,一种是通常意义下的 EGTM,又称海平面 EGT 裕度,用 EGTM_SL(EGT sea level)表示。其中曲线 1 为实际情况下发动机排气温度随 T_{t2}(外界气温)的变化曲线,并随着使用时间的增加,发动机的性能将持续恶化,同时性能曲线会向上平移。而曲线 3 是允许使用的极限情况,此时 EGTM 为 0,发动机需要进行维修才能继续使用。另一种为最差情况下的 EGTM,用 EGTM_RWC(EGT_realistic worst case)表示,即在飞行高度较高、外界温度恶劣时的 ETGM。航空公司在实

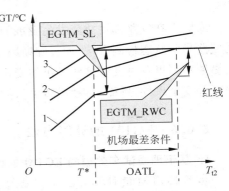

图 2.21　起飞 EGTM 定义

际使用中可以采用两者的差值,针对某些型号只采用其中之一情况。

由于发动机在 T^* 上下采用了不同的控制规律,所以对于一台要产生其额定全推力的发动机,它的 EGT 与 T_{t2} 的关系就会如图 2.21 曲线 1 所示。从图 2.21 中可见,在 T^* 以下,随着 T_{t2} 增加,为了保证额定全推力的产生,发动机需要消耗更多的燃油,并维持更高的转速和 EGT;而在 T^* 以上,控制机构会使 EGT 保持稳定,因而发动机无法产生其额定全推力。

发动机的性能会伴随着使用时间的增加而衰退,图 2.21 中曲线 1 对应一台新的发动机,曲线 2 则表示这台发动机已经使用了很久后的情况。此时,在 T^* 下,T_{t2} 相同时,由于发动机的性能衰退,为了产生其额定全推力,就需要消耗更多的燃油,发动机也得工作在更高的 EGT 下。由曲线 1、2 可见,发动机 EGT 裕度的下降反映了其性能衰退的程度。

2. 气路状态数据的分析

当采集性能数据后,将数据换算然后与发动机的基准值比较,可得到如起飞阶段的排气温度裕度(EGTM)、排气温度偏差(DEGT)、巡航阶段的燃油流量偏差(DFF)、高压转子转速偏差(DN_2)、低压转子转速偏差(DN_1)等的原始偏差。通常,EGTM 采用绝对偏差,其他采用相对偏差。计算公式如下:

$$DEGT = EGT_K - EGT_B \tag{2.4}$$

$$DFF = [(FF_K - FF_B)/FF_B] \times 100\% \tag{2.5}$$

$$DN_2 = [(N_{2K} - N_{2B})/N_{2B}] \times 100\% \tag{2.6}$$

$$DN_1 = [(N_{1K} - N_{1B})/N_{1B}] \times 100\% \tag{2.7}$$

式中,下标 K 表示换算值,即将采集的实际 EGT 换算到标准飞行状态(高度、温度、推力、速度等)下的 EGT;下标 B 表示基线值。

由于传感器噪声、数据采集系统误差以及模型误差等,实际得到的偏差值序列含有较高的噪声,表现为趋势图离散度较大,而由故障引起的微小变化容易淹没在噪声中。数据平滑处理虽能够一定程度地消除趋势图离散度大的问题,对反映发动机长期的性能趋势有利,但往往对一些突发性故障或轻微故障的反应不够灵敏且滞后,通常在故障足够严重以致影响到气路性能参数并导致性能参数偏差值超标时,系统才能发出预警,这带来了安全隐患。

实际上在气路部件故障发生发展的早期,同样会引起参数序列的微小变化,研究引进新的气路异常状态检测方法,如贝叶斯因子方法、序贯概率比检验方法等统计方法,从高噪声的参数序列里及时发现这些微小的变化,对故障早期发现、早期诊断和早期排除,避免空中停车等安全事件,进而实现"风险关口前移"具有重要意义。

2.6.6　EGTM 的计算方法

1. 基于地面试车数据的 EGTM 的计算方法

起飞 EGTM 的计算方法比较复杂,主要包括两种:一种是根据车台数据估算,另一种是根据起飞数据计算。不同型号的发动机计算方法有着细微的差别,下面以普惠(P&W)公司的计算方法为例进行介绍。

发动机车台 EGT 裕度是指发动机在车台试车时得到的 EGT 裕度,为相应 EPR 下的排气温度限制与标准化 EGTC 的差值,此时马赫数为零。该方法主要用于 3 个方面:一是发动机在翼情况下的维修工作或拆装零部件后的对整机的性能检测,考察指标是否达标;二是进维修厂前、后检测和计算发动机气路性能;三是用于估算起飞 EGTM。

车台 EGTM 的计算公式如下:

$$EGTM = EGT_{limit} - EGTC \tag{2.8}$$

$$EGTC = \frac{EGT + 273.16}{(\theta T2)^{0.955}} - 273.16 + \frac{DeltaT4.9}{(\theta T2)^{0.955} \times KHT4.9} \quad (2.9)$$

式中，EGT_{limit} 为发动机 EGT 温度限制值，与推力 EPR 相关，可查特定湿度下的环境因子曲线图；EPR 为发动机压力比，是低压涡轮出口压力与低压压气机进口压力之比，是控制反映发动机推力的主要参数；$\theta T2 = \frac{TT2 + 273.16}{288.16}$，TT2 为压气机入口总温；T4.9（turbine discharge total temperature）为涡轮出口总温；KHT4.9 为环境因子，与测试环境的空气湿度有关，可查 EGT 温度限制值随 EPR 变化曲线图得到；$\frac{DeltaT4.9}{(\theta T2)^{0.955} \times KHT4.9}$ 为综合环境因子，与测试环境的空气湿度和温度有关，与推力变化相关，可查综合环境因子随 EPR 变化曲线图得到。

2. 基于起飞数据的 EGTM 计算方法

基于起飞数据的 EGTM 计算方法要求发动机进行一次全功率起飞（打开或关闭空调组件），然后机组记录峰值 EGT 以及此时的 EPR 和发动机进气总温（total air temperature，TAT）。峰值 EGT 通常出现在飞机离开地面、起落架快要收起时。EGMT 计算方法如图 2.22 所示。

EGT 裕度计算如图 2.23 所示，将当前 TAT 下记录的峰值 EGT（图 2.23 中点 1），换算为平功率温度下调整的 EGT（图 2.23 中的点 2），那么 EGT 裕度就等于 EGT 红线值减去调整的 EGT。

（1）将观测到的 EGT 峰值修正为标准状态下 EGT 值。

（2）在真实 EPR 和马赫数下，计算观测状态下 EGT 基线修正值。

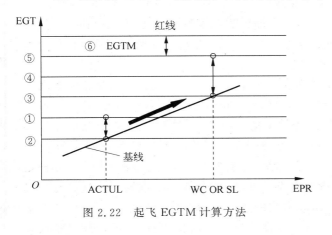

图 2.22 起飞 EGTM 计算方法

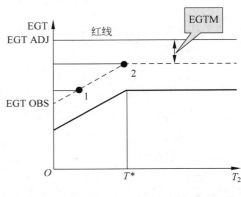

图 2.23 起飞 EGT 裕度计算方法

（3）应用最差条件或者海平面条件下 EPR 和马赫数计算 EGT 参考基线修正值下的温度。

（4）用实际 EGT 修正值与参考 EGT 基线的差值（（1）与（2）的差值），调整基线条件。

（5）在此基础上，将该 EGT 转化为拐点 TAT 下的 EGT 修正值。

（6）调整 EGT 值和红线值的差为 EGTM。

由于上述方法需要知道发动机基线且计算方法复杂，适用于计算机程序，而手工计算时常用以下查表法估算。飞机起飞(关闭正常引气和防冰)后,记录峰值 EGT 以及此时的 EPR 和 TAT。然后,查阅厂家提供的针对特定的飞机和发动机组合的 EGT 检查表,可以获得相应条件下的 EGT 限制值,那么此发动机起飞 EGTM 就等于查表 2.6 得到的 EGT 限制值减去记录的 EGT 峰值。

表 2.6　起飞 EGTM 评估表

TAT/℃	EPR							
	1.22	1.24	1.26	1.28	1.30	1.32	1.34	1.36
50	605	614	623	631	640	648	657	665
40	579	588	596	604	613	621	629	637
30	553	561	570	578	586	594	602	609
20	527	535	543	551	559	566	574	581
10	501	509	516	524	532	539	546	554
0	475	482	490	497	504	512	519	526
−4	464	472	479	486	494	501	508	515

3. 性能基线模型

发动机气路状态监控依赖于几个关键性能参数的偏差值序列。偏差值是性能参数的测量值与相同条件下健康发动机的基线值之间的偏差,其精确程度除与测量值是否准确有关外,还取决于发动机基线模型的精度。发动机基线是指针对刚出厂性能良好的某构型发动机,在一定的飞行条件下(如外界温度、飞行高度、马赫数、除冰状态),发动机气路参数随工况参数的平均变化关系。发动机性能参数的基线模型就反映了健康发动机气路性能参数之间的一种基本的函数关系。在基线模型能够准确反映系统的特性,且传感器和发动机均未出现故障的情况下,由实际测量值减去基线值得到的性能参数偏差值,理论上应在 0 附近波动。通过分析偏差值序列,即可实现对气路异常状态的监控,因此建立准确的基线模型才可以进行发动机气路状态监控。

实际中对于大多数复杂系统,建立其准确的物理模型或基线模型十分困难。隐含在厂家监控系统中的基线模型是"一般化"的基线,即反映一批产品或同一型号的产品的平均属性。而事实上由于加工制造误差、使用维修等因素的影响,个体物理系统之间总是存在差异,这导致一般的基线模型并不能准确反映实际运行条件下个体系统的特性,由此得到的性能参数的偏差值也就存在误差或偏差。发动机除制造、组装以及装机因素影响外,实际使用中性能退化以及维修活动等均会造成系统特性发生变化,即个体发动机的性能参数与一般化的基线模型预测值之间也会出现偏差,由此得到的性能参数的偏差量也不可避免地有偏差或误差。因此,建立实际运行条件下发动机"个性化"的基线模型是进一步提高气路状态监控系统灵敏度和可靠度的基础。

此外,由于用户无法获得隐含在性能监控系统中的基线模型,因此发动机监控要时时依赖于厂家系统,在经济、技术和安全性控制上的自主性受到很大限制。当前国内的发动机都采用进口的发动机,而且这种情况还将持续很长的时间。如何建立自主的民航发动机基线模型以实现对厂家性能监控系统的补充或替代,是民航发动机监控领域的一个重要研究问题。

4. 发动机气路状态监控实例

航空公司发动机气路状态监控的方法是利用厂家提供的软件,在地面对起飞和巡航飞行时记录的发动机性能参数(如 EGT、燃油流量和转速等)进行处理,分析它们的变化趋势(性能趋势图),评估发动机的性能状态。

巡航数据的处理:记录的原始值与模型发动机相同飞行条件的标准值相比较,得到一个两者之间的差值,并把一段时间里的偏差值绘制曲线,显示出来。巡航监控参数主要包括 EGT 偏差、转子转速偏差、燃油流量偏差、转子振动值、滑油温度和滑油压力等。

起飞数据的处理:记录的 EGT 值与相同起飞条件 EPR 值或 N_1 相同下的 EGT 红线值相比较,得到一个 EGT 裕度,并把一段时间里的 EGT 裕度绘制曲线,显示出来。起飞监控参数主要包括 EGTM 和 OATL。

发动机状态监控工程师负责分析发动机性能趋势图。当监控参数的趋势发生下列变化时,将视为不正常趋势:

(1) 监控参数达到厂家手册限制值或方案中规定的警戒/监控标准;

(2) 性能趋势大幅度偏离发动机原来的稳定值,达到方案规定的警戒/监控标准。

以下给出了某航空公司实践中根据发动机性能趋势图分析出的发动机本体问题,借助状态监控及时发现并排除了相关问题或潜在故障,确保了飞行安全。

(1) EGT 指示问题

通常 RB211 发动机的 EGT 指示问题会引起涡轮排气温度偏差 DTGT(注:这里 DTGT 等同于 DEGT)和(或)EGTM 不平滑值的阶跃性变化,平滑值的变化曲线较为缓和,而其他参数无变化。有些情况下 EGTM 有飘移但 DTGT 无明显变化,有时只是个别数据点飘移太明显,一般都是热电偶故障,如热电偶极间绝缘失效或对机匣绝缘失效,往往发现问题时,热电偶已有多个损坏。

(2) 涡轮部件损伤故障

CFM56-5C 典型故障包括高压涡轮(high pressure turbin,HPT)覆环烧穿、外来物引起 HPT 损伤、HPT 叶片损伤/断裂等。这些典型故障通常引起核心机性能衰退,在发动机性能参数上表现出的典型特征为尾气排气温度 EGT 和燃油流量(fuel flow,FF)上升,同时伴随着核心机转速 N_2 下降。

(3) EGT 裕度提高措施

根据性能监控结果,发动机状态监控工程师确定纠正措施,编写附加技术指令,并由维修管理部负责安排在规定期限内完成检查和排故。发动机状态监控工程师负责对纠正措施的有效性进行评估。如果排故后的新趋势恢复正常,则可以关闭该监控项目;如果趋势仍不正常,则应实施新的纠正措施,直至趋势恢复正常或换发。

为了提高 EGT 裕度,航空公司主要采用降低排气温度的方法。目前航空公司常用的能有效降低 EGT 温度的方法主要有以下几种。

(1) 减推力起飞

根据飞机的负载和其他情况,以一般大气温度和航空安全为前提降低起飞推力,从而大大增加 EGT 裕度,这项措施比较实用。

(2) 发动机清洗

用一定压力的水(或溶液)冲洗发动机进气道、风扇叶片及整个核心机气路,一般可获得

5～10℃的 EGT 裕度,某些发动机甚至可以达 15℃。此方法简单方便,效果显著,因此大多数航空公司都采用这种方法。

(3) 风扇叶片及防磨带检查

目前常用涡轮发动机风扇产生的推力占总推力的 80% 左右,一旦风扇的效率下降,就会对推力产生较大的影响,同时也会直接影响到 EGT 裕度。因此为了提高风扇效率从而降低裕度,可以加强对风扇叶片机防磨带检查。

(4) 大修中提高 EGT 裕度

当对发动机进行大修时,根据各单元体对 EGT 裕度的影响的不同,确定不同的维修方案,提高 EGT 裕度。

2.7　发动机性能恢复

2.7.1　发动机水洗概述

当沉积物黏附在发动机叶片表面后,将会改变气流进入压气机的攻角和叶片的几何形状,从而使得压气机叶片表面的粗糙度增大,导致气流流通通道的能力降低,使压气机的增压比、效率降低。这样会导致发动机的功率随之下降,从而发生超温和喘振;耗油率增加、稳定运行工况范围减小,以及发动机推力减小,使得发动机整体性能衰退,增加了发动机性能故障的概率,并使得维护成本增加、使用寿命下降。

对于航空公司来说,不仅可以通过制造商提供的软件对发动机状态进行有效监测与评估,同时还可以通过对发动机进行水洗来恢复发动机性能。在翼清洗是航线上唯一可以做的最小修复工作,可以部分恢复发动机整机和单元体的性能,也可延长部件的使用寿命,特别是热端部件,对保持和恢复发动机的可靠性、提高使用经济性和延长发动机在翼寿命具有重要意义。

目前为了保证发动机 EGT 裕度,延长发动机在翼寿命,航空公司根据发动机制造商建议,经过适航当局批准,采取在翼水洗对发动机进行性能恢复,降低燃油消耗量。

2.7.2　民用航空发动机水洗的意义

发动机在地面和空中长期运行的过程中,有大量的空气通过发动机,长期的积累有大量的灰尘附着在发动机压气机叶片上(如吸入油液、泥浆、跑道除冰液、鸟击残留等),从而形成积垢。积垢的形成,使得叶片表面的粗糙度增加,长时间会造成叶形发生改变,叶片的气动性能下降,表现为叶片之间的有效间隔减少,直接导致空气流量减少,最终导致推力和压比的降低,从而使压气机的效率下降。对于喷气发动机,为了保证一定的推力,控制系统需要增加燃油的供应,因此增加了 EGT。涡轮入口温度的增加直接导致了起飞时 EGTM 的降低,当飞机遇到糟糕的运行环境和较高海拔时,EGTM 会更低。由于燃油消耗量提高导致的过高的 EGT 是发动机性能衰退的重要标志。通常航空公司需要对发动机进行在翼水洗,清洁压气机叶片上的积垢,恢复发动机性能,降低燃油消耗量,降低温室气体的排放,同时增加发动机在翼时间。

表 2.7 给出国内某航空公司整个机队在一年时间内 369 架飞机的 748 台发动机共水洗

1953 次后,机队不同机型燃油全年节约金额和机队 CO_2 减排情况。从表中可以看出,不同发动机通过水洗可以不同程度有效降低燃油消耗率。特别对于 CFM56-3 与 CFM56-7 发动机,在特定水洗间隔内,燃油耗率分别为 0.43% 与 0.45%,而通常 CFM56-3 与 CFM56-7 发动机燃油消耗率分别为 0.6% 与 0.8%。同时,通过计算可以得出每次水洗可以帮助航空公司节约燃油成本 8098.43 美元,每台发动机水洗可以节约燃油成本 21144.71 美元,每架飞机可以节约燃油成本 42862.44 美元。每年通过水洗整个机队可以节约超过 1500 万美元的燃油成本,对于航空公司来说也是非常可观的。同时,通过水洗整个机队每年可以减排 CO_2 气体 51548t,对于环境的保护起着积极的作用。

表 2.7 国内某航空公司机队水洗效果分析

飞　　机	飞机数	发动机数	水洗间隔	年水洗数	共水洗数	特定间隔燃油消耗率/%	每台发动机年燃油节省/美元	机队燃油年节约/美元	机队 CO_2 减排/t
CRJ700/CF34	13	26	883	2.2	58	0.62	8423	218997	714
E190/CF34	6	12	981	0.6	8	0.69	1998	23973	78
B737/CFM56-3	25	50	720	2.9	146	0.43	15648	782406	2550
B737/CFM56-7	88	176	563	3.1	542	0.45	23584	4150803	13528
B747/PW4056	2	8	223	2.8	22	0.16	66852	534819	1743
B757/RB211-535	13	26	546	2.8	72	0.27	22016	572415	1866
B777/GE90	10	20	233	4.3	86	0.19	97215	1944296	6337
B777/GE90	6	12	124	1.3	15	0.10	58387	700 643	2284
A319/V2524	41	82	758	2.6	212	0.38	12697	1041184	3393
A320/V2527	82	164	731	2.5	417	0.37	13240	2171391	7077
A321/V2533	57	114	645	2.1	238	0.32	13162	1500444	4890
A330/PW4168	9	18	331	0.7	13	0.23	10938	196877	642
A330/TRENT772	14	28	310	3.5	99	0.22	57966	1623047	5290
A380/GP7000	3	12	350	2.1	25	0.24	29579	354947	1157
总计	369	748			1953			15816242	51548

根据 GAMECO 公司 EcoPower 发动机水洗项目的统计,全球参与 EcoPower 发动机水洗项目的已有 120 个客户,分布在全球 108 个地方,41 种飞机的 58 种发动机参与水洗,表 2.8 给出了全球参与 EcoPower 发动机水洗项目的发动机水洗效果的统计。从表中可以看出 EcoPower 发动机水洗项目对于 CFM56-5B 与 CFM56-7 发动机水洗效果尤为显著。

表 2.8 全球参与 EcoPower 发动机水洗项目的发动机水洗效果的统计

发动机类型	EGT/℃	燃油消耗率/%
CF6-80C2/A2	11	0.6
CFM56-3	10	0.6
CFM56-5B	15	1.1
CFM56-7	15	1.1
JT8D	5	0.5
JT9D	7	0.6

续表

发动机类型	EGT/℃	燃油消耗率/%
GE90	12	0.8
PW2000F/F117	6	0.5
PW4000 94″	9	0.7
PW4000 100″	9	0.7
PW4000 112″	9	0.7
TRENT800	11	0.7
V2500	5	0.5

2.7.3 发动机水洗时的注意事项

（1）必须严格按照 MPD 产生的工卡要求操作。例如，对于 CFM56-5B 的水洗，机务人员需要按照 AMM 手册里的维修任务 72-00-00-100-026 和 72-00-00 PB701 的要求进行水洗工作。

（2）确信发动机的清洗是当时获得 EGTM 的唯一途径。

（3）清洗叶片的同时一定要清洗发动机气路。

（4）水流量要控制在 18.9～22.7L/min。小于 18.9L/min 清洗无效，大于 22.7L/min 增加了水进入齿轮泵的可能性。

（5）500～750h 后再次清洗，如果 EGTM 恢复值少于 5℃ 则减少清洗次数，如果大于 10℃ 则增加清洗次数。

如果不按照 AMM 手册的维修任务操作，可能会造成如下后果。

（1）泵和转子间隔积水，轴承损坏，润滑系统冲淡，转子不平衡，封严损坏。

（2）座舱出现气雾，造成空中停车，中断起飞。

（3）电源系统出现异常。

（4）EGTM 无变化，以致出现对于此维修工作的质疑。

（5）电磁兼容性（electro magnetic compatibility，EMC）设备损坏，以致发动机工作异常。

（6）对发动机造成不可预测的损坏。

2.7.4 影响水洗效果的因素

通过对航空公司近年来发动机水洗流程和效果的分析，为了达到每次水洗后发动机 EGTM 恢复 10℃ 以上、同时使 EGTM 的衰退率下降的目的，航空公司需要从以下几方面改进维修工作。

1. 维修人员

维修人员的自身素质对于维修工作起着重要作用，航空公司应不断加强对于维修人员专业知识和技能的培训，提高维修人员的工作责任心，掌握发动机水洗的基本知识和正确的操作流程。

2. 发动机

显然发动机自身的性能和状态对于水洗的效果有直接的影响。维修人员需要根据不同发动机的性能衰退情况、发动机的在翼时间以及发动机的送修时间,制订不同的发动机水洗方案。同时从多年航空公司水洗数据上看,并不是所有发动机经过水洗都能得到 EGTM 的恢复,有些时候经过水洗后 EGTM 反而下降,此时发动机维修人员需要根据发动机维修手册和排故手册对发动机进行故障诊断,找到 EGTM 下降的真实原因。

3. 维修手册

航空公司需要不断加大对于维修手册、排故手册的更新,确保维修人员依照手册的流程对发动机进行操作。同时,对于维修过程中发现与手册中不一致或有歧义的地方,需要及时与发动机生产商或飞机制造商联系,以寻求及时的帮助。

4. 水洗方法

根据对航空公司水洗过程的研究,目前航空公司主要采取的水洗材料包括冷水、冷水＋清洁剂、热水、热水＋清洁剂等。航空公司需要根据发动机所处的运行环境、发动机在翼时间等多种因素,选择合适的水洗方法。根据发动机制造商建议,国内某航空公司以 3~8 个月或 800~2000h 作为水洗间隔,以 CFM56 发动机为例,采取不同的水洗方法,得到如表 2.9 的水洗统计数据。

表 2.9　不同水洗方法对于 EGTM 恢复情况

水 洗 方 法	水洗发动机台次	EGTM 恢复/℃
冷水	5	2~12
冷水＋清洁剂	18	2~20
热水＋清洁剂	5	5~16
热水	19	7~18

从表 2.9 可以看出,对于此航空公司的发动机而言,冷水加清洁剂的水洗效果比纯冷水的好;纯热水的清洗效果与冷水加清洁剂的几乎一样。纯热水清洗是一个很有效的方法,2000 年该航空公司机队发动机的平均 EGT 基本保持不变,这与坚持发动机水洗工作是分不开的。纯热水清洗也是一个经济可靠的方法,它既可以降低清洗成本(不需要专用的清洁剂),也可以消除清洁剂对发动机本体腐蚀的可能性。

对于发动机水洗间隔也是影响 EGTM 恢复的重要因素。水洗间隔通常都是根据厂家建议的间隔,水洗是厂家推荐的在翼性能恢复措施,一般不是强制性的。没有给定的标准,也没有指定间隔。例如,GE90 发动机的厂方推荐水洗间隔是 1000 飞行小时,而 CFM56 发动机厂方推荐水洗间隔为 3~8 个月或 800~2000 飞行小时。

5. 工具设备

从航空公司发动机水洗工作流程上看,水洗的工具设备也是影响 EGTM 恢复的因素。目前,通过实际检验,通常采用喷头、水枪(雾化)效果比只使用简易水管的水洗效果更好,同时水枪喷水角度与发动机轴线夹角 45°位置注水效果极佳,水洗时水温要求保持在 80~90℃。

6. 环境

环境因素主要分为发动机运营环境与发动机水洗环境两个方面。发动机运行环境主要是指发动机运营时所处的温度、压力、湿度、地理位置等方面,在同一地区使用的发动机随着季节的变化,水洗的效果也会由于环境温度和空气颗粒浓度的改变而改变。发动机水洗环境主要是考虑维修人员在地面对发动机进行水洗时的工作环境,包括工作场所的灯光、所使用工具的摆放位置等。

发动机水洗效果受多方面因素综合影响,航空公司需根据自身发动机的情况,结合发动机厂商的建议,制订合理的水洗方案,从而使 EGTM 恢复到 10℃左右,同时使 EGTM 衰退率降低。

第 3 章

航空发动机无损检测技术

3.1 概述

随着现代工业和科学技术的发展,无损检测技术的重要性越来越受到各部门重视。当前,无损检测技术已经成为一门新兴的综合性应用技术科学。使用无损检测技术,可以探测材料或构件中是否存在缺陷,判断缺陷的形状、性质、大小、位置、方向、分布和内含物等情况,还能提供涂层厚度、材料成分、组织状态、应力分布,以及某些物理和机械量信息。

无损检测技术就是在不损伤被检材料、工件或设备的情况下,以不损坏被检验对象的使用性能为前提,应用多种物理原理和化学现象,对各种工程材料、零部件、结构件进行有效的检验和测试,来测定材料、工件或设备的物理性能、状态和内部结构,借以评价其均匀性、完整性、连续性、安全可靠性,从而判断其是否合格的科学。

无损检测技术是为保证材料和构件的高质量、高性能以及其在安全可靠的基础上经济、有效地使用提供依据的重要方法,也是工业生产中实现质量控制、节约原材料、改进工艺、提高劳动生产率的重要手段,还是设备安全运行的重要监测手段。无损检测技术与断裂力学、计算技术等相邻学科互相配合,可以带来显著的经济效益。无损检测技术能够在产品设计、加工制造、成品检验及服役使用各阶段发挥巨大作用。因此,近年来无损检测技术受到工业界的普遍重视,特别在航空与航天、核工业、武器系统、电站设备、铁道与造船、石油与化工、锅炉和压力容器、建筑、冶金和机械制造等工业中得到广泛的应用。同时,随着现代物理学、材料科学、微电子学和计算机技术的发展,无损检测技术也获得了迅速发展。因此,无损检测技术的发展,在某些方面反映着一个国家的工业和科学技术的发展水平。

无损检测技术是利用材料的物理性质在有缺陷时发生变化这一事实,测定其变化量,从而判断材料内部是否存在缺陷,它的理论根据是材料的物理性质。目前在无损检测技术中广泛利用的材料物理性质有材料在射线辐射下呈现的性质,材料在弹性波作用下呈现的性质,材料的电学性质、磁学性质、热学性质以及表面能量的性质等。因此,弄清楚这些物理性质以及测量材料性质细微变化的技术,就成为无损检测技术的基础。也就是说,无损检测技术是利用材料内部组织和结构异常时引起物理量变化的原理,反过来用物理量的变化来推断材料内部组织和结构的异常,当然物理量的变化与材料内部组织结构的异常不一定是一一对应的,即材料的内部异常不一定能使所有物理量发生变化。因此,需要根据不同情况选择不同的物理量,而且有时往往需要综合考虑几种不同物理量的变化情况,才能对材料内部结构组织的异常情况做出可靠判断。

无损检测主要检测材料和构件的宏观缺陷,也就是说无损检测技术所表征的是材料和构件中宏观组织结构的特点,对于微观缺陷的检测,一般来说是困难的。应用几兆电子伏特的闪光 X 射线照相、微焦点软 X 射线照相、高灵敏度的电子照相和高对比度的质子散射照相等,虽然能检测 $0.005 \sim 0.01\text{mm}$ 的微裂纹,但由于对试样的穿透能力很低(一般不超过 3mm),在工业测试中目前还难以广泛应用。

航空发动机组成零件多,工作环境恶劣且在不断变换的工作状态中工作,对性能要求极为严格,且发动机结构还要不断更新,导致其维修比重加大。同时由于现代设备性能更高级、技术更加综合、结构更加复杂,航空设备的定期维修、快速维修特别是大修面临着很大挑战,因此目前航空发动机的维修设备和手段也在不断发展,推陈出新,使航空发动机的维修手段更加现代化、高科技化。无损检测能在不损坏试件材质、结构的前提下进行检测,对发动机影响最小,因此被广泛应用于发动机维修中。

3.1.1　材料和构件中缺陷与强度的关系

人们在使用各种材料尤其是金属材料的长期实践中,观察到大量的断裂现象,特别是材料和构件的快速断裂,曾为人们带来了很多灾难性的事故,其中涉及舰船、飞机、轴类、压力容器、宇航器、核设备和各类武器等多方面事故。研究各种材料的断裂问题始终是一个重要方面。

为了避免金属材料与构件在加工制造和使用过程中发生断裂,一方面要求材料有较高的强度,同时要求材料有一定的韧性,即要求材料有良好的综合力学性能。金属材料的强度主要取决于金属原子间的结合力,如果金属原子间的结合力能够得到充分的发挥,则按照理论上所计算出来的金属强度比金属在实际使用中所表现的强度高出 $2 \sim 3$ 个数量级。而在实际的材料和构件中,金属原子间的结构不都是理想完整晶体,而是存在着大的微观缺陷和宏观缺陷。微观缺陷如空穴、间隙原子、杂质原子、位错、堆垛层错、晶界和相界等;宏观缺陷则是材料和构件在冶炼、铸造、锻造、焊接、轧制、热处理、磨削等加工过程中产生的,如气孔、疏松、缩孔、夹渣、夹杂物、裂纹、折叠、未焊透等。裂纹又可分为铸造裂纹、轧制和锻造裂纹、热处理裂纹、酸洗裂纹、磨削裂纹、疲劳裂纹、应力腐蚀裂纹、焊接裂纹和热应力裂纹等。这些缺陷的存在大大降低了材料和构件的强度。因此,研究断裂问题就必须与材料和构件的缺陷联系起来。在工程上往往按断裂前材料发生变形量的大小或者按断口的形貌把断裂区分为脆性断裂和韧性断裂,在特定条件下,还可分为冲击断裂、蠕变断裂、疲劳断裂和应力腐蚀断裂等。

材料和构件中缺陷与强度的关系是极为复杂的。这与材料和构件的使用条件(如应力、温度、环境)以及缺陷的类型、大小、方向、位置(表面、内部或应力集中部位)等多种因素有关,即使在同种材料或构件中存在相同的缺陷,由于使用条件不同,破损的情况也可能完全不同。另外,小试样的材料力学性能试验结果,往往同实际的设备或构件在使用条件下的破损强度有很大的差异,假若片面地相信材料力学性能试验结果,以此来推断工程断裂情况,有时可能会犯大错误。然而,如果将试样的尺寸和各方面条件都做得和实物一样,在工程中也是行不通的,因此,在研究材料和构件中缺陷与强度的关系时,必须综合考虑如下各种因素：

（1）材料、焊缝和构件所处的应力条件和环境条件；

（2）缺陷的类型、形状、大小、方向、部位、分布和内含物等情况；

（3）材料、焊缝和构件中有缺陷部位的厚度；

（4）材料和焊缝的力学性能试验结果；

（5）材料和焊缝的断裂力学性能试验结果；

（6）有缺陷部位的残余应力分布状况；

（7）各种使用条件的性质。

应该对以下各种条件的性质加以研究：

（1）静态强度；

（2）蠕变断裂强度；

（3）疲劳强度；

（4）抗脆性断裂性能；

（5）耐腐蚀性和对应力腐蚀的敏感性；

（6）耐泄漏性能；

（7）特殊材料的抗氢脆性和耐辐照性能。

在上述各因素中，特别要深入研究的是关于疲劳强度和脆性断裂的问题，迄今为止发生过的一些重大事故，其破损形式大部分与这两方面问题有关。当然其他破损形式也很重要，如腐蚀或应力腐蚀引起的断裂，有时却被认为是疲劳断裂和脆性断裂，因此也必须深入研究。

3.1.2　无损检测技术应用特点

1. 无损检测结果的确认

必须与一定数量的破坏性检测结果相比较后，才能对无损检测的方法和结果作出合理的评价，否则是没有根据的。当然这些工作都是在无损检测技术方法研究阶段并事先在同样条件的试样上进行的，方法一旦用于生产中就不需要再破坏产品了。

2. 无损检测的实施时间

无损检测应该在对材料力学性能或工件的质量有影响的每一道工序之后进行。例如，焊缝的检测，当考虑到热处理所引起的质量变化时，必须在热处理之前和之后分别进行无损检测。显然，在热处理前是对原材料和焊接工艺的检查，而在热处理之后则是对热处理工艺的检查。因此，检测结果随检测时间的不同而不同。另外，时效变化也可能对某些焊缝的质量产生影响，以高强度钢焊缝为例，有时会发生延迟裂纹，它是在焊接后几小时后才开始发生，而后逐步扩大，所以通常至少要放一昼夜后再进行检查。

3. 无损检测结果的可靠性

无损检测结果的可靠性与被检工件的材质、组成、形状、表面状态、所具有的物理性质，以及被检工件异常部位的状态、形状、大小、方向性和检测装置的特性等有很大关系，而且还受人为因素、标定误差、精度要求、数据处理和环境条件等的影响。况且，每种检测方法都受最小可测缺陷尺寸的限制。一般来说，不管采用哪一种检测方法，要完全检查出结构的异常部分是不可能的,虽然经过无损检测得到了"没有缺陷"的信息,也不能认为构件一定没有缺陷,必要的话,可以采用检测精度和可靠性更高的检测方法,往往不同的检测方法会得到不同的信息,因此综合应用几种方法可以提高无损检测结果的可靠性。

为了进一步提高无损检测结果的可靠性,必须选择适合于异常部位的检测方法和检测规范,需要预计被检工件异常部位的性质,即预先分析被检工件的材质、加工类型、加工过程,预计缺陷可能的类型、形状、部位、方向等,然后确定最适当的检测方法和能够最佳发挥检测方法最大能力的检测规范。

3.1.3　无损检测方法的分类

实际使用的无损检测方法很多,各种无损检测方法的基本原理几乎涉及现代物理学的各个分支。无损检测技术可分成六大类,主要包括射线检测(X射线、Y射线、高能X射线、中子射线、质子和电子射线等)、声和超声检测(声振动、声撞击、超声脉冲反射、超声透射、超声共振、超声成像、超声频谱、声发射和电磁超声等)、电学和电磁检测(电阻法、电位法、涡流法、录磁与漏磁、磁粉法、核磁共振、微波法、巴克豪森效应和外激电子效应等)、力学和光学检测(目视法和内窥镜、荧光法、着色法、脆性涂层、光弹性覆膜法、激光全息摄影干涉法、泄漏检定、应力测试等)、热力学方法(热电动势法、液晶法、红外线热图等)和化学分析方法(电解检测法、激光检测法、离子散射、俄歇电子分析和穆斯鲍尔谱)。世界上公认的分类方法是1981年美国人哈格迈尔(D. J. HAGEMAIER)根据实际应用情况把无损检测方法归纳成的32种,但现代无损检测技术还应该包括计算机数据和图形处理、图像的识别与合成和自动化检测技术等。

无损检测方法虽然很多,但在工业生产检验中,目前应用广泛的无损检测方法主要还是射线检测、超声波检测、磁粉检测、渗透检测和涡流检测五种常规方法。其他无损检测方法中用得比较多的还有声发射检测、红外检测和激光全息检测。目前95%以上的无损检测工作是采用上述八类方法。

3.1.4　无损检测技术的现状与发展

无损检测的发展经历了三个阶段,即无损探伤(non-destructive inspection,NDI)、无损检测(non-destructive testing,NDT)和无损评估(non-destructive evaluation,NDE),目前一般统称为无损检测(NDT)。目前,国外工业发达国家的无损检测技术已逐步从NDI和NDT向NDE过渡,即用无损评估来代替无损探伤和无损检测。这种发展趋势很容易理解,因为无损评估已经包含了无损探伤和无损检测的内容,而且其含义更加深刻,它比无损探伤和无损检测更积极、更具有综合性。它要求无损检测工作者具有更广泛的知识面、更深厚的基础和更高的综合分析能力。

无损检测技术的另一个发展趋势是从无损评估向自动无损评估(automatic non-destructive evaluation,ANDE)和定量无损评估(quantitative non-destructive evaluation,QNDE)发展,逐步减少人为因素的影响,采用计算机来进行检测、分析、处理数据,以提高检测可靠性。

从国外近年来出版的文献资料中也可以看到无损检测技术的资料发表情况,其中出版最多的是美国。近年来国外每年有大约3000篇关于无损检测技术的文献,按不同检测方法分类,大致比例见表 3-1。

表 3-1 无损检测技术文献的比例

检测方法	所占比例
超声波检测	43%～46%
射线检测	12%～14%
涡流检测	9%～10%
磁粉检测	3%～4%
渗透检测	1%～2%
其他方法	6%～7%
其他内容	20%～23%

其中有关超声波检测的文献最多,这说明作为无损检测手段,超声波检测研究的最多。从上述比例可以看出,前 5 类常规无损检测方法的文献占全部文献数的 71%～73%。在这 5 种常规无损检测方法中,超声波检测约占 62%,射线检测约占 18%,涡流检测约占 13%,磁粉检测约占 5%,渗透检测约占 2%。根据日本非破坏检查公司的统计,20 世纪 80 年代中期在日本生产应用方面,5 种常规无损检测方法中超声波检测约占 18%,射线检测约占 41%,涡流检测约占 10%,磁粉检测约占 24%,渗透检测约占 7%。这些数字表明一种趋势:目前生产实际中用的最多的无损检测方法是射线检测和磁粉检测,两者之和约占 5 种常规方法的 65%。但从发表的文献来看,射线检测和磁粉检测只占 23%,相反超声波检测却占 62%。这说明,虽然目前生产实际中射线检测和磁粉检测用得最多,但人们最感兴趣、研究得最多的是超声波检测。

从检测对象来说,尽管目前被检测材料中仍以金属材料为主,金属材料中仍以钢铁为主,但是无损检测技术在复合材料中应用的文章越来越多,用于工业陶瓷的文章也开始有了一定数量增加。

3.1.5 无损检测方法的选用

在对材料或构件进行无损检测时,其目的是多种多样的。无论在什么情况下,都必须首先弄清究竟想检测什么,随后才能确定应该采用怎样的检测方法和检测规范来达到预定的目的。为此,必须预先了解被检工件的材质、成型方法、加工过程和使用经历,预先分析缺陷的可能类型、部位、方向和性质,随后再选择最恰当的检测方法。

任何一种无损检测方式,都包括以下五个基本要素:

(1) 探测源,它提供适当的探测介质或激励使被检物体产生某种特殊的运动;

(2) 物理变化,即探测介质或特殊的运动方式受到被检物体的结构影响(不连续或某种变异)而引起物理性质的变化;

(3) 探测器,使用它能够检测出探测介质或特殊的运动方式的变化;

(4) 记录和显示装置,指示或记录由探测器发出的信号;

(5) 解释方法,即利用恰当的理论和方法解释所探测到的结果。

这五个要素即源、变化、探测、指示和解释,是所有无损检测方法所共有的。由源所提供的探测介质与被检物体相互作用形成多种物理场,如声场、热场、电场、磁场和电磁辐射场等。各种物理场与被检物体之间相互作用,可以产生多种信号。目前,对这些信号中所包含的信息只有少部分被利用和认识,这不仅是由于使用的仪器不够完善,在很大程度上也是由于理论的缺乏和对信号本身带有的信息认识不足,进一步充分利用这些信息正是今后无损检测技术发展和努力的方向。

面对一个具体的无损检测工程或需要进行无损检测的对象,究竟应该选择哪种或哪几种方法,设计什么样的检测方案,才能达到安全、可靠的无损检测目的,是非常重要的。也就是说,确定方案是无损检测工作的重要环节。所以,一个成熟的无损检测工程技术人员,必须在掌握各种无损检测方法的优缺点、明确各种不同方法的适用范围和它们之间的相互关系,并综合分析与评价的基础上,面对具体的无损检测工程或被检对象,选择恰当的无损检测方法,确定正确的无损检测方案。

综上所述,选用无损检测方法时需要考虑的主要因素有以下两个方面:

(1) 需要检测的缺陷类型、大小、方向和位置,具体要求取决于被检工件本身;

(2) 被检工件的形状、大小和材质。

对缺陷类型来说,通常可分为体积型缺陷和平面型缺陷两种,表 3.2 所列为不同体积型缺陷及其可采用的无损检测方法,表 3.3 所列为不同平面型缺陷及其可采用的无损检测方法。

按缺陷在工件中的位置来说,通常可分为表面缺陷、近表面缺陷和内部缺陷三种,表 3.4 所列为检测表面缺陷、近表面缺陷和内部缺陷分别可采用的无损检测方法。

表 3.2　不同体积型缺陷及其可采用的无损检测方法

体积型缺陷	可采用的检测方法	体积型缺陷	可采用的检测方法
夹杂 夹渣 夹钨 缩孔 缩松	目视检测(表面) 渗透检测(表面) 磁粉检测(表面及近表面) 涡流检测(表面及近表面) 微波检测	气孔 腐蚀坑	超声波检测 射线检测 中子照相 红外检测 光全息检测

表 3.3　不同平面型缺陷及其可采用的无损检测方法

平面型缺陷类型	可采用的检测方法	平面型缺陷类型	可采用的检测方法
分层 黏接不良 折叠 冷隔	目视检测 磁粉检测 涡流检测 微波检测	裂纹 未熔合	超声波检测 声发射检测 红外检测

表 3.4　检测表面缺陷、近表面缺陷和内部缺陷分别可采用的无损检测方法

检测表面缺陷	检测内部缺陷	检测表面缺陷	检测内部缺陷
目视检测 渗透检测 磁粉检测 涡流检测 超声波检测 声发射检测	磁粉检测(近表面) 涡流检测(近表面) 微波检测 超声波检测 声发射检测 射线检测	红外检测 光全息检测 声全息检测 声显微镜	中子照相 红外检测(有可能) 光全息检测(有可能) 声全息检测(有可能) 声显微镜(有可能)

根据被检工件的形状和大小(厚度)来选用无损检测方法的原则见表3.5。

表3.5中所列出的壁厚大小是近似的,这是因为不同材料工件的物理性质不同。另外,除中子照相外,所有适合于厚度较大部件的检测方法都可用于薄件。

表3.5 适合于不同厚度工件的无损检测技术

被检工件厚度	采用的无损检测方法
表面	目视检测、渗透检测
薄件(壁厚<1mm)	磁粉检测、涡流检测
较薄件(壁厚 9<3mm)	微波检测、光全息检测、声全息检测、声显微镜
较厚件(壁厚<100mn) 厚件(壁厚<250mm)	射线检测、中子照相、γ射线照相
厚件(壁厚<10m)	超声波检测

对被检工件的不同材质来说,可以采用的无损检测方法见表3.6。

表3.6 不同无损检测方法及其主要材料特性

检测方法	主要材料特性
渗透检测	缺陷必须延伸到表面
磁粉检测	必须是磁性材料
涡流检测	必须是导电材料
微波检测	能透入微波
射线检测	随工件厚度、密度及化学成分变化而变化
中子照相	随工件厚度、密度及化学成分变化而变化
光全息检测	表面光学性质

根据被检对象的重要性,用来描述材料和构件中缺陷状态的数据相应的有多有少,而且任何一种无损检测方法都不能给出所需要的全部使用信息,因此,从发展来看,有必要使用一个检测系统,这就是说要同时采用两种或多种无损检测方法,才能比较满意地达到检测目的,对大型复杂设备的检验就更是如此。

总而言之,要正确地选择无损检测方法,除掌握各种方法的特点以外,还需与材料或构件的加工生产工艺、使用条件和状况、检测技术文件和有关标准的要求等相结合,才能正确地确定无损检测方案,达到有效检测的目的。图3.1给出了适用于不同形状工件的无损检测技术。

本章主要介绍在航空发动机检测中用得较多的磁粉检测技术、渗透检测技术、涡流检测技术、超声波检测技术、射线检测技术、孔探检测技术。

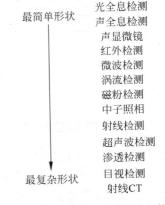

图3.1 适用于不同形状工件的无损检测技术

3.2 磁粉检测

3.2.1 磁粉检测基本原理

利用铁磁性材料的磁性变化所建立的探测方法,均称为磁性探伤法。根据探测漏磁场的方式不同,可将磁性探伤法分为磁粉检测法、探测线圈法、磁场测定法和磁带记录法。磁粉检测法应用最广,其理论研究与检测装置均比较成熟。它也是应用最早的一种无损检测方法。

磁粉检测是对磁性材料和工件(包括铁、镍、钴及其合金)表面或近表面上的裂纹以及其他缺陷进行检测。磁粉检测对表面缺陷最灵敏,对表面以下的缺陷随埋藏深度的增加检测灵敏度迅速下降。采用磁粉检测方法检测磁性材料的表面缺陷,比采用超声波检测或射线检测的灵敏度要高,而且操作简单、结构可靠、价格便宜,因此被广泛用于磁性材料表面或近表面缺陷检测。在非磁性材料中有色金属、奥氏体不锈钢、非金属材料等不能采用磁粉检测方法。但当铁磁性材料上的非磁性材料厚度不超过 $50\mu m$ 时,对磁粉检测的灵敏度影响很小。

磁粉检测的基本原理为:当材料或工件被磁化后,若在其表面或近表面存在裂纹、冷隔等缺陷,便会在该处形成漏磁场,磁场将吸引、聚集检测过程中施加的磁粉,形成缺陷显示。如果被检工件表面或近表面没有缺陷,则磁粉在工件表面均匀分布。当工件表面或近表面有缺陷时,由于缺陷(如裂纹、气孔、非金属夹杂物等)内含有空气或非金属,其磁导率远远小于工件的磁导率;由于磁阻的变化,位于工件表面或近表面的缺陷处产生漏磁场,形成一小磁极,如图 3.2 所示。磁粉将被小磁极所吸引,缺陷处由于堆积比较多的磁粉面被显示出来,形成肉眼可以看到的图像。为了使磁场图像便于观察,可以采用与被检工件表面有较大反衬颜色的磁粉。常用磁粉有黑色、红色和白色。为了提高检测灵敏度,还可以采用荧光磁粉,在紫外线照射下使之更容易观察到工件上缺陷的存在。

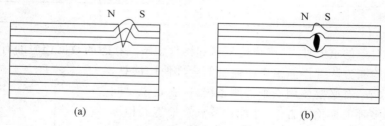

图 3.2 缺陷漏磁场的产生
(a) 表面缺陷;(b) 近表面缺陷

3.2.2 磁粉检测方法

当铁磁性工件被磁化后,如果工件表面或近表面存在缺陷,将会造成局部磁阻增大,磁力线在缺陷附近弯曲,呈绕行趋势,如图3.3所示。溢出的磁力线叫缺陷漏磁,形成缺陷漏磁场,此漏磁场将吸引、聚集检测过程中,施加在工件表面上的磁粉,形成缺陷显示。

1. 磁化方法

磁化检测第一步是要对被检工件进行磁化。当缺陷方向与在工件上建立的磁场磁力线呈 90°夹角时,漏磁最严重,缺陷显示的最清晰;当夹角小于 45°时,灵敏度将明显下降;当

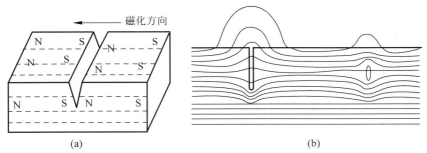

图 3.3　漏磁缺陷显示

方向平行时,缺陷可能不会显示出来。因此,要尽可能选择有利于发现缺陷的方向对工件进行磁化。磁化方法一般分为周向磁化法、轴向(纵向)磁化法和复合磁化法。

(1) 周向磁化法

图 3.4(a)、(d)示出用电流直接通入工件,或在穿过工件芯棒上通电流,使工件磁化,产生的磁力线绕工件轴线呈圆周形。这种磁化法叫周向磁化法,易发现工件表面或近表面的沿工件轴向的纵向缺陷。

(2) 轴向(纵向)磁化法

如图 3.4(b)、(c)、(e)、(f)、(g)所示,给工件通电流,或通过线圈通电流,使工件磁化,产生沿工件轴向的磁力线,叫轴向磁化法,此方法易发现与工件轴向垂直的周向裂纹。

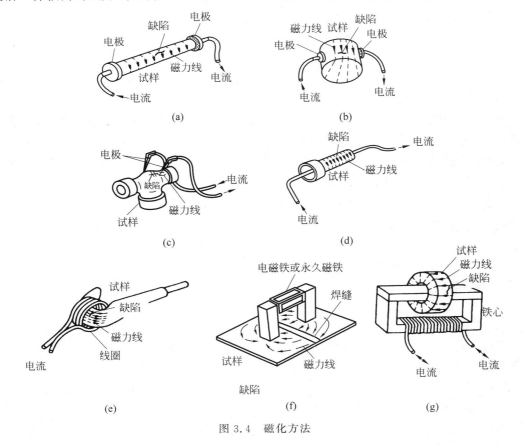

图 3.4　磁化方法

（3）复合磁化法

在实际中往往不能预料缺陷的方向，这时可以采用互相垂直磁场的复合磁化法。这种磁化法是同时对工件进行周向磁化和轴向磁化。这种情况下产生的磁场强度，为各方法产生磁场强度的矢量和，利用这种复合磁化法可发现多方向的缺陷。

2. 磁粉检验方法

（1）连续法

在对工件充磁的同时，往工件上喷洒磁粉或磁悬浮液，并进行检查。

这种方法能以较低的磁化电流达到较高的灵敏度，特别适合剩磁磁性低的材料。但操作起来不太方便，检查效率低。

（2）剩磁法

利用工件充磁后的剩磁进行检查。这种方法操作简单方便、效率高，但需要用较大的磁化电流，而且只适用剩磁感应强的材料。

3. 磁粉检测方法的应用和退磁处理

（1）磁粉检测方法的应用

磁粉检测方法用于检测铁磁性材料工件表面或近表面的裂纹、夹杂等缺陷。这种方法操作简单、速度快、灵敏度高、缺陷显示直观、能准确地确定缺陷大小，形状和位置。飞机结构上的铁磁性工件表面或近表面的缺陷都可以用磁粉检测法来检测，检测结果直观而可靠。

磁粉检测法不适用于非铁磁性材料；在检查前必须对被检工件的表面进行清洗，而且不能检测出缺陷的深度，另外，检测后要对探伤工件进行退磁处理。

（2）退磁处理

若对经过磁粉检测法探伤的工件不进行退磁处理，工件上的剩磁场会对工件以后的加工或工作带来不利影响。

剩磁会影响工件周围某些仪器和仪表的工作精度和功能；剩磁会吸附磁粉，造成工件的磨损；剩磁会吸附铁屑，破坏工件表面精度，并使刀具钝化；在工件需要电焊时，剩磁会引起电弧的偏吹和游离；会干扰以后的磁粉检测。退磁时，可以让工件在通交流电的线圈中，缓慢而平稳地通过，进行交流电退磁；也可以通过将直流电流换向，并逐渐将电流减少为零，进行直流电退磁。工件退磁后，应用磁场计进行剩磁场测量，剩磁场强度小于一定的数值，退磁工作才能完成。

3.3 渗透检测

3.3.1 渗透检测基本原理及应用

渗透检测是较早使用的非破坏性检测方法之一。由于早期使用的渗透检测方法灵敏度不高，一直没有得到广泛的应用。随着航空工业的发展，非磁性材料如铝、镁、钛合金等被大量的使用，提出了无损检测要求，从而促使渗透检测方法的发展。很早以前，人们在生产和生活中就掌握了把水置于容器内检查容器是否泄漏这类探伤技术；也有人利用工件表面铁锈的多少来检查缺陷，这是因为室外存放的钢板，由于水分渗入裂纹而形成氧化物，因此裂纹处的铁锈比邻近区域要多。

渗透检测的基本原理是在被检材料或工件表面浸涂某些渗透力比较强的液体,利用液体对微细孔隙的渗透作用,将液体渗入孔隙中,然后用水或清洗液清洗材料或工件表面的剩余渗透液;最后再用显示材料喷涂在被检工件表面,经毛细管作用,将孔隙中的残余渗透液吸出来并加以显示,如图 3.5 所示。

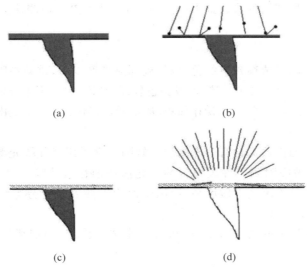

图 3.5　渗透检测法过程
(a) 渗透;(b) 清洗;(c) 显像;(d) 观察

渗透检测原理简单,操作容易,方法灵活,适应性强,可以检测各种材料,且不受工件几何形状、尺寸大小的影响。对于小零件宜采用浸液法,对于大设备可采用刷涂或喷涂法,一次检测便可检查任何方向的缺陷,因此应用十分广泛。其缺点是操作工艺程序比较复杂,只能检查材料和工件中开口在表面的缺陷,不能发现非开口于表面的皮下缺陷、内部缺陷和夹渣,检验缺陷的重复性差。

渗透检测所用的渗透液绝大部分为液体,因此,要掌握渗透检测必须研究渗透液在渗透过程中的毛细管现象、清洗剩余渗透液过程中的乳化现象和显像过程中的毛细吸附现象。

渗透检测经常用于大批量生产的飞机发动机涡轮叶片的检查,一般多采用半自动或自动化检测系统。半自动检测系统通常由几个排成一行的工作单元(如渗透液槽、乳化剂槽、喷水漂洗槽、干燥箱、显像剂喷粉柜、检验台)组成,零件装入金属吊柜,由电动机带动的链条传动,从一个工作单元输送到另一个工作单元,最后由检验人员进行目视检查。

一些国外无损检测室已经使用了自动化荧光检测系统。荧光检测液能自动喷涂在叶片表面并进行显像。在紫外线照射下,用光导摄像机扫描检测,其数据由小型计算机直接处理并做出判定。有缺陷的叶片被当即喷漆标记并自动从叶片悬架上弹出。此种自动检测系统采用水洗性渗透液和水悬浮显像剂,并使用超声清洗、静电喷涂、高强度紫外线光源等一系列先进技术。其检验工艺具有较高的一致性和准确性,可自动检查叶片 250 多片。

另外,渗透检测也被用来检查电路板三防漆的涂刷是否均匀。在完成三防漆后,再把荧光剂均匀地涂在电路板表面,等干燥后,用荧光检查仪进行检查,当发现三防漆涂刷不均匀后,先用一种清洗液清洗掉表面荧光剂,再用三防漆把不均匀的地方重新涂刷,从而避免电路板在飞机上由于漏水、漏静电等所造成的电路工作失常。

3.3.2 渗透检测法的分类和特点

按照渗透检测法所使用的渗透剂中的溶质不同,可将渗透检测法分为着色检测法和荧光检测法。

(1) 着色检测法

着色检测法使用的渗透剂含有红色染料,施加显像剂以后,重新被吸附到工件表面上的着色渗透剂在白光源下显示红色痕迹,形成颜色较深、鲜艳、边缘不十分清晰的缺陷图像。着色检测法不需要暗室和紫外线光源,操作简单、成本低,但与荧光检测法相比,灵敏度较低。

(2) 荧光检测法

荧光检测法使用的渗透剂含有荧光物质。缺陷观察采用紫外线光源(也称黑光灯)。施加显像剂以后,重新被吸附到工件表面上的荧光渗透剂在紫外线照射下,呈现出黄绿色荧光。荧光检测法比着色检测法灵敏度高,适用于检测工件表面疲劳等细小裂纹。但需要暗室和紫外线光源,成本较高。

按照所使用的渗透剂的清洗方法,又可分为水洗型检测、溶剂清洗型检测和后乳化型检测。

(1) 水洗型检测

水洗型检测直接用水将工件表面剩余的渗透剂清洗掉。在三种检测方法中,它的灵敏度最低,但适用于检测表面粗糙的工件,清洗方便,也适用于中小型工件的批量检测。

(2) 溶剂清洗型检测

溶剂清洗型检测要用溶剂清洗掉工件表面剩余的渗透剂。在三种检测方法中,它的灵敏度较高,可对大型工件进行局部检测,适用于检查疲劳等造成的细小裂纹。但它不易操作,成本较高,不适用于表面粗糙的工件和批量工件的检测。

(3) 后乳化型检测

后乳化型检测要在清洗工件表面剩余渗透剂之前,增加一道乳化工序。采用浸渍等方法,在工件表面施加乳化剂,乳化剂扩散并溶解到渗透剂中,便于用水将工件表面渗透剂和乳化剂混合物冲洗掉。使用后乳化型检测,应根据工件表面光洁度、乳化剂的浓度等严格控制乳化剂在工件表面上停留的时间,在乳化剂还没有来得及向缺陷中的渗透剂扩散时,就用水把它冲掉。这样,缺陷中的渗透剂由于还没有被乳化就会被很好地保留下来(图 3.6)。在这三种检测方法中,这种检测方法的灵敏度最高。适用于检测精密工件,能探测出极细微的缺陷和浅而宽的表面缺陷。不适用于检测表面粗糙的工件,而且多一道乳化的工序,应用也受到设备条件的限制。

3.3.3 渗透检测法的操作步骤和渗透检测法的应用

1. 渗透检测法的步骤

(1) 被检测工件表面的准备和清洗。

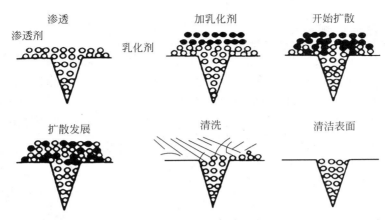

图 3.6　后乳化型检测法过程

（2）渗透剂的施加和停留（可采用浸、涂、喷、静电喷涂等方式施用渗透剂）。渗透剂应在工件表面停留一定的时间，使渗透剂能渗入工件表面的开口缺陷中。

（3）去除工件表面多余的渗透剂。可采用水洗、溶剂清洗，对后乳化检测应增加乳化工序后，再清洗。

（4）干燥处理。可采用擦干、热风吹干或烘干装置进行干燥处理。

（5）施加显像剂。可采用浸渍、喷涂、喷粉等方法，若采用湿显示剂还需增加干燥工序。

（6）检测并评定显示。

（7）检测后处理工作。

以上各操作程序均应严格控制时间。

2. 渗透检测法的应用

（1）渗透检测法，除表面多孔性材料外，几乎可以用于各种金属、非金属材料以及磁性和非磁性材料的表面开口缺陷的检测。特点是原理简单、操作容易，而且不受被检工件的几何形状、尺寸大小的影响。一次操作，可同时检测出表面各种开口缺陷，缺陷显示直观，检测灵敏度较高。

（2）这种方法的局限性是不能用于多孔材料，只能检测表面开口缺陷，不能测出缺陷的深度、内部的形状和大小，工件表面粗糙度对检测会产生影响。检测前后必须对被检工件表面进行彻底清洁。

3.4　涡流检测

当金属在交变的磁场中相对于磁场运动时，金属内会感应出旋涡状的电流，这种电流称为涡流。利用电磁感应原理，通过测定被检工件内感生涡流的变化来评价导电材料及其工件的某些性能，或发现缺陷的无损检测方法称为涡流检测。在工业生产中，涡流检测是控制各种金属材料和非金属材料（如石墨、碳纤维复合材料等）及其产品品质的主要手段之一。与其他无损检测方法相比较，涡流检测更容易实现自动化，特别是对管类、棒类和线材等型材有着很高的检测效率。

3.4.1　涡流检测基本原理

当将具有交变电流的检测线圈靠近导电体时,导电体内部将产生涡流,由电磁感应理论可知,与涡流伴生的感应磁场会与原磁场相叠加,结果使得检测线圈的复阻抗发生变化。由于导电体内感生涡流的幅值、相位、流动形式以及伴生磁场不可避免要受到导电体的物理以及制造工艺性能的影响,因此通过检测线圈阻抗的变化即可非破坏地评价被检测料或工件的物理或工艺性能及发现某些工艺性缺陷,此即涡流检测的基本原理(见图 3.7)。

交变的感生涡流渗入被检材料的深度与其涡流频率的 1/2 次幂成正比。鉴于常规涡流检测使用的频率较高(数赫兹到数兆赫兹),渗入深度通常较浅,因此一般来说涡流检测是一种表面或近表面的无损检测方法。

对工件中涡流产生影响的主要因素有电导率、磁导率、缺陷、工件的形状与尺寸以及线圈与工件之间的距离等。因此,使用涡流检测可

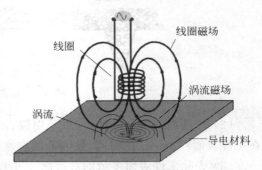

图 3.7　涡流检测

以对材料和工件进行电导率测定、探伤、厚度测量以及尺寸和形状的检查等,也可以对高温状态下的导电材料进行检测,如热丝、热线、热管、热板等。尤其重要的是对加热到居里点温度以上的钢材,检测时不受磁导率的影响,可以像磁性金属那样用涡流法进行探伤、材质检验以及棒材直径、管材壁厚、板材厚度等的测量。

3.4.2　涡流检测方法

(1) 独立检测法

独立检测法主要是由一个电桥式涡流设备和一个探测器组成。当用探测器接触参照材料进行测量时,调节电桥式涡流设备的平衡电阻,使测量表的指示为零。然后再用探测器接触要检测的工件,如果被检测的工件有缺陷,测量表的指针就会偏离零刻度,这个偏离了零的读数就表示了被检测工件的材料和参照材料之间的差异。

(2) 对比检测法

对比检测法使用两个探测器,其中一个接触参照材料进行检测,同时,另一个接触要检测的工件进行检测,如果被检测的工件有缺陷,两个材料的区别就在测量表上指示出来。

3.4.3　涡流检测的频率选择和涡流检测法的应用

1. 涡流检测的频率选择

(1) 涡流检测所用频率范围为 200Hz～6MHz 或更大。在具体检测中,实际所选用的频率由被检工件的厚度、所希望透入的深度、要求达到的灵敏度或分辨率以及不同的检测目的等所决定。

(2) 提高检测频率会提高检测灵敏度、加快检测速度,但涡流渗透深度会减少,可能会达不到要检测损伤的深度要求;降低频率会使涡流渗透深度加大,可是检测灵敏度和速度

却要降低。所以,在能达到所要求的渗透深度的情况下,选择尽可能高的频率,以提高检测的灵敏度和检测速度。特别是只需要检测工件表面缺陷时,可选用高达几兆赫兹的频率。但若需要检测相当深度的缺陷时,只好采用较低的频率,以达到所要求的渗透深度,这样检测的灵敏度会降低,很难发现细小的缺陷。

(3) 涡流检测仪分为高频和低频两种。高频涡流检测仪频率只能用来检测工件表面的缺陷;低频涡流检测仪可以用来检测工件内部的损伤。

2. 涡流检测法的应用

(1) 涡流检测法适用于检测导电材料制件的表面或近表面损伤,如裂纹、折叠、气孔、夹杂等的检测。不适用于热处理的碳钢或合金钢等强磁性材料构件的损伤检测,因为强磁性材料不均匀的导电率会影响测量结果。

(2) 涡流检测法设备简单、操作方便、成本低、易于实现自动化操作、速度快,无须对检测表面做特殊清洁和准备工作,便于进行现场检测。对导电材料制件表面或近表面的疲劳裂纹、应力腐蚀裂纹有很高的灵敏度。特别适用于飞机结构中的铝合金构件。

涡流检测技术在航空发动机上有广泛应用,主要用于检查和监视。某发动机在地面检测中用涡流检测仪来检查高压涡轮叶片表面裂纹。由于飞机和发动机在高温、高压、高速状态条件工作,在使用过程中往往容易产生疲劳裂纹(如发动机压气机、涡轮叶片),对这类缺陷,虽然采用磁粉检测、渗透检测和涡流检测都很有效,但由于涡流检测不仅对这些缺陷比较敏感,而且还可以对涂有油漆和环氧树脂等覆盖层的部件以及盲孔区和螺纹槽底进行检查,还能发现金属蒙皮下结构件的裂纹,因而在飞机维修部门受到重视。涡流检测技术还可以用来对运行中容易产生疲劳裂纹的零部件进行监视,在容易产生疲劳裂纹的涡轮盘叶根附近放置涡流探头,当涡轮盘叶根部分出现可检出的疲劳裂纹时,涡流探伤仪上便能显示出来。

喷气发动机的钛合金风机叶片在起飞时承受非常高的应力,叶片根部的最大应力可能接近或超过叶片材料的屈服强度,引起开裂。采用涡流法可以检出这种低周疲劳引起的叶片根部裂纹。检测的频率采用 1~4MHz 探头线绕在一个特殊的直径为 1.5mm 的铁心上,以便与叶片根部的表面相一致和改善对裂纹的检测灵敏度。当探头移过叶片根部时,缺陷信息就会被仪器发现并显示出来。

3.5 超声波检测

超声波检测是一种利用超声波在介质中传播的性质来判断工件和材料缺陷或异常的无损检测方法,即利用超声波射入被检材料或工件,根据其内部反射回来的损伤波来判断缺陷的存在、位置、性质和大小等,如图 3.8 所示。

超声波是超声振动在介质中的传播,是弹性介质中传播的机械波。它是一种看不见、听不到的弹性波,与声波和次声波在弹性介质中的传播类同,区别在于超声波的频率高于

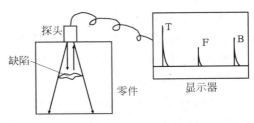

图 3.8 超声检测示意图

20kHz,而人耳能听到的声音频率为 16Hz～20kHz。

工业超声检测常用的工作频率为 0.5～10MHz。较高的频率主要用于细晶材料和高灵敏度检测,而较低的频率常用于衰减较大和粗晶材料的检测。有些特殊要求的检测工作,往往需要先对超声波的频率做出选择,如粗晶材料的超声波检测常选用 1MHz 以下的工作频率,金属陶瓷等超细晶材料的检测,其频率选择可达 10～200MHz,甚至更高。近年来随着宽频窄脉冲技术的研究和应用,超声探头的工作频率已高达 100MHz。

3.5.1 超声波特性和超声波检测法的原理

1. 超声波特性

超声波是超声振动在介质中的传播,其实质是以波动形式在弹性介质中传播的机械振动。探伤所使用的超声波频率一般在 500kHz～10MHz。超声波具有以下特性。

(1) 超声波传播能量大,对各种材料的穿透力都较强。

(2) 超声波具有良好的指向性,频率越高,指向性越好。

(3) 超声波在介质中传播时,遇到界面会发生反射。

2. 超声波检测法的原理

(1) 超声波检测法就是利用超声波上述特性来检测构件表面及内部的缺陷。超声波在传播的路径上,如果遇到细小的缺陷,如气孔、裂纹等,就会在界面上发生反射,检测者分析反射的声束,便可以发现缺陷并确定缺陷的位置(见图 3.9)。

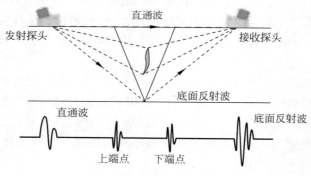

图 3.9　超声波探伤原理

(2) 超声波波型特征及在缺陷检测中的应用

① 纵波:介质质点的振动方向和波的传播方向相同,称为纵波。

用直探头直接接触或采用水浸法将声束垂直射入工件,在工件中形成纵波传播。如果工件内部没有缺陷,则只显示出始波和底波;如果工件内部有缺陷,则波束在缺陷界面上产生反射,在始波和底波之间形成一个伤波。图 3.10 所示为纵波探伤示意图。

纵波易于探测出与工件探测面平行的缺陷,面对表面及近表面缺陷,探测能力较差。纵波探测法多用于几何形状简单、大面积、大厚度构件的内部缺陷检测。

② 横波:介质质点振动方向和波传播方向垂直,称为横波。

图 3.11 所示为横波探伤示意图。在波传播过程中,遇到缺陷的界面会产生反射,形成伤波。

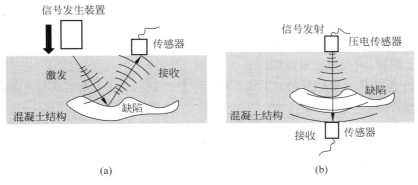

图 3.10　纵波探伤原理

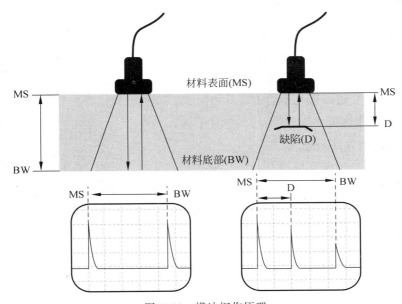

图 3.11　横波探伤原理

利用横波探伤,可以选择透声楔块的角度,使声束与缺陷的界面垂直,从而使反射波最大,达到检测的目的。而且利用透声楔块,可以提高对工件近表面缺陷的探测能力。

横波检测缺陷的能力比纵波强,波束指向性好,分辨率高。多用于检测管件、杆件和其他几何形状较复杂工件的缺陷。

③ 表面波：沿工件表面传播的波叫表面波。表面波可以用来检测工件表面的裂纹和缺陷。

3.5.2　超声波检测法的适用范围及优缺点

超声波检测法可用于金属、非金属、复合材料制件的损伤探测,既可以检测工件内部的缺陷,也可以检测工件表面的缺陷。可用来检测锻件、型材的裂纹、分层、夹杂,铸件中的气孔、裂纹、疏松等缺陷,焊缝中的裂纹、气孔、未焊透等缺陷,复合材料的分层、脱胶等缺陷,还可以测定工件的厚度。

超声波的优点是指向性好、穿透性强、对平面型缺陷十分敏感。只要声束方向与裂纹方向之间夹角达到一定的要求,即可显示出伤波,探测出缺陷所在位置。所以,超声波对于检测表面或内部缺陷都是一种灵敏度很高的方法。检测使用的超声波对人体和环境无害,设备轻便,便于携带,可进行现场检测。

局限性:不适用于形状复杂或表面粗糙的工件的损伤探测;为对工件中缺陷作精确地定性、定量分析,要有参考标准。

3.6　射线检测

3.6.1　X射线的特性和X射线检测法的基本原理

1. 射线的特性

X射线是一种电磁波,它与无线电波、红外线、紫外线、可见光等本质相同,具有相同的传播速度,但频率和波长不同。X射线波长短、频率高,因此,它具有许多与可见光不同的性质。利用X射线进行无损探测有关的性质有:不可见,以直线传播;不带电荷,不受电场和磁场的影响;能够穿透可见光不能透过的物质;能被物质吸收产生热量;能使某些物质起光化学作用,使照相胶片感光,又能使某些物质发生荧光。

2. X射线检测方法的原理

X射线检测方法的基本原理是:当X射线透过被检工件时,有缺陷的部位,如气孔、非金属夹渣等和无缺陷部位的基体材料对X射线的吸收能力不同。以金属为例,缺陷部位所含空气、非金属夹杂物对X射线的吸收能力,远远低于金属的吸收能力,这样,通过有缺陷部位的射线强度高于无缺陷部位的射线强度。当用感光胶片来检测射线强度时,在内部有缺陷的部位,就会在感光胶片上留下黑度较大的影像(见图3.12)。

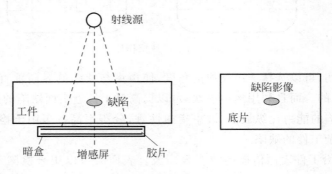

图 3.12　射线检测原理

3.6.2　X射线检测法的应用及优缺点

1. 优点

几乎适用于所有材料,而且对工件形状及表面情况均无特殊要求,适用于飞机上结构件的原位检查;不但可检测出材料表面缺陷,还可以检查出材料内部缺陷;对目视可达性差或被其他构件覆盖的结构件,如蒙皮覆盖下的桁条、框、肋等,都可以用 X 射线检测法来检查损伤情况。能直观显示缺陷影像,便于对缺陷进行定性、定量分析;感光胶片能长期存档备查,便于分析事故原因;对被检工件无破坏、无污染。

2.局限性

射线在穿透物质的过程中,被吸收和散射面衰减,使得用它检测工件的厚度有一定的限制;X 射线检测设备一次性投资大,检测费用高;射线对人体有伤害,检测人员应作特殊防护。

3.7　内窥镜检查(孔探检测)

3.7.1　概述

内窥镜检查是航空发动机上常用的维修检查装备,它是指借助于专用的光电仪器(工业内窥镜)对肉眼无法直接接近的区域进行检查,属于无损检测中的目视检测方法。在民用航空器维护中,内窥镜检查通常也称为"孔探",是发动机在役维护的五大工具之一,其目的是掌握发动机内部的状况。据统计,大约 90% 的发动机非例行更换都与内窥镜检查结果直接相关。作为唯一一种在航线维护中能够不分解发动机而了解其内部状况的检查手段,内窥镜检查对于安全和效益两方面均有重要意义和价值。内窥镜检查多年来一直在航空发动机的维护中发挥着十分重要的作用。发动机的关键部件,如主气流通道部件、高压压气机、高压和低压涡轮的各级轮盘及叶片、燃油喷嘴、燃烧室等都是不易拆卸且检测可达性较差的零部件,对于这些零部件的检查与监测工作大都是通过内窥镜检查完成的。

内窥镜检查是目前航空发动机的重要无损检测方式之一,在航空发动机故障诊断和维护中发挥着越来越重要的作用。航空发动机维修费用通常占飞机维修费用一半以上,在保证适航的前提下降低航空发动机的维修成本,是所有航空公司关注的问题。内窥镜检查作为维护中的重要手段,对降低航空发动机维修成本有极其重要的作用,是航空发动机维护的基础。

3.7.2　内窥镜检查基本原理

内窥镜检查技术的基本原理是采用光学手段通过小孔将密封物体内部的状况传递出来,然后对光学图形进行评估、检测、诊断。内窥镜检查技术可以延长人的视距,任意改变视线的方向,准确观察到物体内表面的状况。另外,在内窥镜检查中,与目标对象不发生接触,不形成任何破坏和损伤,也无须拆开目标和对象,因此,它是工业无损检测技术的重要手段。

航空发动机是飞机的心脏,其最易发生故障的区域为高压压气机、燃烧室及高压涡轮。如不分解发动机是无法接近这些热部件的,内窥镜检查技术为维修人员提供了一种非常有效的检查发动机内部状况的方法。在一般情况下,内窥镜检查分为定期检查、针对性检查和扩大区域检查 3 种。

内窥镜检查记录的重要性为:①为航空发动机故障分析提供依据;②为航空发动机修理提供依据;③为航空发动机制造厂家提供有价值的信息。

3.8　无损检测技术在航空发动机中的应用

3.8.1　航空发动机设计的特点

航空发动机零件的质量可靠性直接决定着整机的性能。当今的航空发动机从单纯追求高性能转变为致力于"四高"指标：高性能、高耐久性、高可靠性、高维修性。为了达到这些指标，先进航空发动机的设计便具有高温、高压、高转速、轻质量的特点。而许多新材料、新结构、新工艺、新技术的采用便是航空发动机达到"四高"要求目标的实施途径。无损检测便要在这些特定的环境下承担起保证发动机结构高可靠性的艰巨任务。

提高推重比一直是发动机研制过程中追求的主要目标。推重比的提高主要依靠发动机的气动性能以及采用新、轻结构，发挥材料的潜力来实现。通常把这些技术措施概括为"三高一轻"。

（1）高涡轮前温度

通常涡轮前温度在1500℃以上，燃烧室、涡轮静子叶片、加力燃烧室、尾喷管等热端部件均成为易损件，对它们的监测是一大难题。

（2）高压比

一般发动机的总压比为10～15，这给无损检测敏感元件及传递系统的安排带来了一定困难。

（3）高转速

目前发动机转子转速在15000r/min左右，小型发动机甚至达到50000r/min。这种高转速使得所有转动件均成为断裂关键件。对它们的损伤监测是无损检测的又一艰巨任务。

（4）轻质量

为得到高推重比，应将发动机设计得尽量轻巧，且尽量提高工作应力，挖掘材料潜力。这样，零件结构势必小而复杂，又给无损检测的实施带来极大困难。

显然，发动机的高性能、高耐久性与高可靠性、高维修性是一对矛盾的统一体。为了达到这一目标，设计人员多从"四新"，即新材料、新结构、新工艺、新技术途径着手。综上，"四新"是保证发动机达到"四高"的技术途径，而这些技术的采用必须有无损检测技术保证其可靠性。无损检测是发动机研制中不可缺少的部分，反之，先进的发动机设计又对无损检测提出了十分艰巨的研究课题。

3.8.2　无损检测技术在发动机中的主要作用

发动机设计技术的完善和发展使燃气涡轮发动机结构设计、分析、定型、生产和寿命管理发生了根本变化：从单纯追求高性能指标转变为性能与可靠性并重，而首要目标是保证发动机的结构安全。断裂关键件具有损伤容限能力是达到这一目标最重要的途径之一。构件的损伤容限设计分析建立在断裂力学基础之上。然而，断裂力学分析却是从构件初始裂纹尺寸出发的，这个初始裂纹尺寸-裂纹扩展-失稳裂纹尺寸的检测任务便责无旁贷地落在无损检测技术及专业人员的肩上。

在设计原材料时,利用无损检测设备检测并剔除缺陷超标的材料与毛坯。在加工过程中,核实原材料检验是否充分,查出因施工工艺或人员操作不当而导致的尖角、锐边、划伤等使零件强度或耐用性降低的缺陷,为改进加工工艺提供依据。对那些虽然存在但尚未超标的裂纹缺陷,定量确定其大小与分布,作为断裂分析的初始裂纹尺寸。

发动机最终达到技术指标的主要判据是其零部件与整机试验。在它们的结构强度与寿命试验中,判明其失效的根据便是变形、裂纹与损伤,这依赖于无损检测技术的应用实施。除对分解下来的试验件进行无损检测外,更希望能对运转状态下的零部件进行在线监测。

对于发动机中的所有承力件,均应进行使用中的无损检测。对于非断裂关键件,应监测裂纹的萌生及扩展,以便在其丧失承载能力之前修复或更换;对于断裂关键件,只要发现裂纹,不论多小,均一律予以更换。

无论是发动机试验中发生的故障,还是外场使用中发生的事故,无损检测均在判明故障原因、确定排故措施方面起着不可替代的作用。

对无损检测的基本要求如下。

(1) 灵敏度高

目前已知的无损检测技术有 17 种之多,然而能够有效地应用于发动机上的却为数有限。理论上这些检测技术可以有很高的分辨率,但用于实际构件时,会出于种种原因使其降低。应该指出,无损检测技术对构件裂纹检测的灵敏度越高,规定的断裂关键件的初始裂纹尺寸便越小,其剩余寿命便越长,由此确定的发动机翻修时间间隔也长,从而也降低了发动机寿命期费用。

(2) 稳定性好

通常发动机零件裂纹缺陷具有小而隐蔽的特点。因而,对于裂纹缺陷的检测,要求其重复性要好。这既要求无损检测设备具有良好的抗干扰性与稳定性,也要求检测人员具有良好的业务素质,不同检测人员对同一裂纹缺陷的定量检测应无显著的差异。

(3) 满足可靠性要求

无损检测技术的可靠性是对其特定类型及尺寸裂纹缺陷的定性度量。可靠性要求是出于将断裂力学原理用于关键件的设计,以及由于要更有效地用无损检测技术来确保结构的安全性与可靠性等原因而提出的。检测介质(液体渗透剂、磁粉、超声、辐射等)的响应除受裂纹缺陷影响之外,还受零件结构、人员技术及检测方法等不确定因素的影响,从而使无损检测的可靠性具有随机的性质。

(4) 良好的适应性

"四新"技术的采用,对无损检测提出了更高的要求。发动机零件结构复杂,特别在尖角、圆角、开孔等高应力部位易产生疲劳裂纹,而且,零部件之间装配关系紧凑,并经常有其他零件遮挡,而恰恰在装配部位易于开裂。此外,目前许多发动机均采用单元体设计,即使在维修时,分解工作也多至单元体为止。这些因素均给裂纹检测带来了一定的困难。

(5) 明确的判废标准

研究制订统一的缺陷识别与判废标准,以使各方面人员有章可循。

无损检测技术是现阶段监控发动机状态的有效手段之一,目前在外场对航空发动机主要采取内窥镜(孔探)技术为主的无损检测方法,可以获取一些孔探检测数据,但这些数据往往不能直接地反映发动机的健康状况,不能直接指导维修保障活动的进行,必须进行相应的数据分析和故障诊断。

虽然目前的内窥镜孔探检测技术在孔探仪、孔探图像的采集与再现、判决等方面已经有了较大的发展,但在航空发动机外场维护中,由于配备的孔探检测仪器是传统的单镜头孔探仪,发动机的零件及其故障模式种类繁多,获取大量的孔探图像样本又比较困难,立体视觉、模式识别等一些先进技术的应用受到限制。现有航空发动机孔探检测还存在一些技术问题需要研究,主要有以下表现。

(1) 孔探数据处理技术与特征提取方法需要改进

目前,航空发动机外场孔探检测主要凭借操作人员的经验,从图像中发现缺陷特征,然后将缺陷尺寸与实物实际尺寸对比,粗略换算或估算出缺陷尺寸,这种测量方法对孔探工作人员的操作经验要求很高。有时工作人员为了避免复杂的操作,直接凭经验估计缺陷尺寸,得到的缺陷尺寸受主观因素影响较大,导致损伤评估出错,产生飞行安全隐患或造成不必要的浪费。因此,急需改进孔探数据处理与特征提取方法。将目前较成熟的图像处理方法应用到孔探检测中,研究快速、有效的孔探图像特征提取技术,减小孔探检测对工作人员操作经验的依赖性,从而提高特征提取的准确性和孔探检测工作效率,杜绝故障隐患并减少人为因素造成的不必要损失。

(2) 提高故障诊断的准确性和自动化水平

缺陷特征准确度不高,直接导致故障诊断与判决难度较大、准确度降低,且由于航空发动机维护手册众多,故障判据规则繁多、不系统,分散于多个维护手册中,目前的故障判决在探测现场主要靠人工完成,遇到疑难问题需要查阅相关手册。更复杂的问题则送给维护专家进行数据解读。这不但增加了现场工作人员的工作强度,而且损伤评估准确性较差,判决与决策周期也大大加长。因此,迫切需要研制航空发动机快速故障诊断系统,减轻工作人员工作强度,提高故障诊断的准确性和工作效率,实现发动机快速、准确的故障诊断。

综上所述,根据目前的航空发动机孔探检测技术现状,研究并应用孔探图像特征提取技术,实现发动机缺陷特征的精确测量与自动快速判决迫在眉睫。

现在民航飞机发动机的孔探检测的主力设备已经发展为视频工业内窥镜,采用 CCD 成像,成像质量好,照明光输出强,柔性探头前端还可以做到 360°的旋转,使得飞机发动机孔探检查的质量、范围都大大提升。视频工业内窥镜也能很方便地把检查照片和录像记录下来,方便对飞机发动机内部结构进行分析。在观察的基础上高端的视频内窥镜又具备了精确测量功能,可以把飞机发动机内部损伤的尺寸精确测量出来。孔探设备技术的提高,能更好地、更有效地为飞机的安全飞行保驾护航。

第 4 章　航空发动机故障分类和基本诊断方法

4.1　航空发动机典型故障类别

在发动机整体故障发生情况中,故障比率大致如下。

1. 性能故障和结构故障

性能故障占 10%～15%,多为早期故障,如推力不足、转速摆动、排气过热、空中停车。

结构故障占 70%～80%,这是发动机中的主要故障,而其中又以零部件的疲劳损伤故障为主,占结构故障的 80% 以上,占发动机总故障的近 60%。

2. 附件系统故障

附件系统故障占 10%～20%,其表现多样化,如附件性能变化、结构强度疲劳、管路系统与调节控制异常等。发动机外部管路系统的振动疲劳故障增多,因此为了确保发动机的可靠性,曾规定对发动机外部管路系统应做振动测试与疲劳试验等。

由于航空发动机的结构复杂和零件众多,其故障模式也很复杂,从而导致了多种故障分类方式。从发动机各个子系统的角度来看,可将故障大致分为进气系统故障、驱动系统故障、燃油系统故障、点火系统故障、燃烧室故障、润滑系统故障、控制系统故障和反推力装置驱动系统故障。

1) 进气系统故障

航空发动机的进气系统为燃油的燃烧提供了所需的空气,并组织了燃烧室内气流的运动方式,进气道、风扇和高压压气机是其重要组成部分。进气系统故障如表 4.1 所列。

表 4.1　进气系统故障

故 障 描 述	故 障 影 响
风扇叶片损伤	无法压缩和加速空气向后产生推力和让空气进入压气机,从而导致发动机性能下降
风扇盘和压气机线轴故障	无法在风扇驱动轴和风扇以及压气机之间提供机械连接,从而导致风扇盘或压气机线轴的非包容性故障

续表

故障描述	故障影响
风扇轴故障	无法将低压涡轮产生的扭矩传送至风扇和压气机转子,从而导致推力丧失、振动过度和低压损伤
轴承故障	无法为风扇、压气机、高压涡轮和低压涡轮提供支撑和定位,丧失一些结构载荷的传递路径,导致风扇性能下降和高振动
整流锥故障	无法为发动机进气提供空气,因此性能产生轻微的下降
风扇框架故障	无法为风扇和压气机转子组件以及核心发动机提供支撑,继而导致风扇磨损,可能引起振动和推力丧失

2) 驱动系统故障

驱动系统包括附件齿轮箱(accessory gearbox,AGB)模块、径向驱动轴(radial drive shaft,RDS)组件以及进口齿轮箱(inlet gearbox,IGB)组件。进口齿轮箱组件将扭矩从压气机转子传送至附件齿轮箱组件。驱动系统故障如表 4.2 所列。

表 4.2　驱动系统故障

故障描述	故障影响
附件齿轮箱轴承或齿轮故障	无法在引擎和附件之间传递扭矩,从而导致在飞行中丧失启动能力,丧失相关附件可能引发意外事件
单个附件齿轮箱安装点故障	无法为连接引擎的齿轮箱提供冗余的结构支撑
附件齿轮箱传动座碳封严故障	无法在齿轮箱内提供流体(油)完整性,从而导致燃油损失、油压降低以及可能的飞行中发动机关停
附件齿轮箱罩故障	无法为安装在齿轮箱上的附件提供结构支撑,从而损失一个甚至多个附件驱动装置,如燃油泵、润滑油泵、交流发电机、IDG(整体传动发动机)、启动器或液压泵,也可能在飞行中导致发动机停车
进口齿轮箱、动力输出(power take off,PTO)、锥齿轮以及径向驱动轴故障	无法为发动机的启动提供机械扭矩传输,从而致使发动机启动能力的丧失。此外,在这样的情况下,还无法为驱动发动机附件提供扭矩的传输,从而丧失附件以及导致飞行中出现意外停车

3) 燃油系统故障

燃油系统故障如表 4.3 所列。

表 4.3　燃油系统故障

故障描述	故障影响
燃油泵故障	无法为油量控制单元提供恒定的高压燃油供给,从而导致"游车"现象,即不稳定的发动机动作;无法为飞机燃油系统提供有动力的燃油流,飞机燃油系统将会探测到这一点并且激活飞机备用电泵
燃油过滤器出现阻塞等故障	无法有效过滤燃油,燃油会绕开过滤器从而导致潜在的污染
燃油过滤器的旁通阀出现故障而关闭	使燃油没有途径绕开过滤器,致使燃油旁路不可用
燃油歧管故障	无法为燃油提供容器,也就意味着在发动机短舱中会出现燃油泄漏
燃油喷射器过脏或故障	无法提供适于燃烧的统一的燃料喷射形式来喷射雾化燃料,导致热部件过早地衰竭

4）点火系统故障

发动机的点火控制由一个综合的发动机和飞机系统来提供，该系统响应推进系统的要求自动启动点火。点火系统能够从任一个全权限数字电子控制器（full authority digital electronic controller，FADEC）通道激励任一个点火器。点火激励器由继电器控制箱单元中的继电器激励。点火系统故障如表4.4所列。

表4.4　点火系统故障

故障描述	故障影响
点火激励器和发动机接口控制单元（engine interface control unit，EICU）以及 FADEC 故障	导致一整套点火系统不能在发动机正常启动时进行点火。发动机将会自动转换至另一个点火系统进行启动。此外，故障还将导致无法为命令的连续点火和空中启动提供双点火操作，点火操作将由剩余的其他系统来完成

5）燃烧室故障

燃烧室对于航空发动机来说至关重要。在实际工作过程中，航空发动机有多种工作状态，在很短的时间内贫油、富油相互交替，高低功率反复变化，因此燃烧稳定性的保持十分困难。航空发动机中一旦发生燃烧室熄火就会产生较大的危险。

腐蚀裂纹、变形、烧伤、烧蚀、过热、变质、磨损等是燃烧室中常见的故障，其中喷嘴积碳危害最大。积碳使得喷口局部堵塞，这样的堵塞又使得燃油雾化质量不稳定，从而降低了燃烧的效率。燃烧室的环境特殊性也可能会导致燃烧室部件的变形、开裂等。

6）润滑系统故障

润滑系统是一个独立的系统，包括滑油箱、排气增压阀、滑油和回油泵、燃油和滑油热交换器、油位和温度传感器、滑油滤清器、滑油压力传感器、泄油阀、滑油滤旁通探测器、油压开关、屑末探测器和相关管路。润滑系统在整个发动机工作包线内向发动机主轴承和齿轮提供润滑和冷却。润滑系统故障如表4.5所列。

表4.5　润滑系统故障

故障描述	故障影响
滑油箱故障	无法容纳和存储发动机的润滑油，从而导致发动机外部滑油泄漏
排气增压阀故障	无法在发动机工作时为滑油箱维持增压，发动机滑油压力波动将可能导致机组采取相应操作
滑油和回油泵故障、滑油泄压阀故障以及滑油管路泄漏	无法向发动机的润滑提供足够压力的滑油，滑油损失以及低油压还有可能导致发动机停车
滑油滤芯故障或堵塞	无法为润滑系统过滤滑油，滑油可能会带着下游滑油系统组件的污染物绕过滑油滤
燃油和滑油热交换器中的滑油和燃油流受限	无法用燃油来冷却发动机润滑油，发动机滑油温度过高会导致飞行中发动机停车
内部燃油和滑油热交换器故障	无法将燃油从滑油中分离出来，燃油进入了滑油系统，会导致滑油压力降低以及飞行中发动机停车
滑油过滤模块旁通阀门故障关闭	滑油旁通失效，滑油压力降低可能会导致发动机停车
伺服热交换器故障	无法加热燃油，发动机性能将会下降，在最严重的情况下，可能引起压气机喘振；还会导致系统无法从滑油中分离燃油，燃油没入滑油系统，将使滑油压力降低

续表

故　障　描　述	故　障　影　响
油气分离器故障(油气分离器将滑油中混有的多余空气进行分离,以防止滑油箱中产生泡沫)	无法从滑油中分离出空气,这就使得滑油泡沫增加,导致滑油压力降低
排气管路故障	无法对前后油槽实施增压,导致发动机滑油损失
前、后油槽空气和滑油密封失效	使得滑油泄漏,增加了滑油的消耗

7) 控制系统故障

控制系统故障是重要的发动机故障问题。从系统结构上分,有受控对象故障、传感器故障、执行机构和控制器故障;从故障程度上分有缓变故障和突变故障。作为发动机的核心系统,控制系统一旦出现故障,后果将不堪设想。

飞行员通过操作推力控制台(thrust control quadrant,TCQ)的杠杆来控制发动机,由角位移传感器(rotary variable differential transformer,RVDT)传送的电信号将会被传输至FADEC,从而控制发动机的动作。TCQ 故障会导致无法提供 TCQ 位置信号,从而丧失对发动机的控制。此外,燃油关闭开关被用于切断发动机的燃油供给,从而关停发动机,如果燃油关闭开关故障,则会使得无法提供发动机关停信号,从而无法正式关停发动机,在必要的时刻会影响飞行安全。

8) 反推力装置驱动系统故障

反推力装置驱动系统(thrust reverser actuation system,TRAS)处于反推力装置的滑动整流罩处,它通过油门杆、飞机电路和 FADEC 控制逻辑模块信号来执行机组的命令。TRAS 是同步线性液压系统,在反推力装置工作时,通过飞机液压系统提供液压源来控制反推力滑动整流罩的打开和关闭。TRAS 包括以下主要部件:

(1) 两个同步锁定作动筒;

(2) 两个同步反馈作动筒;

(3) 一个隔离控制阀(isolation control valve,ICV);

(4) 一个方向控制阀(direction control valve,DCV);

(5) 一个罩锁(cowl lock,CL);

(6) 一套同步轴和柔性管;

(7) 两套手动解锁装置。

反推力装置驱动系统故障如表 4.6 所列。

表 4.6　反推力装置驱动系统故障

故　障　描　述	故　障　影　响
ICV 无法打开(内部卡死、电磁阀故障以及滑阀咬死)、CL 无法打开(内部机械组件卡住或者损坏,无法关闭指示开关以及电磁故障导致罩锁无法打开)、DCV 无法打开(内部卡死、电磁阀故障以及滑阀咬死)、锁定作动筒无法打开(作动筒卡死或者锁死、外部泄漏)、手动驱动组件故障、同步轴卡住以及机械故障	无法展开整流罩;无法在地面收到命令时打开反推力整流罩,从而致使飞机滑跑直至停止的距离增加;无法提供飞行时罩锁定的余度,使得仍有锁剩余,罩面也仍然被锁定,但失去了锁定保护;整流罩无法关闭,在滑行时失去正推力

续表

故　障　描　述	故　障　影　响
DCV 无法打开或 DCV 误打开	如果反推力装置需要在地面展开,将无法提供余度来避免整流罩误收,也就失去了一个避免增加飞机滑跑距离的余度
锁定作动筒无法打开、反馈作动筒无法打开、同步轴管卡死、手动驱动组件失效或机械故障导致无法收起整流罩	作动筒不能同步动作,可能会导致反推力装置组件结构损伤

4.2　航空发动机基本故障诊断方法

4.2.1　航空发动机实时故障诊断系统框架

通过对现有发动机或者单元体故障诊断方法、系统的分析,可知目前发动机故障诊断的难点在于故障诊断实时性问题。此外,多源征兆数据、诊断知识的融合研究,也是亟须解决的问题。而研究基于底层 ACARS 数据的发动机参数报文译码算法,可以很好地实现发动机故障诊断、实时监控中征兆参数的实时获取,这就为发动机故障提供了实时的数据驱动。以气路故障诊断为例,如图 4.1 所示为融合了实时 ACARS 气路数据、航后 QAR 数据的发动机气路故障诊断和性能预测系统框架图。

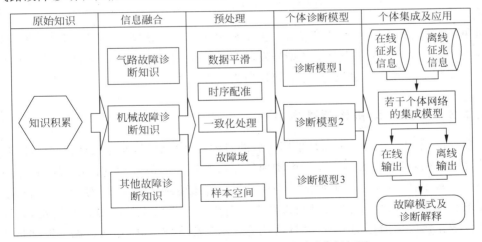

图 4.1　发动机故障诊断和性能预测系统框架图

可见,对于发动机实时诊断领域的研究而言,由于航后或者大修阶段的发动机诊断知识和数据样本充足,可以满足诊断模型的训练和验证对于数据样本的要求。而系统的实时性在于故障模式识别过程中的实时气路征兆数据驱动,解决实时气路参数的输入问题是保障诊断方法高可用性的基础条件。图 4.1 所提出的系统构架中,提出了离线建模与实时诊断相结合的概念,诊断模型的训练建立和诊断应用作为两个独立的物理应用过程,具有相对独立特性,而在逻辑应用过程中是统一的,都是基于气路参数和诊断专家知识进行未知征兆集的模式识别问题。

4.2.2　航空发动机状态监控流程

发动机的状态监控包括实时和航后两种模式,实时监控的实现是利用 ACMS 系统中涉及发动机状态和运行状态的飞机参数,通过维护时地面工程师设置的一系列监控程序和触发条件,评估发动机当前所处的状态,监控结果借助 ACARS 链路实现与地面工程中心的实时交互,监控流程如图 4.2 所示。

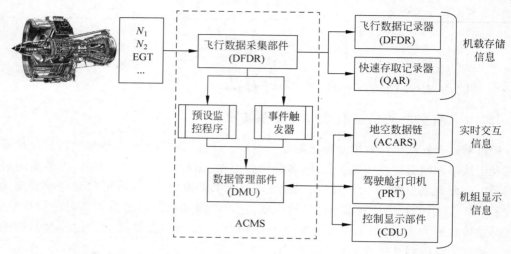

图 4.2　发动机状态监控流程

可见,实时模式下的发动机状态监控主要利用的是运行参数,不要求了解发动机自身的设计性能参数,因此监控方法对于各型号发动机具有适用性。只要正确设置机载电子设备中监控程序的参数和事件触发值,即能获得所需监控结果。

4.2.3　航空发动机诊断基本方法

目前诊断效果较好的系统都是采用航后的发动机运行数据,通过设计相应的滤波算法、回归算法等,并在性能强大的工作站中实现气路参数征兆与故障模式的匹配问题。但随着视情维修决策支持、安全防范关口前移和提前排故等维修理念的提出,对于发动机诊断的时效性要求有了质的提高。现有发动机诊断系统对于实时性的支持明显存在不足,表现为不支持地空数据链底层数据的分析,并且系统的诊断算法集成度高,输入数据一般都是从二进制数据直接转录,软件后台进行待诊断数据的工程化,用户无法得到核心的算法处理流程;此外,商业发动机诊断软件一般只支持特定型号发动机的诊断,并且软件的诊断输出设计为只读型图、表,无法获取诊断基础数据,其诊断案例所包含的专家知识的直接可用性较低。

研究基于可训练模型的诊断方法,可利用再学习和增量学习的特性解决多型号发动机诊断的问题。而对于基于黑箱模型的诊断方法,首先需要解决的即是专家级训练样本问题。对比目前采用的发动机状态监视与故障诊断有 3 种常用手段。

第 1 种为气路参数分析(GPA)技术。包括对气流通道的压力、温度、燃油流量和转速监测,对发动机性能参数如推力或功率等参数的监测。

第 2 种为机械状态监控。包括振动监视、滑油监视(包括滑油压力、滑油温度、滑油消耗量、滑油屑末收集、滑油光谱分析、滑油铁谱分析等)、低循环疲劳和热疲劳监视、叶片动应力监测、声谱监测等。

第 3 种为无损探测类。包括孔探仪检测、涡流检测、同位素照相检查、X 射线照相检查等。

3 种手段因为诊断过程不同,其案例的知识构成也不尽相同,但诊断必须能够全面地反映发动机故障分布、排故知识、征兆参数范围,才能够建立有效的模型。

由于在航后开展诊断工作不受机载电子设备计算能力等客观因素的限制,相对于实时应用背景下的发动机故障监控和诊断而言,航后故障诊断的能力和精度都要高很多,而飞机航路阶段对发动机数据的实时分析,实质上只是对有限的重要的发动机气路参数、运行参数的简单监控,远远没达到状态分析或者说是故障诊断的程度。航后监控、诊断的系统较多,针对发动机和单元体的都有,主要的系统如表 4.7 所列。

表 4.7　发动机航后监控、诊断系统

系 统 名 称	诊 断 水 平	适 用 机 型
ECMII	发动机	JT9D、JT8D
ADEPT	发动机	CF6-50、CF6-80、CFM56
SAGE	发动机	CF6-50、CF6-80、CFM56
TEAMIII	单元体	PW4000
IECMS	单元体	TF41
TEMS	单元体	TF34
EDS	单元体	F100
COMPASS	单元体	V2500 等

4.3　航空发动机典型故障分析案例

4.3.1　CFM56-5B 发动机启动失速故障分析

1. 故障现象

近年来,安装 CFM56-5B 发动机的 A320 机队在非高原机场出现启动失速的故障报告越来越多,并造成多起航班延误或者中断起飞事件,给航空公司带来不良影响,也给维修基地防空停工作带来了巨大的压力。某航某维修基地同一台发动机曾持续三个月,间歇性出现三次启动失速警告,以下为具体事件介绍。

事件 A:2013-07-19,机组反映发动机 697XXX 启动时出现 ENG 1 STALL,依据 AMM73-29-00 测试 FADEC 无故障,经询问机组无发动机失速征兆,只是 N2 悬挂在 40% 多,且在自动启动模式下再启动尝试成功。

事件 B:2013-08-15,机组反映发动机 697XXX 启动过程中 ENG START STALL N1 值低,第二次启动后成功。航后依据 AMM73-21-40 更换 1 发 T12 传感器,FADEC 带转测试，未发现故障。

事件 C：2013-09-15，机组反映发动机 697XXX 启动时 N2 37％时出现"ENG 1 START STALL"，自动启动重新进行且启动成功。更换 J9、J10 导线，试车检查正常。

2. 失速发生机理和防喘机构简介

CFM56-5B 发动机压气机是由多级轴流式压气机组成的，以下简要对单级叶片气流进行分析。图 4.3 中：c 为绝对速度，即以大地为参考点，观察到的气流速度；w 为相对速度，即以旋转的工作叶片为参考点，观察到的空气流过空气叶片的速度；u 为圆周速度，即以大地为参考点，观察到的叶片旋转切向速度。工作叶轮进口处相对速度的方向与叶片之间的夹角叫攻角（见图 4.4），影响攻角的因素有两个：一个是转速，另一个是工作叶轮进口处的绝对速度 W（包括大小和方向）。正攻角过大会使气流在叶背处发生分离；负攻角过大会使气流在叶盆处发生分离。

压气机流量系数 D 是工作叶轮进口处绝对速度在发动机轴线上的分量和工作叶轮旋转的切向速度之比：$D = c_{①}a/u$。流量系数小于设计值，呈正攻角，会使气流在叶背处分离；流量系数大于设计值，呈负攻角，会使气流在叶盆处分离。

当压气机的转速一定时，如果由于某种原因压气机的空气流量减少，导致工作叶轮进口处绝对速度在发动机轴线方向上的分量下降，即 $c_{①}a$ 减少，压气机流量系数 D 将减小，使得流量系数 D 小于设计值，如此正攻角增大。在攻角过大的情况下，气流在叶背处发生分离，这种发生在叶背上的现象叫失速（见图 4.5）。

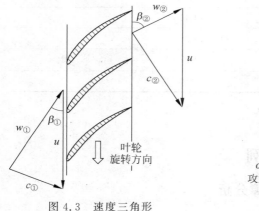

图 4.3 速度三角形

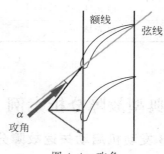

图 4.4 攻角

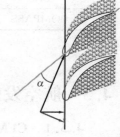

图 4.5 失速

当攻角 α 过大时，气流将会在叶背处发生分离，气流分离时将会发生失速。如果失速的叶片过多会导致压气机喘振。所以发生喘振的条件有：

（1）压气机进口温度升高，热空气难以压缩，导致压气机的空气流量减少；

（2）发动机空气流量骤然减小，如推油门过快、风向改变等；

（3）采用双转子或者三转子设计，改变压气机切线速度 u 来改变工作叶片进口处气流相对速度的方向，从而达到防喘目的；

（4）VBV\VSV 等防喘设备故障。

CFM56-5B 发动机采用的是可调放气活门（variable bleed valve，VBV）和可调静子叶片（variable stator vane，VSV），打开 VSV 和 VBV，放掉一部分压气机中间级，即低压压气机后、高压压气机前的空气。一般在低功率和迅速减速时,一旦脱离喘振区,放气活门关闭。活门关闭过早或者过晚均不利,关闭过早发动机没有脱离喘振范围,仍可能喘振;关闭过晚,放掉空气,造成浪费。关闭转速还受大气温度变化影响,大气温度高,关闭转速应增大。

VBV 和 VSV 的目的是一致的,即防止压气机失速导致的喘振。因此,两者的工作必须协调,即对应每一转子转速有 VSV、VBV 的相应位置。VSV 在关位,VBV 在开位。

3. 排故过程

为了弄清楚以上事件发生时的各个参数变化情况,首先对发生失速和正常启动 QAR 数据译码,并进行对比,得到以下图标和信息。

图 4.6 为启动失速分析图,可以看出,当 EGT 达到 600° 时,N2 转速只有 42% 左右,并且期间的燃油流量为 0;根据 FADEC 逻辑,当 N2 转速在 40%～58% 之间时,电子控制器(electronic control unit,ECU)探测到有叶片发生失速时,会出现"ENG 1 STALL"的警告信息。图 4.7 为正常启动分析图,当 EGT 达到 460° 时,N2 转速就能达到 62% 以上。以上为 7 月 19 日通过译码得到的图表,同时还分析了 8 月 15 日的数据,得到的图表与 7 月 19 日的图表很相似。从三次事件现象上看,该故障信息发生的时机是发动机在地面启动出现,并且不具有连续性,地面试车也无法重现,如此给排故带来了较大难度。

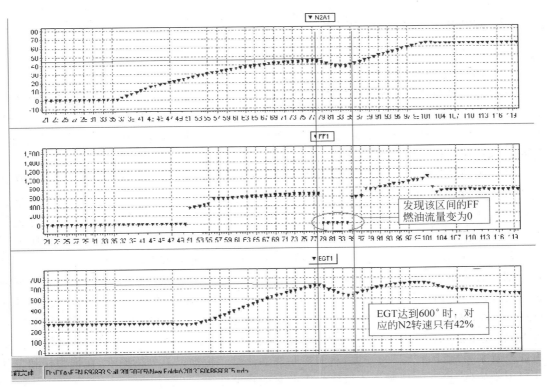

图 4.6 7 月 19 日启动失速分析图

由于地面启动发动机出现"ENG 1 STALL"信息不具有连续性,所以可以判断出由发动机本体导致失速警告的可能性不大。为了确认此猜想,完成了发动机的全面孔探,结果正常,有超出手册的缺陷发现。验证了之前的判断是正确的,若今后遇到类似情况,可以借鉴

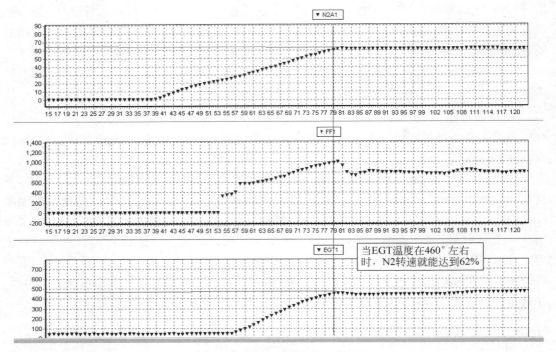

图 4.7　7 月 19 日正常启动分析图

上述经验,减少不必要的工作。

在排除发动机本体故障后,关注点就转移到防喘机构 VBV 系统上。VBV 活门开度是可变的,根据发动机状态参数计算决定开、关和开度大小。ECU 接收 N1、T12、PS3、VSV 位置等信息解算。在低转速和瞬态运行时,VBV 活门打开增加增压级空气流量,同时使增压级和高压压气机气流更加匹配。

结合本故障,发动机在启动时出现"ENG 1 STALL"信息,可以理解为压气机在低转速时出现失速,根据以上分析,VBV 系统对发动机低转速时具有防失速的功能。因此在事件 B 发生后,对 VBV 系统进行了详细的工作,包括与其他发动机对调控制组件 ECU、更换 T12 传感器、用氮气吹通 PS3 管和 P0 孔、检查 VBV 活门密封环、通过 ADIS 系统检测 VBV 活门位置等,可是不幸的是,大约一个月后事件 C 发生,失速信息仍然存在。

到此时为止,排故人员一直忽视了一个信息,即失速期间的燃油流量为零。来自于燃油泵的燃油流经燃油计量活门(fuel metering valve,FMV)和高压燃油关断活门,以上部件在 HMU 内部,然后燃油流过流量计再到燃油喷嘴油滤,最后到达燃烧室用于燃烧。FMV 是被 ECU 获得的 N1 转速、推力杆位置或者自动推力系统等参数控制的,FMV 通过控制活塞连杆位置来控制计量活门的开度,从而控制燃油流量。根据以上分析原理,在推力杆和自动油门正常的情况下,能使燃油流量变为零的参数只可能为 N1 转速。

假设 ECU 不能获得 N1 转速,那么燃油流量才可能为零。而能给 ECU 提供 N1 转速信息的导线有 J9、J10 导线。事件 C 发生后,选择更换以上两根导线,并将拆下的导线送修,发现 J10 导线的一根插针损坏,并且在车间性能检查中连通性测试不合格。

收到修理报告后,基本可以确定以上假设是正确的。该故障是由于 J10 导线插针损坏导致连通性差,不能给 ECU 提供 N1 转速信息,导致燃油计量活门关闭,不能提供燃油。当燃油流量突然变为零时,压气机的空气流量会减少,导致攻角增大,在攻角过大的情况下,气流在叶背处发生分离,此时就发生失速。ECU 有探测失速功能,当发生失速时,会在 ECAM 上显示"ENG 1 START STALL"。

4. 维护建议

根据 CFM 厂家提供的经验,当尾风或侧风引起风扇叶片失速时,可能会造成 CFM56-5B 发动机风扇叶片中凸台搭接。而风扇叶片搭接后,造成的后果较严重,如引起发动机高振动,导致返航或者中断起飞。目前国内有几起风扇叶片搭接导致换发事件。这里提出以下几点维护建议。

(1) 地面试车时应严格遵守风速和风向的限制。如果试车时遇到启动失败,在下次启动前应完成风扇叶片中凸台的搭接检查。

(2) AIRMAN 监控或 PFR 上如果发现有"ENG STALL"警告信息时,应注意及时完成风扇叶片的搭接检查。

(3) 如果发现风扇叶片中凸台搭接,应及时对低压涡轮(low pressure turbine,LPT)转子叶片也进行内窥镜检查。

(4) 在完成发动机 FOD/鸟击、尾风或侧风引起的风扇叶片失速、N1 高振动等排故工作时(包括指导外站处理故障),必须同时完成风扇叶片中凸台的搭接检查。另外,发动机地面启动不成功也可能造成风扇叶片中凸台的搭接,如果航线得到本站或外站发动机有启动不成功的通报时,也应及时完成风扇叶片搭接检查。

(5) 飞机定检在进行 CFM56-5B 发动机风扇叶片润滑工作时,应注意加强风扇叶片压力面、榫头和风扇盘燕尾槽的磨损检查。

(6) 如果检查中怀疑风扇叶片中凸台有搭接迹象,但此时已恢复正常,需按 AMM 手册 72-21-00-210-006-A 对风扇叶片中凸台硬面涂层丢失和中凸台磨损情况进行镜检查。

(7) 如果发现风扇叶片中凸台处于搭接状态,根据 AMM 手册 72-21-00-210-006-A,该种情况不能放行,需按 AMM 手册 72-00-00-200-025-A01 延伸标准,将搭接的风扇叶片转到 12 点钟位置,用手或木块将风扇叶片分开,然后检查中凸台硬面涂层丢失和中凸台磨损情况,如果没有超过标准,搭接的风扇叶片可以延伸飞行 50FC,最后拆下送修完成 FPI 和外观尺寸检查。

4.3.2　CFM56-5B 发动机反推失效故障分析

1. 故障现象

近年来,安装 CFM56-5B 发动机的 A320 机队出现反推失效的故障报告越来越多,并造成多起航班延误事件,对航空公司带来不良影响。某日一架 A320 飞机在国内某机场降落时,由于反推装置失效,险些导致飞机冲出跑道造成事故。

2. 发动机反推装置简介

CFM56-5B 发动机反推系统通过 4 个阻流门来改变风扇气流的方向,产生反向推力,来减少飞机着陆时的滑跑距离。每台发动机有两个反推门,每个反推门又安装有两个阻流门,反推系统只在飞机在地面时才运行。

阻流门是通过相应发动机液压驱动泵供压的液压油系统作动。左发阻流门由绿系统供压,右发阻流门由黄系统供压。其液压供应通过关断活门(shut off valve,SOV)供给和切断。

每个阻流门都是通过单独作动筒驱动,其液压油是来自于液压控制组件(hydraulic control unit,HCU),而 HCU 是由 ECU 控制的。

反推系统由以下主要部件组成:反推手柄、推力控制组件、EIU、ECU、液压关断活门(SOV)、液压控制组件(HCU)、抑制继电器、4 个阻流门作动筒、4 个收回电门、2 个展开电门等。以下是近期该系统在工程领域的简介。

(1) ECU 软件版本的升级

目前该台发动机 ECU 软件版本为 5.B.S2,该版本在反推系统上进行了以下改进:在 MCDU 上增加了一页显示,用来在驾驶舱显示反推已经被抑制。

(2) 反推门作动筒的改装

由于件号为 321-400-705-0 的反推门作动筒的两个销子发生了多起撕裂问题,空客 SB A320-78-1031 和 Goodrich SB RA32078-131 提供了改装方法,将容易撕裂的旧件号销子更换成新的销子。改装后变成新件号的 321-400-707-0。

3. 反推系统控制原理

当飞机在着陆时,由 LGCIU 提供空地信号到 EIU;同时机组操作油门推力手柄到反推位,由推力控制组件中的角度解算器将油门杆的角度(throttle lever angle,TLA)信号转换成电信号,发送到 EIU、ECU、SEC、ELAC 等计算机进行反推的逻辑控制,具体控制如下。

(1) 反推关断活门(SOV)打开逻辑:当油门杆的角度(TLA)达到 −3.0° 时,推力控制组件发送信号到 SEC 计算机,如果同时无线电高度小于 6ft(182.88cm),静态继电器 3EG1 和供电继电器 2EG1 接通,SOV 打开。飞机液压系统中的液压油通过 SOV,准备给 HCU 提供液压油,但此时液压油还未进入 HCU 中。

(2) 当满足以下条件时,EIU 会发送信息给 ECU:LGCIU 提供在地面的空地信号,TLA 达到 −3.8°。同时,抑制继电器接通,ECU 的控制信号可以通过抑制继电器发送到 HCU 中,为控制反推做准备。

当 SOV、ECU 均准备完成,且 TLA 达到 −4.3° 时,ECU 给 HCU 控制作动信号,执行 HCU 作动。

4. 液压控制组件 HCU 工作原理

HCU 由增压活门电磁线圈、方向活门电磁线圈、压力电门、流量限制器、油滤、磁堵指示器、放气活门、方向活门等部件组成。

1) 阻流门展出

ECU 发送信号给 HCU 的压力活门电磁线圈,使得该线圈通电,其关联的球形阀打开,来自液压系统的液压油进入压力活门的右腔室,由于活塞面积差,活塞将向左移动,左边腔室的液压油将会进入阻流门作动筒的收回腔室和方向活门左腔室,同时 HCU 的压力电门接通,将 HCU 已增压的信息反馈给 ECU,ECU 接收到反馈信息后,将发出控制信号到方向活门电磁线圈,该线圈通电后其关联的球形阀打开,液压油油路通道接通,进入 4 个门锁作动筒。

阻流门锁作动筒是串联的,第一个打开后,油液才能进入下一个,如果某个故障,阻流门将无法打开。当4个阻流门锁都打开时,油液会进入液压控制组件中的方向活门右腔室,活塞向左移动,活门打开。一旦活塞杆向左移动,处于左腔室的压力油液将会进入4个作动筒的展出腔室,阻流门打开。

在阻流门打开过程中,展开电门监控活门的开度,将位置信息发送到 ECU,再发送到 DMC 用于 ECAM 显示。只要有一个门的开度小于95%时,REV 会显示为琥珀色。当每一个门开度都达到95%时,REV 会变为绿色,并靠空气动力保持在开位。

2)阻流门的收回

阻流门收回时,方向活门电磁线圈通电,而压力活门电磁线圈断电,不给 HCU 供压。阻流门作动筒展出腔室的油液通过方向活门、流量限制器返回到液压油箱中。流量限制器对收回速度进行控制。收回时,同样由收回电门控制位置,用于驾驶舱指示。

5. 故障分析

查阅 TSM 78-31-00-810-855-A 知,触发该故障信息的原因为:在反推接收到展出指令后,ECU 探测不到压力。

这个故障可能是由于 SOV 或者 HCU 引起的。以上两个设备是串联的,虽然 ECU 不能探测到是哪个设备导致的故障,但是 ECU 可以通过 HCU 的压力电门进行监控。

(1)液压关断活门(SOV)。如果 SOV 打不开,将会导致 ECU 探测不到压力,触发该故障信息。分析 SOV 打开的逻辑图知道,要使 SOV 打开,必须使静态继电器 3EG1 和供电继电器 2EG1 通电,因此如果这两个件故障会导致该故障发生。同样,SOV 本体故障也会导致该故障发生。故需要更换以上部件。

(2)液压控制组件(HCU)。根据液压控制组件原理分析知,当压力活门电磁线圈通电后,压力油液将会触发 HCU 上的压力电门,将信号反馈到 ECU 中。如果 ECU 接收不到该信号,也会产生该故障信息,故更换压力电门 4102KS。

(3)以上部件都更换完之后,如果故障仍然间歇性出现,此时排故思路就需要集中在线路问题上。根据 TSM 知,触发该故障信息的原因为:在反推接收到展出指令后,ECU 探测不到压力。SOV 是供给液压油的第一个部件,查阅手册知,与 SOV 连接的电插头上有两根导线,为红色和蓝色非屏蔽绞线。整段导线可以分段进行排查,经过检查发现该段导线有破损(见图4.8),参考 ESPM 修理该导线,测试正常。

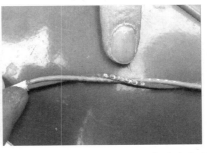

图4.8　左侧为拆下的 SOV 与连接头 752VC1 之间导线,右侧为拆下黑色管套检查发现红色线破损

当飞机着陆时,振动较大,就容易造成导线磨损,使得绝缘层破裂。由于振动,金属层与支架之间容易间歇性接触,从而间歇性出现 ENG1 REVERSER FAULT/HCU,TRSOV,HYD ENG1AB 故障信息。该故障不能在地面模拟还原,给排故带来一定的难度。由于TSM 手册中并没有涉及导线方面的检查,所以很容易造成重复性拆换部件,造成人力和物力的浪费,当出现该故障时,在更换完相应的部件后,如故障仍然存在,可以考虑导线的因素。发动机在翼时,该导线较难拆卸,耗时较长,故建议每次 C 检时,加入更换该导线的工作,预防类似故障的发生。

第 5 章　航空发动机适航管理

5.1　概述

　　适航是个非常宽泛的概念,在民航局颁发的法规中有严格又专业的定义。通俗地理解它,就是让发动机处于满足可以飞行使用的状态。有关发动机的适航规范很多,每个国家、每个适航管理当局都有自己的一大套体系对飞机及发动机的适航管理进行规范。但各家规范总体的框架体系都相似,都是源自航空发展过程中运行管理的实践经验和认识的总结,其表现形式各不同,但逻辑都是一样的。

　　民航发动机从设计开始,经历制造、使用、维护等全寿命的适航管理,直到最后退役报废。只有满足适航当局的适航规范要求的发动机才能上天飞行使用,否则就不能用于飞机的飞行。

　　在设计、制造阶段要满足适航规章第 21 部的要求,同时也要满足适航标准第 33 部、第 34 部的要求。

　　中国民用航空规章第 21 部《民用航空产品和零部件合格审定规定》是根据《中华人民共和国民用航空法》《中华人民共和国民用航空器适航管理条例》和国务院的有关决定制订的,它适用于民用航空产品和零部件的合格审定及相应的管理,用于民用航空产品和零部件的型号合格审定、生产许可审定和适航合格审定,也包括发动机及其零部件的设计、生产和取证这些方面的审定总要求。需要取证的规定很多,包括至少十几种的取证要求。比如:①型号合格证(TC);②型号设计批准书(TDA);③补充型号合格证(STC);④改装设计批准书(MDA);⑤型号认可证(VTC);⑥补充型号认可证(VSTC);⑦民用航空器材料、零部件、机载设备设计批准认可证;⑧生产许可证(PC);⑨生产检验系统批准书(APIS);⑩零部件制造人批准书(PMA);⑪技术标准规定项目批准书(CTSOA);⑫适航证;⑬出口适航证;⑭外国适航证认可书;⑮特许飞行证;⑯适航批准标签。

　　发动机要获得局方颁发的型号合格证以后才能生产并安装于相应的飞机上。型号合格证的批准,需要通过适航当局一系列的审定。申请人要想让设计生产的发动机顺利通过适航当局的各种审定,就必须按局方的既定要求执行各种演示、验证、说明等工作,以获得满足要求的结果。

　　适航标准第 33 部和第 34 部规定了发动机为通过适航审定获得型号合格证所必须满足

的要求。这些要求为申请人提供了详细的工作指南,也为局方审定人员提供检验依据和标准。这些要求和标准是航空工业发展过程中的经验积累和事实验证的规范知识,根据发动机工业水平的发展而不断完善,是对后续工作的指导和验证,所有相关工作必须遵照执行。

不管是技术人员、管理人员,还是业余爱好者,要想对民航发动机全寿命运营管理有清晰的认识和理解,就必须首先对上述适航规章和适航标准进行学习,了解和理解适航标准有利于对发动机的运行特征和使用维护进行准确的判断和决策。尤其是对使用和维护发动机的人员来说,了解和理解了发动机设计生产的适航标准,就可以把握工作中安全有效的决策边界,合理合法进行处置决断。

适航标准第 33 部《航空发动机适航规定》主要规定颁发和更改航空发动机型号合格证用的适航标准,根据第 21 部,规定申请航空发动机型号合格证或申请对该合格证进行更改的法人,必须表明符合第 33 部规定中适用的要求,并且必须表明符合第 34 部中国民用航空规章《涡轮发动机飞机燃油排泄和排气排出物规定》(CCAR-34)。

根据上述标准的要求,发动机设计制造、台架试验时,必须满足各系统的工作要求。在设计、制造时必须在材料、防火、冷却、耐用性、连接装置、安装件和结构、控制系统、本体转子以及仪表连接等方面进行审定达标。活塞发动机还必须满足在振动、燃油系统、进气系统、点火系统、润滑系统和增压转子系统上的标准要求。对涡轮发动机则要在应力分析、振动、发动机静承压件控制、喘振和失速特性、引气系统、燃油系统、防冰、点火系统、润滑系统、液压系统、安全分析、防外物吸入、功率控制及防雨防雹等方面满足适航标准的要求。

发动机的台架试验是对发动机整体运转使用的总体检测和验证。因此,发动机的台架试验同样需要严格满足适航标准的要求。对活塞发动机要求做振动试验、校准试验、爆震试验、持久试验、运转试验,以及发动机系统和部件的试验,还要做分解检查。适航标准规定了台架试验的一般实施要求,可参照执行。

涡轮发动机的台架试验相对来说略微多一些,通常也会包括振动试验、超扭试验、校准试验、持久试验、超温试验、工作运转试验、发动机系统和部件试验。另外,还需要做转子锁定试验、叶片包容性试验、转子不平衡试验。螺旋桨发动机还要做螺旋桨系统试验。如果是辅助动力装置还要专门做以辅助动力装置方式工作的发动机试验。有反推的还要做反推力装置的试验。所有的试验都要按照适航标准的实施规定执行。

在发动机进行设计制造、台架试验的审定过程的同时,型号合格证申请人还要建立全套的发动机持续适航保障文件,制订发动机维护安装和使用说明的相关手册,确定发动机工作的一些参数和限制值。

除了要满足第 33 部发动机适航标准的要求,在型号合格证申请过程中还要对适航标准第 34 部《涡轮发动机飞机燃油排泄和排气排出物规定》、第 39 部《民用航空器适航指令规定》、第 36 部《航空器型号和适航合格审定噪声规定》等内容进行验证审定,综合通过局方的审定检查,最终获得局方颁发的型号合格证。

以上所述适航标准对发动机设计、制造、取证的要求都是航空工业发展的经验总结,发动机产品要想全程通过适航审定获得型号合格证,必须要有先进的技术水平和管理能力,这也考量了各国航空发动机事业的发展能力。

除了在设计、制造、取证的过程中必须满足前述相关适航标准的要求,在后续的使用维护过程中仍然要遵照相关规范进行安全适航运营。这也是为了保障航空发动机安全运营所必须进行全寿命适航管理的目的所在。

发动机在使用维护过程中需要按照适航当局的第121部《大型飞机公共航空运输承运人运行合格审定规则》、第91部《一般运行和飞行规则》、第43部《维修和改装一般规则》、第135部《小型航空器商业运输运营人运行合格审定规则》、第145部《民用航空器维修单位合格审定规定》等相关规定执行。

当发动机安装到飞机上后,就成为飞机的一个部分,需要遵照执行飞机运营中有关发动机部分的要求,根据飞机的不同和运营性质的不同,需要参照不同的适航规章。发动机的维护修理也需要参照相应的适航规章进行,确保在下次安装上飞机的时候其状态是满足适航要求的。

除了前面提到的适航规章和标准,还有大量与适航规章、标准配套的指导性文件,这些指导性文件也是发动机设计、制造、使用、维护等环节的参考指南,同样是发动机满足适航安全运营的重要依据。

5.2 航空发动机持续适航要求

5.2.1 持续适航管理

民用航空器在得到适航批准、投入使用后,为了确保其始终处于适航状态,要对其实施后续的管理,这样的管理就是民用航空器的持续适航管理。对于航空产品,它的质量首先依赖于初始的设计及其后续的制造,但在整个营运过程中,必须依照各种维修规则、标准使质量得到保证,因此航空产品设计、制造、使用及维修部门和政府部门需要对航空产品进行持续的适航检查管理,以维护最广大的公共利益。

1. 持续适航监察管理机构及职责

持续适航管理机构共由3部分组成,分别为决策机构、执行机构和日常监督机构,即民航局下属的飞行标准司、民航地区管理局、地方安全管理监督办公室。3个机构各设置适航维修处进行持续适航工作的具体实施,其组织机构图详见图5.1。

飞行标准司起着总指挥的作用,制订要求,并指导、监督和协调民航地区管理局对规章、标准、政策和程序的管理和执行,其职责可概括为9项。

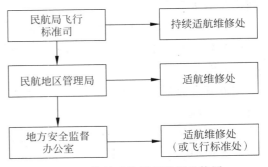

图5.1 持续适航管理组织机构图

(1)制订航空运营人运行合格审定中航空器仪表和设备的要求,航空器维修等方面的规章、标准、政策和程序。

(2)制订民用航空器维修机构、维修培训机构合格审定的规章、标准、政策和程序,并具体组织和实施对国外和地区民用航空器维修机构、维修培训机构的审定。

（3）制订民用航空器维修人员执照管理的规章、标准、政策和程序，并具体组织民用航空维修人员执照的考试和签发。

（4）建立民用航空器运行中使用困难报告的收集和管理系统，并根据统计分析的结果视情颁发维修管理信息或指令。

（5）开展航空器型号合格审定中的维修审查委员会工作，制订维修审查委员会报告。

（6）制订维修监查员的培训、管理和考核要求以及维修监督委任代表的选拔、培训和管理政策，并监督民航地区管理局的实施情况。

（7）了解掌握国际民航组织和外国政府适航当局有关航空器维修和适航管理规章、标准方面的信息，组织有关的国际合作和业务交流。

（8）参与民航局组织的航空飞行事故调查。

（9）承办民航局领导交办的其他工作。

民航地区管理局适航维修处起着承上启下的作用，向上要汇报有关报告和信息，向下要指导和监督各地方安全监督管理办公室，其职责也可概括为 9 项。

（1）依据航空运营人运行合格审定中航空器仪表和设备的要求，开展航空器维修等方面的检查、审批和日常监督工作，指导、监督和协调地方安全监督办公室有关检查、审批和日常监督工作的实施，并按规定上报有关的报告和信息。

（2）开展民用航空器维修机构、维修培训机构合格审定的检查、审批和日常监督工作，按规定上报有关的报告和信息。

（3）开展民用航空器维修人员执照管理的机型、项目签署和日常检查工作，按规定上报有关的报告和信息。

（4）开展民用航空器运行中使用困难报告的调查和处理工作，按规定上报有关的报告和信息。

（5）参与航空器型号合格审定中的维修审查委员会工作。

（6）组织实施维修监查员的培训、管理和考核，监督委任代表的选拔、培训和管理，并按规定上报有关的报告和信息。

（7）参与有关的国际合作和业务交流。

（8）参与民航地区管理局组织的航空飞行事件、事故调查。

（9）承办民航局领导交办的其他工作。

地方安全监督管理办公室具体任务的实施是由维修处或维修监察员完成的，之后相关人员会按照规定上报有关报告和信息，具体职责可概括为 6 项。

（1）根据规章、标准、政策和程序实施航空运营人运行合格审定中航空器仪表和设备的要求，开展航空器维修等方面的检查、审批和日常监督工作，并按规定上报有关的报告和信息。

（2）根据规章、标准、政策和程序，开展民用航空器维修机构、维修培训机构合格审定的检查、审批和日常监督工作，按规定上报有关的报告和信息。

（3）根据规章、标准、政策和程序，开展民用航空器维修人员执照管理的日常检查工作，并按规定上报有关的报告和信息。

（4）根据有关政策和程序进行民用航空器运行中使用困难报告的调查，按规定上报有关的报告和信息。

（5）参与民航地区管理局组织的航空飞行事件、事故调查。

（6）承办民航总局、民航地区管理局和地方安全监督管理办公室领导交办的其他工作。

2. 持续适航管理法规文件

持续适航管理法规文件可分为 4 类，分别是维修规则类、服务机构类、人员执照类和委任代表类，主要规章如表 5.1 所列。

表 5.1　持续适航管理法规文件分类

文件类型	涉及规章
维修规则类	CCAR-43 部：维修和改装一般规则； CCAR-91 部：一般飞行和运行规则； CCAR-121 部：公共航空承运人运行合格审定规则； CCAR-129 部：外国公共航空运输承运人运行合格审定规则； CCAR-135 部：小型航空器和直升机公共运输运行合格审定规则
服务机构类	CCAR-145 部：民用航空器维修单位合格审定规定； CCAR-147 部：民用航空器维修培训机构合格审定规定
人员执照类	CCAR-66 部：民用航空器维修人员执照管理规则
委任代表类	CCAR-183 部：民用航空器适航委任代表和委任单位代表的规定

其中，维修规则类中的 CCAR-43 部是为保证民用航空器的持续适航性和飞行安全、规范民用航空器及其部件的维修和改装工作而制订的。CCAR-43 部的制订虽然晚于 CCAR-45 部，但其定位为民用航空器维修和改装的一般规则，包含航空器维修和改装的依据文件、工具设备、航材、工作环境、人员资格、记录和放行要求、相关的管理规定等基本要求。如果维修单位按照 CCAR-145 部进行维修，一般认为该维修视为符合 CCAR-43 部。除了运行规章明确要求按照 CCAR-145 部的规则对相应民用航空器进行维修的情况外，航空运营人或者航空器的使用人可以仅按照 CCAR-43 部的规则对其航空器实施维修和改装，而不是必须按照 CCAR-145 部的规则实施维修和改装。

5.2.2　使用困难报告

1. 使用困难报告概述

在飞机营运过程中，根据 CCAR-121 部 121.707 条和第 121.708 条中规定的系统、结构和部件的失效、缺陷或故障等事件，运行合格证的持有人应向局方报告，该报告被称为使用困难报告（service difficulty report，SDR），旧称航空器重要事件。使用困难报告的建立是为了改进产品的设计和提高安全运营可靠性。通过建立全国的使用困难报告系统，可以实现数据共享、故障统计分析、经验交流，从而帮助航空运营人查明故障原因、改进航空产品、提高维修能力、采取预防措施等。具体需要报告的事件见表 5.2 所列。

表 5.2　使用困难报告

事 件 类 型	事 件 描 述
运行	(1) 飞行中的失火以及有关火警系统工作不正常； (2) 飞行中的假火警信号； (3) 飞行中引起发动机、相邻结构、设备和部件损坏的排气系统故障或者失效； (4) 飞行中引起烟、蒸气、有毒或者有害烟雾在驾驶舱或者客舱积聚或者流通的飞机部件的故障或者失效； (5) 飞行中或者地面发动机熄火或者停车； (6) 螺旋桨顺桨系统失效或者在飞行中该系统控制超速的能力不正常； (7) 飞行中燃油系统或者应急放油系统的故障或者渗漏； (8) 飞行中非正常的起落架收放或者起落架舱门的开启和关闭； (9) 刹车系统的失效或者故障； (10) 飞机系统及其部件的故障或者失效导致中断起飞或者在飞行中采取紧急措施的情况； (11) 在实际撤离、培训、测试、维修、演示或者无意使用时，任何应急撤离系统或者其部件(包括应急出口、旅客应急撤离灯系统、撤离设备)的缺陷或者不能完成预定的功能； (12) 自动油门、自动飞行或者飞行操纵系统或者其部件的缺陷或者不能完成预定的功能； (13) 其他已经危及或者可能危及飞机的安全运行的故障或者缺陷
结构	(1) 腐蚀、裂纹或者开裂导致要求更换有关的零部件； (2) 腐蚀、裂纹或者开裂因超出制造厂家规定的允许损伤限度导致要求修理或者打磨； (3) 在复合材料结构中，制造厂家指定作为主要结构或者关键结构件的腐蚀、裂纹或者开裂； (4) 超手册修理的情况； (5) 其他飞机结构中已经或者可能危及飞机安全运行的失效或者缺陷

AC121-60《民用航空器使用困难报告和调查》为航空运营人正确收集、调查和提交航空器使用困难报告提供了详细的指导，以确保民用航空器使用困难报告的及时、准确、完整和规范，并提供了航空器因机械原因中断使用的汇总数据。

2. SDR 管理

2013 年，SDR 系统共收到 SDR 3670 份，其中涉及机械类 SDR 2259 份，占 SDR 总数的 61.55%；非机械类 SDR 1411 份，占 SDR 总数的 38.45%。其中，占机械类 SDR 前 3 位的是动力装置(13.05%)、起落架系统(6.87%)和飞行操纵系统(6.35%)。SDR 的分布情况，使得决策及维修人员的注意力更多地分配到问题较多的区域，更加有效地配置维修资源。而 SDR 的有效管理，则是得益于 SDR 系统的充分有效的运用。

SDR 有一整套的管理流程，详见图 5.2。

当维修人员发现故障时，如机组的故障报告、航线和定检工作时的问题以及部件修理过程时的问题，都需要填写使用困难报告表，并由维修控制中心通过互联网提交，关系图见图 5.3。该报告应在故障事件发生或发现后的 24h 内(节假日不顺延)完成填写和提交。此外，航空运营人还应向航空器制造厂家报告该型航空器、发动机或螺旋桨的发生或发现的使用困难报告。

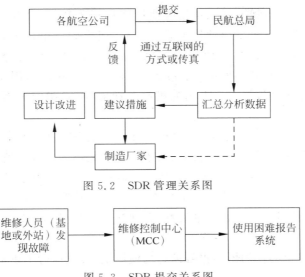

图 5.2　SDR 管理关系图

图 5.3　SDR 提交关系图

目前,我国民航采用了"航空器使用困难报告系统",该系统通过互联网进行数据传输。其中,使用困难报告的录入和调查由航空运营人负责;而中国民航科学技术研究院负责数据审核和统计分析,参与事件调查,并协助飞行标准司发布适航维修信息和维修信息通告;民航各地区管理局将对航空运营人上报数据的真实性进行协助审核,并上传局方已有的调查结论。

我国某航空公司在其管理程序中,阐明了对使用困难报告的管理要求,建立并规范因工程机务原因导致使用困难报告的上报、统计、分析和调查的管理流程。主要涉及的部门及人员有各维修部门生产技术部/业务管理室维修控制工程师、维修管理部 MCC 维修控制工程师、各维修单位质量管理部工程师。

当发生不正常事件时,处理流程见图 5.4。

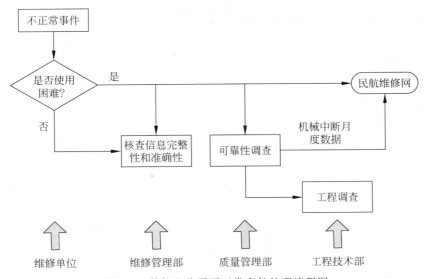

图 5.4　某航空公司不正常事件处理流程图

　　各维修部门负责收集和上报在本站的使用困难报告数据,并保证事件信息的完整和准确。当在本站运行的飞机发出使用困难报告后,应立即以电话或传真的形式向维修管理部报告。在发现航班不正常和使用困难报告后的 3h 内,应将信息录入维修控制系统中,并提交《航班不正常事件/使用困难报告》。对于在本基地站因工程机务原因造成的使用困难报告要进行分析,并在 24h 内向维修管理部 MCC 提交分析报告或《故障调查分析报告》。

　　若因工程机务原因导致航班不正常和使用困难报告信息时,驻外维修人员和机务代表应及时向维修管理部报告。在收到外站航班不正常和使用困难报告信息后的 3h 内,维修管理部 MCC 维修控制工程师要将信息录入维修控制系统中,并提交《航班不正常事件/使用困难报告》。维修控制工程师在收到相关事件信息后,应核查各维修单位上报的航班不正常事件、使用困难事件信息的完整性和准确性,并通知相关维修单位要求其补充维修管理信息系统中的相关内容。

　　航空公司执管飞机的使用困难报告信息均使用统一的《运行不正常/使用困难报告表》,提交到维修控制系统中。

　　各维修单位质量管理部根据维修管理信息系统的信息判别执管飞机所发生的事件是否属于使用困难报告,并将使用困难报告于事件发生的 24h 内上报到民航总局飞行标准监督管理系统。而执管飞机的使用困难报告调查结果应该在 72h 内(节假日顺延)上报飞行标准监督管理系统。

3. 发动机使用困难相关表格

　　根据 CCAR121.709 的要求,航空器运营人应通过软件系统报告前一个月出现的因机械原因造成中断使用的数据,包括航空器运营时间和起落次数、中断飞行次数、非计划更换飞机次数、延误或改航或取消次数、发动机的营运时间或循环次数等。数据以单机和单台发动机的形式来进行报告,其中包括《发动机本月使用数据汇总表》,具体表格见表 5.3。

表 5.3　发动机本月使用数据汇总表

1. 航空器运营人		2. 月份		3. 年份	
4. 发动机序号		5. 发动机型号		6. 本月发动机拆换情况	□无拆换工作 □有拆换 (□安装□拆下)
7. 当前发动机状况	□装机□修理/待修 □备份	8. 装机机号		9. 装机位置 (如适用)	□1 □2 □3 □4
10. 发动机使用时间		11. 发动机使用循环		12. 自开始使用时间	
13. 自开始使用循环		14. 本月是否大修	□是□否	15. 修后使用时间	
16. 修后使用循环		17. 非计划换发次数		(a) 本体原因	(b) 非本体原因

18.各系统机组报故障次数											
(a) 系统	72 发动机	73 燃油	74 点火	75 空气	76 操纵	77 指示	78 排气	79 滑油	80 启动	82 注水	83 齿轮箱
(b) 次数											
19. 提交 人信息	(a) 提交部门		(b) 提交人		(c) 联系电话		(d) 提交日期		(e) E-MML		(f) 审核人

当航空器运营人所属发动机的数量及发动机的所属权发生变化时,应及时填报《发动机信息变化表》,但集团内运营基地发生变化时,不必填报。具体表格见表 5.4。

表 5.4　发动机信息变化表

发动机信息变化表						
1. 航空器 注册号	2. 航空器 型号	3. 引进或 转出	4. 引进或转 出日期	5. 当前所属 航空运营人 (集团/公司/ 分子公司)	6. 原所属航 空运营人(集 团/公司/分 子公司)	7. 引入或转出 原因(包括新 购、租借、运营 分子公司/基 地改变、其他)
		□进 □出				
		□进 □出				
		□进 □出				
		□进 □出				
		□进 □出				
		□进 □出				
8. 提交人信息	(a) 提交部门		(b) 提交人		(c) 提交日期	(d) 联系电话	(e) 审核人

5.2.3　缺陷和不适航状况报告

如果民用航空器或航空器部件在运行过程中,适航性出现重大缺陷或出现不适航状况并且会影响到民用航空器的安全运行时,维修单位应在事件发生后的 72h 内向民航局或者民航地区管理局报告,这在 CCAR145.34 和 CCAR43.21 中都有明确的规定。其中重大缺陷和不适航状况具体指的是:

(1)航空器、发动机、螺旋桨或直升机旋翼系统结构出现较大的裂纹、永久变形、燃烧或严重腐蚀;

(2)发动机系统、起落架系统和操纵系统产生可能影响系统功能的任何缺陷;

(3)任何应急系统设备没有通过试验或测试;

(4)由于维修差错而造成的航空器或者航空器部件的重大缺陷或故障。

缺陷和不适航状况的报告应当按照《缺陷和不适航状况报告》的格式如实填写。如果维修单位不能在规定时间内完成此表格,应当先通过传真、电报、电话及电子邮件等形式报告,随后再以《缺陷和不适航状况报告》的格式提出正式书面报告。同时,缺陷和不适航状况应当通知送修人。当维修单位认为设计或者制造存在缺陷时,航空器的所有人或者使用人还应当将上述缺陷和不适航状况及时通报给相关的航空器或者航空器部件制造厂家。《缺陷和不适航状况报告》见表5.5。

表5.5 缺陷和不适航状况报告

1. 航空器注册号 B-	中国民用航空总局 缺陷和不适航状况报告		此项仅供民航总局使用 控制号:	
2. 涉及主要设备				
类别	制造厂	型号	序号	所属单位
机体				
动力装置				
螺旋桨				
航空器部件				
3. 问题叙述、原因及处理结果				
故障件情况			故障件或缺陷位置:	
名称	件号	ATA 章节		
描述缺陷和不适航状况及其发生的环境,说明可能的原因和防止重复发生的建议				
填报人:		日期:		
填报单位:				

5.2.4 重要修理及改装

CCAR-43 部《维修和改装一般规则》对重要修理及改装的工作准则、实施人员资格、作业后的批准恢复使用、作业记录要求、维修管理指令及惩罚做出了详细的规定。

修理及改装与重要修理及改装存在不同,两者对比见表5.6。维修是指对航空器或者航空器部件所进行的任何检测、修理、排故、定期检修、翻修工作,而修理是指对航空器及其部件的任何损伤或者缺陷进行处理,使其达到在规定的限制范围内继续使用的工作统称,因此修理是维修的一种类型。

表5.6 "修理及改装"与"重要修理及改装"的概念对比

修理及改装	重要修理及改装
修理: 对航空器及其部件的任何损伤或者缺陷进行处理,使其达到在规定的限制范围内继续使用的工作统称	重要修理: 如果不正确实施,将可能导致对质量、平衡、结构强度、性能、动力特性、飞行特性和其他适航性因素有明显影响的修理,或者是不能按照已经被接受的方法或者通过基本的作业就能够完成的工作
改装: 在航空器及其部件交付后进行的超出其原设计状态的任何改变,包括任何材料和零部件的替代	重要改装: 没有列入航空器及其部件制造厂家的设计规范中,并且可能对质量、平衡、结构强度、性能、动力特性、飞行特性和其他适航性因素有明显影响的改装,或者是不能按照已经被接受的方法或者通过基本的作业就能够完成的改装

由表 5.6 可知,重要修理及改装更加强调待实施作业对航空器及其部件适航性因素的影响,并且这种作业超出了基本作业的范畴,需要提出一种新的方法。

CCAR-43 部规定,如果航空发动机的重要修理及改装不在局方批准的发动机规范内,但却满足表 5.7 中情况的,即可视为动力装置的重要修理及改装。通常,动力装置虽然属于飞机,但一般和发动机一起进行管理。

表 5.7　动力装置的重要修理及改装

动力装置重要修理	动力装置重要改装
(1) 从安装有增压器的活塞发动机上,分离或拆卸曲轴箱或曲轴; (2) 从没有安装螺旋桨减速装置的活塞发动机上,分离或拆卸曲轴箱或曲轴; (3) 利用焊接、电镀、金属喷涂或其他方法,对发动机结构部件进行特殊修理	(1) 把航空器的发动机从一种经批准的型号改为另一种型号,涉及压缩比、螺旋桨减速齿轮、叶轮齿轮比,或更换重要的发动机部件并需要重新在发动机上从事大量的工作和检测; (2) 采用非原生产厂家的零件或局方未批准的零件,替换航空器发动机结构部件; (3) 安装未批准使用在该发动机上的附件; (4) 拆除航空器或发动机规范上列为必要设备的部件; (5) 安装其他未经批准的结构部件; (6) 为采用发动机规范未列出的某种规格的燃油而更改部件

5.3　航空发动机典型故障事例的适航分析与预防

5.3.1　航空发动机适航要求

我国民航规章中涉及航空发动机的有很多,难以一一列出,但是典型的针对航空发动机的适航要求却可以大致列出,这些要求大致分布在 CCAR-25、CCAR-33、CCAR-34、CCAR-36 和 CCAR-121 中。

1. CCAR-25 中对航空发动机的要求

中国民用航空规章第 25 部《运输类飞机适航标准》是用于颁发和更改运输类飞机型号合格证的适航标准。CCAR-25 中的第 25.903 条,从发动机型号合格证、发动机的隔离、发动机转动的控制、涡轮发动机的安装、再启动能力和辅助动力装置几个方面对发动机做出了概括性要求。

(1) 发动机的型号合格证要求

每台发动机必须要有型号合格证,与此同时,也必须满足中国民航局针对涡轮发动机飞机燃油排泄和排气污染所做的规定。每台涡轮发动机还必须满足 CCAR-33 中的相关条款或有关使用履历,以证明在类似安装位置上吸入的外来物未曾造成任何不安全的情况。随着 CCAR-33 的不断修订,此条款重点针对涡轮发动机飞机燃油排泄和排气污染、外来物吸入、吸冰、吸雨、吸鸟条款方面的引用增加了说明。

(2) 发动机的隔离要求

至少在一种运行状态下,当任一发动机或任一能影响此发动机的系统失效或故障时,各个动力装置的布置和相互隔离都必须确保,其中某一发动机在工作过程中不会妨碍其余发动机继续安全运转，并且不会导致机组成员需立即采取动作以保证继续安全运行。

（3）发动机的转动控制要求

在飞行过程中必须有措施能够单独停止任一台发动机转动，但对于涡轮发动机的安装，只有在其继续转动会危及飞机的安全时，才需要有这样的措施。

虽然涡轮发动机已经证明风扇转动不会危害飞机，更多涡轮发动机已无须具有停止转动的措施，但是该措施的必要性在于，随着宽弦叶片及螺旋桨风扇的使用，不平衡载荷会产生更大的动不平衡，并且风扇转速越慢越接近机身的自振频率，因此需要评估发动机不平衡对飞机的影响。发动机的服役经验已表明，发动机叶片与轴承的机械或结构失效可能导致机身与发动机较高的不平衡及振动载荷，这些振动可能引起其主要结构与关键系统的损坏。随着风扇直径和弦长的增大，叶片数量减少，使发动机结构失效导致其转轴不平衡的影响严重性变大。这种情况在发动机空中停车后进一步加剧了风扇连续转动产生不平衡状态的影响。

风扇转动危及飞行安全，虽然当前条款要求提供停止转动的手段，但这类风扇在空中实际上是不可能停转的。风扇叶片的丧失以及由此引起的风扇与发动机其他转动部件的损伤，可能导致遍及机身的结构载荷与振动，将损伤飞机主要结构。

（4）涡轮发动机的安装要求

对于涡轮发动机的安装，一旦发动机转子损坏或发动机内起火烧穿发动机机匣时，必须有相应的设计预防措施，使其对飞机的危害减至最小。与此同时，与发动机各控制装置、系统、仪表有关的各动力装置系统的设计必须能合理保证，在服役中不会超过对涡轮转子结构完整性有不利影响的发动机使用限制。

此要求的根本目的是采用必要的预防措施，以确保动力装置安装的各部件功能安全正常。此要求是从两方面提出的，一方面是针对转子损坏或起火事件的设计预防措施，另一方面是保证不会超过涡轮转子结构完整性方面的发动机使用限制。

（5）发动机的再启动能力要求

在飞行过程中，不仅必须有再启动任何一台发动机的措施，而且必须制订飞行中再启动发动机的高度和空速包线，同时确保每台发动机必须具有在此包线内再启动的能力。对于涡轮发动机飞机，如果在飞行中所有发动机停车，必须有一个不依赖于发动机驱动的发电系统的电源，使得当发动机的最小风车转速不足以提供发动机点火所需的电功率时，能对发动机点火进行再启动。

（6）辅助动力装置的要求

对于每台辅助动力装置（auxiliary power unit，APU）的安装条件，必须是经过批准的，或满足其预定使用的类型要求。

2. CCAR-33 中对航空发动机的要求

中国民用航空规章第 33 部《航空发动机适航规定》中规定了颁发和更改航空发动机型号合格证用的适航标准。下面选取 CCAR-33 中航空发动机在实际中重点关注的重要条款进行说明。

（1）发动机所用材料的要求

材料的适用性指的是外来物如油液、雨水或其他腐蚀性液体对材料无侵蚀作用。如果材料具备一定的适用性，就可免受金属腐蚀、涂料溶解等的影响，也不会有油品污染、设备使用寿命变短等情况发生。材料的耐久性是指在使用期间，材料受到各种因素的影响（包括内外因素的综合作用），能长期不变质不损坏、保持原有性能而不影响正常使用的一种品质。这样的品质包括抗蚀、抗老化、耐热以及耐磨等。航空发动机所用的材料必须满足规定的要求，才可能相应地达到适航要求。

根据第33.15条，发动机所用材料的适用性和耐久性必须基于充分的经验或试验条件，并且需要满足经批准的规范（如工业或军用规范），以保证这些材料具有设计资料中采用的强度和其他性能。这样的要求使得这些材料的适用性和耐久性能够满足发动机整体的适航需求。

（2）发动机的耐用性要求

发动机的耐用性要求转子叶片在任何情况下不得飞出而损坏飞机的结构，影响飞行安全。根据第33.19条，发动机的设计与制造必须使得发动机在翻修周期之间不安全状态的发展减至最小。如果转子叶片发生失效而导致破坏，压气机和涡轮转子机匣的设计必须对这样的破坏具有包容性，并且必须能够确定穿透压气机和涡轮转子机匣后的转子叶片碎片的能量水平和轨迹。其中，发动机的包容性指的是在最大瞬态转速下，风扇、压气机或涡轮叶片在单个部位发生破裂时，损坏的叶片不会飞出而损坏飞机结构。

（3）发动机的控制转换要求

根据第33.28条规定，在控制模式、通道转变或从主系统转换到备份系统时，发动机必须能保持在正常的使用限制范围之内，不会出现喘振、失速等其他不可接受的情况。与此同时，当故障或失效导致控制模式、通道或者从主系统到备份系统的转换时，如果要求飞行机组人员行动、反应或者意识到控制模式的转换，则必须有方式警示机组模式已经转换，可以是声音信号，也可以是光信号。该方式必须在发动机安装说明手册中描述，并且要在发动机使用手册中描述机组人员的操作，以保证飞机的飞行安全。

（4）发动机的喘振和失速特性要求

第33.65条规定，启动、功率或推力的变化、极限的进气畸变或进气温度，在发动机工作包线内的任何一点上都不得引起喘振或失速达到出现熄火、结构失效、超温或发动机功率或推力不能恢复的程度。

（5）燃油系统的要求

燃油系统是飞机的一个重要系统，其主要功能是向发动机输送燃油，即燃油系统必须在每种预定的运行条件和机动飞行中，至少提供百分之百发动机所需的燃油流量，否则发动机工作将不正常。其中，燃油控制调节装置的作用是提供稳定且充分的燃油。此外，为保证进入发动机的燃油清洁度，必须在燃油箱的出口与流量计装置入口或与发动机增压泵的入口之间安装滤网或燃油滤。此外，第33.67条还规定，在按要求的流量和压力对发动机供给燃油的情况下，发动机本身必须在CCAR-33规定的各种工作状态下都能正常地工作。同时，当把任一不可调的燃油控制调节装置装于发动机上时，必须用锁紧装置固定并且铅封，如果不这样处理的话，那么它应当是不可达的。所有其他的燃油控制调节装置必须是可达的，并且要对这些装置作标记，以指明其调节功能，除非该功能是显而易见的。

（6）进气系统结冰的要求

在规定的结冰条件下，每台涡轮发动机不仅能在整个飞行功率范围内工作，而且不会对动机的工作造成不利影响，或引起功率或推力的重大损失。在自然结冰条件或用喷水机造成的结冰条件下进行飞行试验,其目的之一是要演示从无防冰设施的表面掉下来的冰块不会造成发动机或飞机其他关键件的损坏,以及演示在遇到未被察觉的结冰情况而防冰系统又失效时,从有防冰设施的表面掉下来的冰块不会造成发动机损坏或故障,或损坏飞机其他关键件。为了达到这些目的,必须让飞机在结冰条件下飞行一段时间,用来积累足够的冰块以产生出合格的演示条件。第33.68条阐述了在所有防冰系统工作时,每种类型的发动机必须满足的具体要求,设计与制造商必须严格遵守。

（7）发动机吸入冰的要求

在典型的进气道整流罩和发动机正面,由于滞后2min开启防冰系统而使冰的数量积聚到最多时,或者冰块的质量和厚度与该发动机的尺寸可比拟时,同时还有吸冰速度可模拟被吸入发动机进气道的冰块的速度,并且发动机工作在最大巡航功率或推力状态时,不得引起持续的功率或推力损失,也不得要求发动机停车。此外,第33.77条还规定吸冰试验应能模拟在-4℃（25℉）时遇到的最大连续结冰条件。为了确保发动机在真实环境条件下吸入冰块后不会出现不良后果,该条规定的要求必须落实到位。

（8）发动机吸雨和吸雹的要求

无防护装置的涡轮发动机在规定的典型飞行条件下,即使突然吸入了大冰雹之后,发动机也不允许发生不可接受的机械损坏或不可接受的功率或推力损失或要求发动机停车。第33.78条规定,在航空器的典型飞行条件下,发动机在最大连续功率状态下以最大真实空速吸入大冰雹之后,不得引起不可接受的机械损坏或不可接受的功率或推力损失或者要求发动机停车。同时,每台发动机必须证明当其突然遭遇浓度达到CCAR-33中规定的雨和冰雹时,在其整个规定的工作包线范围内仍有可接受的工作能力。发动机可接受的工作能力是指在任何连续3min的降雨周期内和任何连续30s的降冰雹周期内,发动机不熄火、不降转、不发生持续或不可恢复的喘振或失速,或不失去加速和减速的能力。此外,还必须证明发动机在吸雨或吸雹之后,没有不可接受的机械损坏、不可接受的功率或推力损失或其他不利的发动机异常情况。

3. CCAR-34中对航空发动机的要求

中国民用航空规章第34部《涡轮发动机飞机燃油排泄和排气排出物规定》中详细规定了涡轮发动机适用的飞机燃油排泄和排气排出物的适航标准。燃油排泄物是指航空燃气涡轮发动机在所有正常的地面和飞行中排出的原始状态的燃油,不包括排气中的碳氢化合物。排气排出物是指由航空器或航空器发动机排气管排放到大气中的物质。

（1）涡轮发动机燃油排泄的要求

航空燃气涡轮发动机不得向大气排放燃油排泄物,发动机停车后不得有意将燃油喷嘴总管中排出的燃油排泄到大气中,但是从轴封、结合面和接头处正常地燃油渗漏则不包含在内。第34.11条指出,任何制造人或运营人可用任何可接受的符合性方法,来表明符合规定的燃油排泄要求。这些可接受的符合性方法包括:加盖或紧固增压和排放活门;将存油箱的燃油人工地排放到某一容器里;设置局方批准的系统,使燃油再循环回流到燃油系统。

（2）发动机气态排出物的测试要求

根据第34.60条,发动机气态排出物的测试包括在发动机测功器上（适用于主要产生轴功率的发动机）或在推力测试台上（适用于主要产生推力的发动机）以规定的功率设定运转发动机。要求必须对发动机运转期间的排气连续采样,目的是可以通过分析系统进行具体的成分分析。发动机的测试至少由 4 种工作状态组成,即滑行/慢车、起飞、爬升和进场着陆。测试的目的是测量碳氢化合物、一氧化碳、二氧化碳和氮氧化合物的浓度,并通过计算确定在模拟的航空器起飞着陆循环中的总排出物量。最后,综合各种状态的总排出物量得到测试报告值。

4. CCAR-36 中对航空发动机的要求

中国民用航空规章第 36 部《航空器型号和适航合格审定噪声规定》对亚声速运输类大飞机和亚声速喷气式飞机、螺旋桨小飞机及螺旋桨通勤类飞机的型号合格证、补充型号合格证和改装设计批准书的颁发和更改,以及标准适航证等证书的颁发所需满足的噪声标准做了详细的规定。

一般可用声级来表示噪声强度,其单位为 dB(分贝)。长期生活在 90dB 以上的环境中,会导致人的听觉器官严重受损。人们的听觉器官允许的极限声级是 120dB。机场附近航空噪声峰值可达 130dB。在 20 世纪 50 年代喷气式飞机使用以后,特别是到了 20 世纪 60 年代,在大城市机场附近产生了无法接受的噪声。现在,机场条例和发动机的适航取证都强烈约束飞机的最大噪声水平,而飞机的噪声大多来自发动机,这使得要对发动机的噪声水平进行规定,并设置噪声合格审定试验和测量条件等,以确保飞机整体的噪声水平处于可接受的范围内。

速度和频率都不稳定的气流会导致噪声的出现。压气机、涡轮和排气流是喷气发动机的 3 大噪声源。压气机和涡轮的噪声来自各级转子叶片和静子叶片的压力场和紊流尾流的相互作用,但发动机的噪声最主要是来自高速排出的气流与周围空气的紊流的混合作用。因为现代发动机的燃气从尾喷管射出的速度高达 $500\sim550\mathrm{m/s}$,在大流量比的涡扇发动机中,由外涵风扇排出的大量气流与外界空气的速度差很大,两者混合时将会导致速度和压力的强烈波动,从而产生声波。此外,两者混合时引起强烈紊流,其相互位移的剪力会大大增加气流的涡流和音响。在排气口附近产生小涡流引起高频噪声,在排气流后部大的涡流产生低频噪声。因此,燃气涡轮发动机的消音问题主要是降低排气噪声。

CCAR-36 在声学更改、噪声测量和评定、噪声限制、试验条件等方面做了详细的规定阐述,为确保航空器的噪声符合适航规定提供了可依据的规章基础。

5. CCAR-121 中对航空发动机的要求

中国民用航空规章第 121 部《大型飞机公共航空运输承运人运行合格审定规则》详细规定了大型飞机公共航空运输承运人需要进行的合格审定和持续监督检查,以保证其达到并保持规定的运行安全水平。CCAR-121 中针对航空发动机的部分要求如下。

(1) 发动机的数量要求

根据第 121.155 条,若合格证持有人使用单台发动机的飞机,则不符合实施本规则的要求,这将影响航空器的交付或者投入运行。

(2) 发动机的仪表要求

测量和显示航空发动机工作过程中各有关参数的仪表即为航空发动机的仪表,这些仪表对于发动机工作状态参数的监控起着至关重要的作用。除了局方对涡轮发动机飞机允许或者要求具有等效安全性的不同仪表外,第 121.307 还规定,其他按照 CCAR-121 实施运行的飞机应当安装下列发动机仪表：

（1）每台发动机安装一个汽化器空气温度指示器。

（2）每台空气冷却的发动机安装一个汽缸头温度指示器，以表示发动机汽缸头温度。在一定条件下，为防止发动机损坏，汽缸头温度不应超过允许范围。

（3）每台发动机安装一个燃油压力指示器。

（4）每台未装备自动高度混合气控制器的发动机安装一个燃油流量表或者燃油混合气指示器。

（5）所用每个燃油箱安装一个指示燃油量的装置。

（6）每台发动机安装一个进气压力指示器。

（7）每台发动机安装一个滑油压力指示器。正常的滑油压力，可以保证足够的滑油供应量。

（8）当采用传输或者独立的供油方式时，每一滑油箱安装一个滑油量指示器。

（9）每台发动机安装一个滑油温度指示器。正常的滑油温度，表明发动机的润滑状况良好。

（10）每台发动机安装一个转速表。

（11）每台发动机安装一个独立的燃油压力警告装置，或者一个用于所有发动机的总警告装置，该装置具有使单个警告电路与总警告装置隔离的功能。

指针和圆盘形刻度盘显示装置是航空发动机仪表的常用形式，刻度盘面或表壳边缘标有色区，工作正常则指针指向绿色区域，处于危险状态则指向红色区域。实际中常采用组合式多针仪表，目的是减少仪表数量、节省仪表板面积，这种组合式多针仪表可同时显示发动机工作状态的多个参数。

5.3.2　航空发动机故障事例与适航分析

导致航空发动机故障的原因有很多，下面重点针对润滑系统故障、喘振、机械故障、系统失效和控制转换导致的故障事例进行分析，并将之与对应的适航条款结合起来，表明适航条款的实际应用之处与重要性。

1. 润滑系统故障导致的事例与适航分析

2013 年，某航空公司 AE3007A1 发动机机队共发生航线故障 13 次，航线故障率为 0.063%，其中燃油控制系统故障 2 次，发动机控制系统故障 1 次，发动机指示系统故障 1 次，反推系统故障 1 次，润滑系统故障 6 次，启动系统故障 2 次。可见润滑系统故障率高，占 2013 年全部发动机故障的 46%。

AE3007A1 型发动机是高涵道比小型涡扇发动机，CCAR-33 中的第 33.71 条阐述了在航空器预期使用的飞行姿态和大气条件下，对该发动机润滑系统的要求列在表 5.8 中。

表 5.8　CCAR-33.71 中对发动机的要求

要求编号	要求描述
1	在润滑系统中，必须有一个滤网或油滤，以进行发动机滑油的过滤。如果滑油滤网和滑油滤含有旁路结构，当其完全堵塞时，滑油仍能正常地流经系统的其他部分
2	申请人必须表示通过过滤装置的外来颗粒不会危及发动机滑油系统的功能。滑油污染程度大于上述规定时，每个滤网或油滤的容量必须能够保证发动机滑油系统功能不受损害。在达到这样的损害前，必须有相应的指示装置

续表

要求编号	要求描述
3	在设计和制造油滤旁路装置时,必须设置得当,将积聚的污物逸出量降至最低,以确保污物不会进入旁通油路
4	除了滑油箱出口或回油泵的滤网或油滤外,每个旁路滤网或油滤必须具有一个报警器连接装置,以便在滤网的污染达到上述损害的容量之前警告飞行员
5	所有滤网或油滤必须便于放泄和清洗

除表 5.8 列出的要求之外,该条还对滑油箱、滑油放油装置以及滑油散热器做出了详细规定,具体不再赘述。润滑系统由于故障多发,在初始适航审定和持续适航监察的过程中需要格外关注。

2. 喘振导致的故障事例与适航分析

压气机的喘振会导致严重的后果。压气机的喘振指的是压气机的一种不稳定工作的状态,出现该现象的原因是压气机进口处空气流量的骤减而引起的气流沿压气机轴向发生低频、高振幅的振荡现象。如果实际中发动机的转速低于原来的设计值过多,或高于原来的设计值过多,就会发生发动机的喘振现象。在空中飞行过程中,发动机发生喘振可能的原因有飞机加速时前推油门过猛、减速时收油门过快或飞机姿态变化幅度过大等。

1994 年,英国世界航空公司的一架子爵 813 飞机在飞行过程中 3 台发动机都停止工作,原因是严重的积冰条件使得压气机进口的流场不均,进气道内发生严重的气流分离,这导致进入发动机的气流骤减,进而发生严重的喘振。虽然其中有一台发动机重新启动,但飞机还是在左侧两发停止工作的情况下,在英国尤托克西特附近迫降失事。

发动机发生喘振是导致上述事故的根本原因。惨烈的事故告诉我们,在飞机飞行过程中要防止喘振,例如要柔和地操纵油门以及飞机,避免飞机姿态的变化幅度过大。除此之外,机组还要能够正确地使用防冰装置,勿入结冰区,以防发动机进气道积冰。

上述事故与 5.2.1.2 中第 33.65 条喘振和失速特性、第 33.68 条进气系统的结冰有着直接的对应关系,部分相关要求列在表 5.9 中。

表 5.9 CCAR-33.65、CCAR-33.68 对发动机的要求

要求编号	要求描述
1	发动机按规定的使用说明运转时,环境条件的任何变化都不得引起喘振或失速,从而出现熄火、结构失效、超温,或发动机功率或推力不能恢复等情况
2	在规定的结冰条件下,每台涡轮发动机不仅能在整个飞行功率范围内工作,而且不会影响到发动机的正常工作,或大大降低功率或推力

表 5.9 中的要求 2 表明,在试验阶段,就必须使飞机在结冰条件下飞行一段时间,用来积累足够的冰块以更真实地模拟实际情况。

3. 机械故障导致的故障事例与适航分析

发动机的机械故障通常是导致发动机不能正常工作的重要直接原因。这些机械故障主要包括外物击伤、疲劳损伤等,其中绝大多数的故障都无法逆转。对于这些故障,若处置不

当,便会酿成灾难性的后果。

因为发动机部件易受到外来物的冲击,如鸟击、冰雹或风沙的冲击等,所以其工作环境十分恶劣。历史上关于鸟击或外来物冲击而引发的发动机故障所导致的事故屡屡可见。

1995年美联航的一架麦道83飞机,在美国布拉德利国际机场发生事故。飞机在较为恶劣的气象环境下低空进近,最终在接近跑道入口处撞树,发动机吸入碎片,所幸并无人员伤亡。

涡轮叶片常常会在高温、高压等复杂恶劣情况下产生疲劳断裂,从而导致发动机不能正常工作,进而导致重大飞行事故。发动机的涡轮风扇的转子叶片若在高速旋转的状态下飞离主体,将会造成灾难性的后果。

1996年,美国达美航空公司一架麦道80飞机,在彭萨科拉机场起飞滑跑时,发动机叶片发生破裂,造成2死4伤。经调查,叶片轴上的疲劳裂纹就是事故发生的元凶。

除了叶片,其他发动机部件的疲劳断裂也会导致发动机失效,从而引发事故,如发动机风扇轴套断裂、涡轮轴断裂、起动机脱离飞出、涡轮盘断裂等。

1991年9月2日,西北航空公司一架TU-154飞机起飞后5min,2号发动机发出火警信号,第一组灭火装置自动灭火停车。经检查,发现2号发动机的起动机打坏飞出后,打破了发动机的下包皮、外涵道和机匣。

上述事故与5.2.1.2中第33.15条材料、第33.19条耐用性、第33.77条外物吸入和第33.78条吸雨和吸雹有着直接的对应关系,部分相关要求列在表5.10中。

表5.10 航空发动机构造与维修管理

要求编号	要求描述
1	发动机所用的材料应已经过足够的试验或拥有足够的使用经验,应具有符合批准的设计要求的强度和其他性能,并且压气机和涡轮转子机闸应能包容因转子失效而飞出的叶片
2	在规定条件下吸入冰、雨和雹时应能确保继续安全飞行,不会出现持续的功率或推力损失,也不会要求发动机停车

对于表5.10中的要求2,需要发动机在投入使用前进行足够的试验,来证明发动机在遇到这些情况时仍能保持应有的工作能力,而且在吸入外物后没有不可接受的机械损坏、功率或推力损失或其他不利的发动机异常情况。

4. 系统失效导致的故障事例与适航分析

发动机的正常工作需要多个系统的相互协调,包括滑油系统、燃油系统、防火系统、启动系统等,只要有一个出现故障,发动机都将出现故障。例如,一旦燃油系统出现故障,由于燃烧室缺乏燃油,发动机就会停止工作,进而飞机无法正常飞行。

1994年5月26日,英国航空公司一架协和式飞机,在美国纽约肯尼迪机场的降落过程中,由于油量和油压过低的原因导致3号、2号发动机相继停车,进而发生事故。发生事故的原因就是燃油系统的失效。这与5.2.1.2中第33.67条燃油系统有着直接的对应关系,相关要求列在表5.11中。燃油系统在飞机的运行中至关重要,它要向发动机输送燃油,否则发动机就无法工作。

表 5.11 CCAR-33.67 对发动机的要求

要求编号	要求描述
1	在规定的流量和压力下,发动机应在各种状态下都能正常地工作
2	为保证进入发动机的燃油清洁度,必须在燃油箱的出口与流量计装置入口或与发动机增压泵的入口之间安装滤网或燃油滤
3	为了保证进入发动机的油量与压力稳定,不可再调整的燃油控制调节装置应是固定密封或不可达的,其他的燃油控制调节装置必须是可达的,同时应标记以调节功能

对于燃油系统的要求,在 CCAR-25 的相关条款里还有更加详细具体的阐述,发动机及与其相关的系统都应按照适航条款的要求进行设计、制造、验证、使用与维护。若发动机能很好地满足这些适航要求,发生上述事故的概率就能最大限度地降低。

5. 控制转换导致的故障事例与适航分析

控制系统已转换,但机组却没有意识到的情况不在少数,这往往会酿成不堪想象的严重后果。自动油门故障会导致飞机不对称推力,这非常容易引起飞行事故。

1995 年 3 月 31 日,罗马尼亚航空公司的一架空客 A310-300 飞机在起飞后不久,在转弯过程中坠地失事。据调查,飞机在从起飞向爬升过渡时,机组准备开启自动驾驶后,左发顺利降到慢车,右发操作杆却被卡在起飞位,但是机组对此不对称力却无动于衷。

1992 年,我国某航空公司的 B737 在桂林机场进近过程中,由于右发动机自动油门不能随动,致使左右发动机推力不平衡,飞机产生右滚转。机组未及时发现,反而采取了错误操纵动作,即突然向右猛压杆、猛拉机头,导致飞机加速滚转并进入倒飞俯冲状态而撞山失事。机上乘客 133 人、机组 8 人全部遇难。

这两次事故都要归因于机组没有意识到控制系统的转换。原因很简单,可是后果却是灾难性的,这样的事故应避免发生。这两次事故的发生与 CCAR-33 中第 33.28 条发动机控制系统直接相关,相关要求列在表 5.12 中。

表 5.12 CCAR-33.28 对发动机的要求

要求编号	要求描述
1	当故障或失效仅仅是人为操作而导致控制模式、通道或从主系统转换到备份系统时,发动机应能正常安全地工作,并在同时发出预警,让机组能够及时做出正确的调整
2	预警的方式以及推力或功率改变的幅度,应在发动机安装手册中标注清楚,并应告知机组应有的对策

由此可见,适航的发展承载着许多航空事故的"重托",应有更多的人投入到适航要求的研究中去,推进适航条款的完善与发展。应对每一次的航空事故给予足够的重视,查明根本原因,作出相应对策。

5.3.3 航空发动机故障预防

为了保证航空发动机的安全工作和飞机的安全飞行,必须对其进行定期维修检查,但是这会耗费大量的人力、物力和财力,既不经济,又不合理,且常常出现故障的漏检,造成大量的飞行事故。由此可见,若能在地面维护、试车时,尽早地发现故障并排除,那么飞行事故发生的概率就会大大降低。

目前,对于发动机故障的预防有如下几种方式。

1) 严格进行适航审定,全面提高设计水平

(1) 严格设计阶段的适航审定,从设计上提高发动机工作的安全水平。

(2) 严格按照适航条例,认真审查发动机的可靠性和耐久性。

① 发动机的各项试验要真实可靠,要能全面反映发动机实际使用情况。

② 对于已取得适航证并即将交付使用的发动机,应继续监控,进行跟踪试验,以便及时发现发动机的潜在问题,并对其进行完善,提高飞行的安全性。

2) 总结经验教训,制订相应规定,并改进维修大纲

(1) 从维修人员处实时掌握发动机状态的相关信息,并且及时有效地理解和适时地应用制造厂商对发动机实施改进措施的一些服务通告,以及适航当局发出的适航指令。

(2) 开发发动机状态检测和使用维护的综合信息平台,整合大量的信息资源,及时掌控发动机在翼状态,提高检测维修的效率,降低成本。

(3) 重视对维修大纲的调整,学习国外先进的管理及维修经验,使其内容与时俱进,更全面地融入现实的问题,使其更好地为维修人员服务,提高发动机的维修效率和质量。

(4) 重视发动机使用中发生的非包容性破坏,从技术上改进包容性,提倡发展更先进的包容技术。如果可能实现,应该要求发动机制造厂家结合发动机涡轮盘和涡轮轴的非包容破坏的破坏规律,并总结成通用概念,制订出在设计、制造、维修、使用中必须遵守的检查规定。

3) 采用发动机状态监测与故障诊断技术,提高故障早期判断和预防的准确性

发动机发生故障时,温度、压力、振动等物理参数必然会发生相应的变化,这些参数的变化就是航空发动机故障诊断技术的工作基础。通过分析这些参数的变化就可以确认发动机的工作状态以及故障,对故障进行早期预报,确保发动机工作的稳定可靠,避免"过剩维修"以最大程度地提高经济性。

航空发动机的监控系统有很多,主要包括采集和分析发动机重要参数的系统、分析发动机气路参数趋势以及诊断其气路故障的系统、监测和诊断发动机控制系统故障的系统、监测发动机振动的系统等。依据完成任务的不同,监控的重点也不相同。

第6章 航空发动机航线与定检维修

6.1 航空发动机航线维修概述

航空燃气涡轮发动机的型号很多,维修程序或者维修方法多种多样。发动机维修人员维修特定型号的发动机必须遵循其维修手册中的操作程序和要求。发动机的厂家必须提供按照持续适航要求编制的相关发动机维修和大修手册等信息资料。

各国民航航空法规(如美国联邦航空管理法规)一般都要求每一套发动机维修手册中必须包含详细的勤务信息、排故指南、清洁、检验、调试、测试和发动机零部件润滑等有关项的安排计划和操作程序。除此之外,美国联邦航空管理局还要求其批准的每套发动机维修手册中必须包含一章题为"适航时限"的内容,内容包括发动机强制性更换时间、检验时间间隔和零部件的寿命周期等。

航线维修是指那些针对安装在飞机上的发动机所做的任何形式维护和维修工作,按照航空运营人提供的工作单对发动机进行的例行检查和按照相应飞机、发动机维护手册等在航线进行的针对发动机故障和缺陷的处理。

航线维修的常用资料有航空器维修手册、最低设备清单(minimum equipment list,MEL)、外形缺损清单(configuration deviation list,CDL)、故障隔离手册(fault isolation manual,FIM)、线路图手册(wiring diagram manual,WDM)、图解零件目录(illustrated parts catalog,IPC)、排故手册(troubleshooting,manual,TSM)等。

6.2 航空发动机维修方案

民航发动机与其他机器设备一样,投入使用后,需要不断地进行维护、保养、修理才能保证其可靠地运行,确保飞行安全。让飞机、发动机满足型号设计批准和运行要求是取得适航证的重要前提。没有适航部门颁发的适航证,飞机就不能飞了。因为其特别的运行环境和安全需求,飞机及发动机的维护修理的要求是非常高的。

飞机发动机生产厂家和航空公司对每一款机型都预先制订了发动机的维修保养方案和大修方案,在发动机的运营过程中需要参照这些维护方案进行维修和使用。飞机及发动机的维修方案是其维修活动的依据和标准,因此编制维修方案就是航空公司维修工程管理的重要内容。通常是发动机的原制造厂家制订一个初始的维修方案,作为推荐方法得到民航局的批准。然后生产厂家随发动机的出售把该维修方案提供给航空公司,航空公司或其代理维修单位根据生产厂家推荐的维修方案制订自己公司的维修方案,并获得当地适航当局的批准。就这样,航空公司或其维修单位根据已批准的维修方案实施发动机的使用维护和修理。

维修方案为持续适航和适航维修制订了要求和标准,并使航空器始终处于符合型号设计批准的要求。维修方案也是维修工程管理手册的核心内容。维修方案的制订是一个动态的工作,根据技术发展、安全形势和运行条件的改变,维修方案需要做出相应的变动和完善。

维修方案中的内容通常包括发动机的航线维护内容、故障诊断排除的内容、定检修理的维护内容和发动机大修工作的内容。

航线维护的内容就是在飞机的日常运营中需要对发动机进行日常检查和保养,其中例行检查和勤务占据了较多的内容。

发动机的各种故障在发动机的全寿命期中都有可能发生,故障诊断及其排除工作也就不仅在航线维护中碰到,在发动机的定检修理和车间大修工作中也会涉及。

发动机的定检修理是指按维修方案随飞机定期进行全面的勤务、检测和检修。维修的工作内容和深度比例行的航线维护工作内容要多,通常要安排飞机专门停产执行。

发动机的车间大修是指按维修方案把发动机从飞机上拆下来,送给专业的发动机大修厂进行不同程度的分解大修。发动机大修是发动机性能恢复和可靠性得到提高的主要办法,也是发动机维护成本的主要支出。

6.3 航空发动机航线维护

按照民航规章 CCAR-121 部、CCAR-135 部、CCAR-91 部和 CCAR-43 部等法规的规定,飞机的运营人需要建立对飞机包括发动机在内的使用管理及日常维护的系统,保障航空器的正常安全运行。民航规章 CCAR-145 部还特别针对专门从事民航维修的单位进行了取证许可的要求和管理。从事民航飞机的日常维修和维护的单位或公司,通常需要按照 CCAR-145 部的规定进行取证和管理。

航空发动机航线维护属于飞机航线维护的一部分,主要就是为了保证飞机日常运行而对发动机进行的检查、排放、检测和简单的修理等工作。

按照常规的分类,航线维护通常包括发动机的飞行前维护、过站短停维护、飞行后维护。

1. 飞行前维护

通常情况,飞机完成一天的飞行任务后需要停下过夜。清晨在飞行当天第一个航班前需要对飞机进行当天飞行前的维护检查。其中发动机的航前检查和勤务是重要的内容之一。

每天凌晨,飞机维修人员在其他机组人员和旅客到场之前就要到机坪上把飞机接管到手上,然后对飞机进行航前检查。首先是对飞机的外观进行目视检查。在发动机部分,需要检查发动机外观看得见的地方,比如对发动机的外部整流罩的完好情况进行目视检查,确认是否有表面划伤、表面凹坑、表面掉漆、表面变形等明显缺陷;目视检查发动机进气道的完好性,看是否有外物损伤的痕迹,看进气道消音板完好情况,检查进气道范围内的相关传感器或传感探头是否受损；从可视区域观察发动机的叶片或其他转动部件的完好情况；检查空气通道的异常情况，确保空气通道无异物、无不正常损伤。

航线维护最重要的任务之一，就是尽早发现潜在的影响安全的缺陷，最大程度避免不安全因素的发生。通常航前检查都有详细的航前检查清单，检查者对照检查清单一一检查，包括外部口盖和零部件的装配和在位情况，对污染的地方或不清洁的地方需要进一步的清洁和处理。同时，还要对相关润滑油的油量进行检查，视情进行添加等勤务。

发动机的飞行前检查通常还包括部分测试和检测工作。一般航空发动机都有过热、火警探测、警报和处置的环路控制系统，在发动机区域过热或发生火警时提供环境探测、警报和处置的功能。为了确保各环路控制系统的正常工作，在飞行前需要对各控制环路进行检测，如果发现有不工作或工作异常等情况，需要立即进行故障的隔离或排除工作。

发动机的飞行前检查还需要对各油路、气路控制系统进行检测，主要是对油路、气路控制系统上的传感器、活门、电门等部件视情进行外观检查和功能检测。同时对管路渗漏现象进行检测，确保相关的油路、气路没有发生不正常的渗漏。通常发动机的各种油路都有溢油，检查通道或者溢油管，通过观察溢油管的渗漏或油迹判断其正常性。

一般窄体飞机或小型飞机的发动机与地面的垂直距离比较小，通过一整夜的飞机停放，有可能发生外物入侵的可能性。老鼠、蛇等外来物有可能进入发动机的开口通道中，这会给发动机的再次运行带来安全隐患，需要进行检查和清除。很多飞机维护单位也会采用盖、罩、套等保护物对发动机的开口地方进行堵、盖保护，但是也难以避免外来物入侵的可能性，同样需要加强机场外来物（foreign object debris，FOD）的检查和清除。

航线的飞行前检查除了对发动机本体的检查，还需要对其使用维护记录进行检查和补充整理。前一天，通过多次航班的飞行后，发动机可能发现工作异常和维护异常情况，飞行机组和维护人员会按相关使用维护要求对发现的问题进行相应的记录和汇报，提醒后续工作者和使用者对发动机的状态进行跟踪或进一步处理。因此，飞行前维护人员还应对相关的使用维护记录进行检查，确认之前记录的情况和异常得到了正确的处理，确保发动机状态在下一次运行使用前满足既定的质量要求和安全要求。否则，应该采取措施，对记录反映的异常进行纠正和处理。

在执行完相应的维护检查工作后，维护检查人员需要在对应的维护检查工作单上进行签署确认，签署和记录是航空器维护中重要的工作之一，只有完成正确的签署确认工作后才算完整地完成了相应的维护检查项目。

2. 过站短停维护

过站短停维护是民航飞机航线维护中最频繁发生的工作。随着民航事业的发展，民航飞机的日利用率越来越高，每一架飞机每天需要执行多个航班。为了确保飞机和发动机始终处于安全的适航状态，在完成每一个航段，飞机落地后的间歇期间，需要对飞机及发动机进行过站短停维护和检查。

飞机及发动机的过站短停维护检查也有根据既定工作方案制订的维护检查清单，维护检查人员在过站短停期间按照维护检查清单一一进行检查和勤务。

发动机始终是飞机维护中的重点对象，在过站短停维护期间，也需要对发动机进行相应的检查维护。外观的绕机检查是过站短停维护的例行工作。在绕机检查中也需要对发动机的外部可视区域进行目视检查。检查内容与前述的飞行前检查基本相同。重点检查发动机的迎风面进口区域和发动机气流通道的排气区域。在飞行中容易碰到低空外来物,外来物有可能在高速飞行中撞击到发动机,从而损伤相关部件和区域,严重的会因发动机吸入了外来物,损伤到发动机的内部结构。但无论如何,只要有外来物的袭击,在发动机的相应外部区域总会或多或少留下可视的痕迹,在发动机的外观检查维护中就是需要对这些可能遗留下来的异常迹象进行识别和判断。肉眼不好检查判断时,还会用到着色、黑光灯等特殊方法或工具,确保发动机的状态满足继续飞行的要求。

飞机过站短停的时候,还需要对飞机发动机的各类指示进行正常性确认,询问飞行员在飞机前一航段的运行中是否有发动机的非正常指示和异常发现。在对发动机绕机外观检查的过程中,要观察发动机周围口盖或可视区域是否有油液渗漏现象或油液渗漏迹象。如果发现油液渗漏现象或严重渗漏的迹象,要对照相应的技术手册确认渗漏是否超标,是否满足放行飞机的要求。同时,对渗漏迹象严重的还要进一步打开相应的接近口盖进行整流罩内部区域和部件的检查,并根据适航维修资料视情进行故障隔离或排除。

对于发动机及其运转附部件来说,工况相对恶劣,飞行中需要长时间的在高温高压下进行高速承载运转,转动件之间的润滑和冷却是重要的勤务考虑因素。因此,在飞机过站短停的维护过程中,需要对发动机润滑油液进行检查和勤务。检查油量及异常指示,视情添加或释放发动机及其附部件的伺服或勤务油液。

飞机的过站短停维护中,常常会遇到发动机故障或工作异常,且不能及时排除、需要故障保留或工作保留的情况。故障或工作的保留需要严格按照运行单位的批准流程执行,谨慎对待,确保飞机能够继续保持适航的安全运行。故障或工作的保留不仅是一项技术工作,也是航空器维护管理的系统工作,从运行单位的机队管理、工程技术、飞行管理到质量管理等都要确认满足运行单位适航规范的要求,否则不予对其保留。具体施工,需要参照最低主设备放行清单、保留工作程序、相关飞行和工程技术资料执行,经授权的人员签署和确认后方可执行故障或工作的保留。

飞机过站短停维护工作,因短停时间较短,维护工作任务紧张,在有限的时间内完成重要、复杂的各项维护工作,客观上给维护检查人员造成了很大的工作环境压力。这就需要飞机维护人员不仅需要过硬的生产技术能力,还要有强大的思想、心理素质,这样才能充分发挥工作能力。这也是飞行安全运行中需要重点考虑的人为因素课题。

3. 飞行后维护

飞机经过一整天的航班飞行,通常在当天最后一个航班落地后要进行飞行后的维护检查,这个飞行后的维护检查与日间短停过站的单个航班飞行后维护检查有区别。

因为飞机经过了一整天多个航班的飞行,在做维护检查的时候,工作范围一般都比航班间短停过站维护的工作范围大,维护检查的标准通常比短停过站时要高,所以飞行后的维护检查工作需要的工时比较多一些,而且飞行后飞机的停场时间相对充足,工作人员有足够的精力和时间进行更多更细的维护工作。

飞行后的维护工作范围一般包含过站短停维护工作范围,除了对发动机进行外观检查和一般勤务,还需要对保留故障和工作进行排除,通常还会根据工程技术和生产管理的需要执行相关的工程指令。这些工程指令可能是适航当局颁发的适航指令、生产厂家发布的服务通告、重要建议信函或运营单位自己的工程技术方案等。

对发动机来说,需要统计当天飞行滑油的累计耗量,监控其滑油消耗是否正常。有时候因为滑油消耗异常(单个航班耗量可能正常,全天所有航班的累计耗量可能不正常),还需要进行故障诊断,查找原因,视情排除故障。

发动机健康状况的监控是发动机维护使用中的一个重要的课题。飞机日常飞行过程中,运行状态的监控系统会采集有关发动机的相关参数,并进行统计和分析,对异常现象进行报警或告示。飞行后维护检查也需要视情从发动机控制管理的相关计算机中观察是否有异常运行的参数,视情进行故障诊断和处理。

除了上述发动机的运行监控系统对发动机运行规律的监控,还需要对发动机本体进行实物观察,确保不存在影响发动机安全运行的隐患。因此,根据工程技术对维修方案的制订,需要对发动机进行在翼孔探检查工作。飞行后维护检查工作中就经常需要完成发动机的孔探检查工作,观察发动机本体内涵通道是否有异常现象或缺陷,一旦发现有不可接受的缺陷存在,就必须立即采取相应的修复工作,以确保发动机能够安全可靠地进行使用。

孔探检查通常都被划归为特殊工种的工作岗位,有的单位甚至直接并到无损检测(NDT)岗位上。孔探检查类似人们在医院里见到的内窥镜检查,使用软、硬导管及专业设备通过接近孔对发动机内部情况进行内窥镜检查。孔探检查工作的有效性和可靠性对检查者的经验学识和观察判断力提出了很高的要求。很多的缺陷和测量都需要依赖检查者精湛的经验判断,才能确定检查工作的符合性。尤其是对运行了一段时间的发动机,其内部气流通道不干净,叶片等零部件表面附着有不同程度的污物,严重影响到检查者的观察和判断。孔探检查工作者看得越多、对零部件的特征和工作机理理解越深,对缺陷的发现和判断就越到位。

飞行后维护工作通常还需要完成发动机的在翼清洗工作。运行一段时间的发动机,气流通道中聚集了污物,尤其是发动机转静子叶片表面污物的积累改变了发动机叶片的外形特征,降低了发动机的工作效率,使发动机的运行性能降低,影响发动机的可靠性和安全性。为了降低或延缓污物对发动机性能的降低,可以通过在翼清洗发动机的维护工作来完成。

在翼清洗发动机,是通过工作人员操作发动机低速运转(干转发动机),同时使用清洗设备对发动机气流通道进口喷洗清洗水或清洁液。通过清洗水或清洁液对气流通道的冲洗,去除叶片上的污物,使发动机叶片的叶型表面的空气动力效率得到改善和提高,从而达到整机性能的恢复和提高。

前面提到飞行后维护工作的一个重要的内容就是对当天发现的故障进行分析、隔离与排除。发动机的航线排故工作主要集中在发动机的控制系统,涉及指示故障、渗漏、零部件损坏或失效、子系统功能超限等各种情况的纠正。需要视情对发动机及其附部件系统进行修理、调节、更换、测试等工作,需要较长的时间来完成。因此,飞行后维护排故工作既是一项智力劳动,又是一项体力劳动。

飞行后的排故维护工作,通常都是依据飞机和发动机原生产厂家提供的故障隔离手册进行排故。一般常见的故障几乎都能依据该类手册指南完成排故工作,但飞机及发动机的故障情况就像人生病一样,也经常遇到疑难杂症,常见的排故办法难以解决这些问题。这种情况就需要工作者具备专业的分析诊断能力和丰富的经验判断能力,结合运营单位的工作流程,通过工作者的经验学识,尝试进行发动机故障的排除工作。

排故工作的成功通常以部件、系统、整机的成功测试作为衡量标准。对发动机进行地面试车是飞行后排故维护中常见的工作。根据适航技术资料的要求,偶尔还要进行飞行测试,才能完好地确认发动机故障被排除,保证发动机的安全可靠工作。

航线维护中,不管是飞行前的维护检查、过站短停维护工作,还是飞行后的维护工作,都可能涉及发现的缺陷修复工作。简单的外部修理可能是更换一个零部件、打磨修理、喷漆等表面处理等。有时候还会遇到工作量比较大、有一定维修深度的排故修复工作。比如孔探打磨修理发动机的压气机叶片、发动机风扇叶片的配平和更换、发动机控制系统大件附部件的更换、反推的修复、某些发动机后轴承腔零部件的更换或修理等工作,甚至有时候还得更换发动机,这类工作都是航线维护中的较大维护工作,运营单位需要具备较强的维修能力。经常还会遇到需要向生产厂家或专业的发动机大修厂求援、进行现场支援工作的情况。

6.4 航空发动机航线检查实例

本节将以 B737-300 发动机(CFM56-3)为例讲解航空发动机航线检查要点。

1. 前期工作

(1) 在满足地面结冰条件的情况下,发动机关车后应立即检查发动机进气道区域是否有结冰,并在发动机温度下降前进行除冰(图 6.1)。

地面结冰条件:一般情况下是指外界大气温度在 5℃ 以下,存在可见的潮气(如雨、雪、雨夹雪、冰晶、有雾且能见度低于 1.5km 等)或者在跑道上出现积水、雪水、冰或雪的气象条件,或者外界大气温度在 10℃ 以下、外界温度达到或者低于露点的气象条件。

提示:如果在发动机温度下降之前未除冰,发动机参与的热量会将冰融化,水会留到风扇部分的底部;当发动机的温度低于冰点,水会重新结冰,导致风扇下方的叶尖部被冰卡住。

(2) 发动机停车后 5～30min 内,打开左、右发滑油箱接近盖板,检查盖板锁扣和铰链状况良好,检查滑油量到满刻度,若不足则补加至标准(补加滑油前应确认发动机底部无滑油液滴漏)并在飞行记录本上记录添加的滑油量(图 6.2)。

注意:发动机滑油勤务不要超过满刻度线的下缘,防止溢油。

图 6.1　检查发动机进气道区域是否有结冰

滑油量观察窗　　滑油箱口盖

图 6.2　检查发动机滑油量

检查内容及标准：

① 检查滑油箱盖板的锁扣和铰链无断裂、松动等目视可见的损伤。

② 若油液低于满刻度，则补加滑油至满刻度线。

③ 检查滑油口盖封圈无断裂、涨大、表面材料缺失等目视可见损伤。

④ 关闭加油口盖时确保没有挤到口盖内的链条，口盖手柄向前扣好。

⑤ 关闭滑油箱接近盖板，确认盖板锁扣扣好。

2. 左发动机地面详细目视检查

1）进气道区域

（1）进气整流罩、进气道无外来物，进气道唇口无损伤。

（2）整流罩消音板固定完好。

（3）整流锥无损伤。

（4）T12温度探头在位，完好（图6.3）。

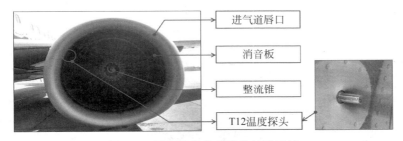

图6.3　目视检查发动机进气道区域

常见损伤：迎风面鸟击、进气道异物、进气道唇口划痕/凹坑、消音板凹坑、T12传感器裂纹等，如发现损伤及时报放行人员（下同）。

（5）风扇叶片无损伤，衬板平整无翘起，风扇转子叶片可转动自如、无卡滞、无异响，叶片叶尖与机匣内壁无相磨。内涵道进口导向叶片、外涵道出口导向叶片无损伤，风扇框架结构完好（图6.4）。

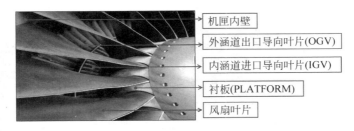

图6.4　目视检查风扇叶片

检查方法：目视；用手轻轻转动叶片；耳听无异响。

常见损伤：鸟击；进气道异物；衬板（PLATFORM）翘起；OGV/IGV裂纹、缺失；风扇叶片变形等。

2）发动机右侧区域

（1）吊架右侧各工作盖板盖好，紧固件在位。吊架整流罩无损伤。

（2）发动机风扇整流罩和反推整流罩无损伤,各种标记清晰。

（3）风扇整流罩上的涡流发生器在位（图 6.5）。

图 6.5 目视检查发动机右侧整流罩区域

常见异常：鸟击；盖板丢失；紧固件松动/丢失；油液渗漏；标记风蚀/脱落。

3）发动机尾部区域

（1）尾喷管内无金属颗粒、无损伤、无外来物。

（2）第 4 级 LPT 叶片无损伤,叶冠的安装无错位。

（3）外涵道无异常,整流支柱状态良好,阻流门及连杆状态良好,IDG 滑油冷却器在位。

（4）吊架余油口无油液滴漏（图 6.6）。

图 6.6 目视检查发动机尾部区域

常见异常：外涵道消音板/OGV 鸟击；吊架余油管漏油；尾喷管漏油（图 6.7）。

图 6.7 目视检查外涵道管消音板区域

常见异常：外涵道消音板/OGV 鸟击；消音板凹坑/裂纹；可见紧固件松动/缺失。

4）发动机左侧区域

（1）吊架左侧各工作盖板盖好,紧固件在位。吊架整流罩无损伤。

（2）发动机风扇整流罩和反推整流罩无损伤,各种标记清晰（图 6.8）。

图 6.8 目视检查发动机左侧整流罩区域

常见异常：鸟击；盖板紧固件松动/缺失；反推作动筒油液渗漏；标记风蚀/缺失。

（3）停车至少 5min 后，打开 IDG 接近盖板，盖板铰链和锁扣状况良好，IDG 的压差指示器红色钮未跳出（图 6.9）。

（4）按压放气活门至少 15s，检查滑油量指示在白区（FULL）之内，不足补加。

图 6.9 目视检查发动机 IDG 区域

常见异常：油液渗漏；油量异常；指示销跳出。

5）发动机底部区域

（1）各余油口无油液滴漏。

（2）整流罩结合处无油液滴漏，锁扣正常并扣好（图 6.10）。

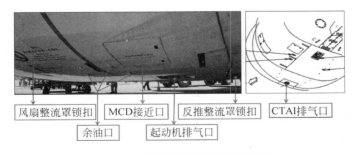

图 6.10 目视检查发动机底部区域

常见异常：油液渗漏；锁扣未扣好；起动机排气口格栅/CTAI 排气口格栅裂纹/缺失。右发动机地面详细目视检查流程同左发动机。

3. APU 地面目视检查

（1）APU 舱门和进气门完好，无损伤（图 6.11）。

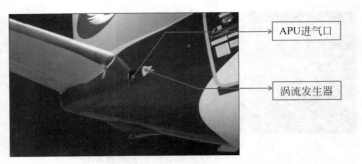

图 6.11　目视检查 APU 进气口及外部区域

（2）APU 余油口无渗漏（图 6.12）。

图 6.12　目视检查 APU 余油口、锁扣及外部区域

常见异常：油液渗漏；锁扣未扣好；蒙皮凹坑等。

4. 最后工作

（1）机上备用滑油最少量为 6 夸脱（罐），不足补齐。计算自上次添加滑油以来的滑油消耗率，确保小于 0.8 夸脱/小时。

（2）在飞行记录本上记录 APU 使用时间（图 6.13）。

（3）查阅航线维修记录本，确保故障/缺陷已得到处理或已报告。

（4）视情安装发动机进气、排气口堵盖。

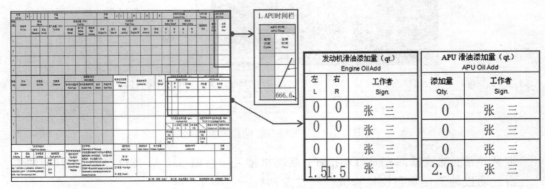

图 6.13　正确填写技术记录本

6.5　发动机定检修理

定检维护修理就是由发动机的维修方案要求的定期检查修理的内容,根据运营单位生产状况专门安排飞机停场进行检修,通常检查维护的内容比较多,表 6.1 和表 6.2 列出了发动机定检维护修理工作任务。与航线维护内容不同,根据既定的工作方案要求,发动机的定检修理是对发动机进行大范围的深度体检,除了发动机本体件不打开进行维护,几乎所有外围件都要进行检查、修理和测试。

表 6.1　发动机定检维护修理工作任务示意表 1

任务号	标　　题	门槛	周期
71-010-01	检查左发进气整流罩	IA	IA
71-010-02	检查右发进气整流罩	1A	1A
71-020-01	左发风扇整流罩目视检查	8A	8A
71-020-02	右发风扇整流罩目视检查	8A	8A
72-020-01	检查左发进气道及风扇叶片	2A	2A
72-020-02	检查右发进气道及风扇叶片	2A	2A
72-100-01	检查左发动机安装点连接螺栓	12A	12A
72-100-02	检查右发动机安装点连接螺栓	12A	12A
72-180-01	孔探检查左发燃烧室	4A	4A
72-180-02	孔探检查右发燃烧室	4A	4A
72-200-01	孔探检查左发 HPT 进口导向叶片	4A	4A
72-200-02	孔探检查右发 HPT 进口导向叶片	4A	4A
72-210-01	孔探检查左发 HPT 叶片	4A	4A
72-210-02	孔探检查右发 HPT 叶片	4A	4A
72-320-01	检查左发 AGB/TGB 磁性金属探测器	1A	1A
72-320-02	检查右发 AGB/TGB 磁性金属探测器	1A	1A
74-010-01	检测左发点火电嘴	4A	4A
74-010-02	检测右发点火电嘴	4A	4A
74-020-01	检测左发点火导线	12A	12A
74-020-02	检测右发点火导线	12A	12A

表 6.2　发动机定检维护修理工作任务示意表 2

任务号	标　　题	门槛	周期
78-090-01	检测左发反推防火封严	6A	6A
78-090-02	检测右发反推防火封严	6A	6A
78-100-01	检测左发反推防火封严	12A	12A
78-100-02	检测右发反推防火封严	12A	12A
78-120-01	检测左发自检 EAU	2A	2A
78-120-02	检测右发自检 EAU	2A	2A

任务号	标　题	门槛	周期
79-020-01	检测左发滑油供油滤跳出指示器	2A	2A
79-020-02	检测右发滑油供油滤跳出指示器	2A	2A
80-010-01	检测左发磁性金属探测器	4A	4A
80-010-02	检测右发磁性金属探测器	4A	4A
71-050-02	一般目视检查右发余油管	10A	A
70-818-02	对左发反推进行一般外部区域目视检查	5A	A
72-070-02	检查右发传动齿轮箱/附件齿轮箱安装法兰盘	10A	A
72-080-02	检查右发风扇进气道连接螺钉	10A	C
72-090-02	检查右发风扇进气道连接螺钉	10A	C
72-090-02-01	检查右发前安装节连接螺钉	10A	C
72-110-02	检查右发推力安装接头	10A	A
72-120-02	检查右发 2 级、4 级、6 级和 8 级高压压气机叶片	10A	C
72-300-02	检查右发后安装节接耳	10A	C
72-340-02	检查右发 AGB 和 TGB 安装法兰边	10A	A
73-010-02	更换右发燃油滤	10A	A
78-050-02	检查右发反推内壁板	10A	A
78-060-02	检查右发拉力杆滚珠轴承	10A	A
78-070-02	检查右发折流板	10A	A
78-080-02	检查右发圆角封严和固定环	10A	A
79-010-02	更换右发滑油供油滤芯	10A	A

1. 滑油系统的勤务

勤务是发动机定检修理工作中的一项基本内容。勤务工作要求对发动机所有的油液系统进行检查,识别发动机滑油系统中是否有异物,判断发动机工作的正常性。因此,一般需要对所有的油滤进行检查,看是否过滤了杂质异物,并检查这些杂质异物的来源,看是否是发动机零部件不正常工作造成的磨损或掉材料,视情进一步排除故障或隐患。

大多数发动机滑油系统还安装了磁性碎屑探测装置,在滑油通过该装置时,滑油系统中有磁性的金属材料就会被吸附在该装置的磁性探头上,给检查者提供了直观方便的检查和判断。有时候,因为检查者对发现的杂质异物无法识别,不知道其材料,也不知道从系统的什么部件上来的,影响了对发动机工作正常可靠性的检验判断,这时候就需要把收集到的杂质异物送到专业的实验室进行化验分析,根据化验分析的结果做出相对准确的判断。

根据维护检查方案不同的意图,通常还要对发动机滑油系统中的滑油进行专业分析,通过分析工作油液,判断相关滑油系统零部件工作的正常性。在定检修理工作完成后,准备运行发动机之前通常要求把滑油系统中受污染的脏滑油都换成新鲜的滑油,甚至冲洗滑油系统,确保发动机在定检维护后工作在新鲜的滑油介质系统中。

有些机型因为设计或维护方案的要求,容积空间大的滑油箱内部不容易接近从而进行一般目视检查,还要对滑油箱进行孔探检查,确保滑油箱内部及零部件无异常。

在对滑油系统的油滤、磁性探测装置、油液等完成检查后,需要更换上新的油滤组件和相关的密封件。其中对密封件的安装需要检验者仔细检验安装的完好性,因油滤组件或密封件的不正确安装导致发动机漏油等不正常事件也时常发生,需要操作人员高度重视,确保滑油系统的零部件都安装到位。

2. 无损探伤检查

无损检测的范围很广,尤其是在发动机定检维护深度大的情况下,经常要对重要的结构件或关键结构部位进行无损检测。通常都有渗透着色、表面涡流探伤、超声波检测、射线检测等多种方法,按需视情运用。这些无损检测工作也是根据具体的定检维护工作范围的要求执行的。

发动机的吊点螺栓(与机翼或机身短舱吊架相连接的安装螺栓)是发动机的主要承力零部件,在发动机定检维护过程中一旦发动机从机翼或机身上拆下,就要对吊点螺栓及其相关件进行无损探伤检测。现场工作人员会把这些关键承力件送到专业的无损检测工作室做详细的检查,以确保其结构承力状况满足继续使用的要求。

除了发动机的吊点零部件,反推装置安装件、附件齿轮箱连接件等其他发动机相关主要承力件都可能根据工作范围视情执行无损检查工作。

有的飞机维修单位甚至把孔探检查也划为无损检查的范畴,在进行发动机定检维护工作的时候都要对发动机进行孔探检查,详细检查发动机气流通道中转静子叶片的外部缺陷情况和其他修理状况。

现代主流的涡扇发动机在定检维护工作中通常还要对风扇叶片根部安装部位进行拆卸润滑工作,以改善风扇叶片运转过程中对振动的影响。

通常在一系列的检查维护工作结束恢复后,还需要对发动机进行地面运转测试工作,简称试车工作。只有通过试车验证发动机的各类系统都工作正常、各类指示参数都无异常时,才能按规定的放行程序对发动机的工作进行放行。

6.6　航空发动机维修的方式

航空发动机维修方式是指航空发动机维修时机和工作内容的控制形式。进行任何一项维修工作,除了要有正确的操作外,还要控制维修的时机和内容。由于航空发动机各种维修工作的工作量有所不同,需要重点控制的是拆卸、更换等重大维修项目进行的时机。在长期的维修实践中,人们对控制拆卸和更换时机的维修方式形成了比较稳定的做法,20世纪60年代,美国民航界归纳总结为:定时方式、视情方式和状态监控方式。

1. 定时方式

定时方式是指航空发动机使用到预先规定的间隔期,按事先安排的内容进行的维修。其中"规定的间隔期"一般是以飞机、发动机的主体使用时间为基准的,可以是累计工作时间、日历时间或飞行循环数等。维修工作的范围从装备分解后清洗、检查直到装备大修。定时维修方式的优点是可以预防那些不拆卸就难以发现和预防的故障所造成的故障后果。定时方式以时间为标准,维修时机的掌握比较明确,便于安排计划,但针对性、经济性差,工作量大。

2. 视情方式

视情方式是对航空发动机进行定期或连续监测,在发现其功能参数有变化、有可能出现故障征兆时进行的维修。视情维修是基于这样一种事实进行的,即大量的故障不是瞬时发生的,故障从开始到发生有一个过程,总有一段出现异常现象的时间且有征兆可寻。因此,如果采用监控某一项或某几项技术参数就能跟踪故障迹象过程的办法,则可能采取措施预防故障发生或避免故障后果,所以也称这种维修方式为预知维修或预兆维修方式。

3. 状态监控方式

状态监控方式是在航空发动机发生故障或出现功能失常现象以后进行的维修,也称为事后维修方式。对不影响安全或完成任务的故障,不一定必须做拆卸、分解等预防性工作,可以使用到发生故障之后予以修复或更换。状态监控方式不规定航空发动机的使用时间,因而能最大限度地利用其使用寿命,使维修工作量达到最低,是一种经典的传统维修方式。

这三种维修方式的出现和发展有先后,但并无高级和低级、先进和落后之分,它们各有各的使用特点和使用范围,关键在于它们的针对性和适应性。对于飞机和发动机的维修,由于它们结构复杂、系统及零部件众多,一般都是采取三种维修方式相结合的办法。而且,这三种维修方式已经逐渐融合,成为更加合理的维修工作类型。

第7章 航空发动机车间大修

7.1 航空发动机内场维修内容概述

　　航空维修可分为航空机载设备系统维修、飞机机体维修、飞机发动机系统维修、航线维修等，其中飞机发动机系统维修是航空维修中的重中之重。车间维修或大修是指必须拆下发动机并且在车间内才能完成的那些维护和维修工作。车间维修通常包括发动机大修或翻修的大量工作，内容包括通过对发动机或者发动机部件进行分解、清洗、检查、必要的修理或者换件、重新组装和测试来恢复发动机或者发动机部件的使用寿命或者适航性状态。

　　绝大多数现代燃气涡轮发动机的大修或翻修通常都采用视情维修方式，发动机上每一个零件或部件是否需要维修或翻修都是以其自身的寿命为依据。例如，发动机热段寿命是不同于附件传动齿轮箱寿命的，两者不可能在同一个时间进行大修或者翻修。从维修成本上考虑，现代燃气涡轮发动机不宜再使用寿命或大修间隔时间（time between overhauls，TBO）等指标作为大修或翻修的依据，而是在不同的时间对发动机上不同的部件或附件进行维修或翻修。发动机运行一定时间后，视情维修方法取代了传统的发动机翻修 TBO 的概念。

　　现代航空燃气涡轮发动机高可靠性和单元体结构保证了视情维修的可行性。单元体结构就是认为发动机是由多个独立的单元体组装到一起的一个大装配件，各个单元体的检验、航线维修和翻修都可以独立地进行。单元体概念把各项维修和大修工作分散到一个较长的时间段里来进行，大大降低了运营者的维修时间和维修费用。一个单元体或者模块的更换通常都被认为是小型维修。

　　航空发动机的大修或翻修必须由发动机厂家或者有资格的大修厂来进行。这是因为发动机的大修或翻修过程中要使用的维修技术文件多；用到的维修工艺方法很多而且复杂，维修技术门槛很高；涉及燃气涡轮发动机分解、检验、修理、再装配和试车等各环节的专用工装设备和工具较多；参与大修的检验、维修和其他工程技术人员必须具备很高的业务水平等。一般的修理厂家根本不具备这样的维修条件。通常航空公司或维修基地无资格证的维修人员也不允许进行发动机大修工作。

　　航空发动机大修常用的文件有发动机手册（engine manual）、发动机管理计划（engine

management plan)、发动机装配手册(power plant buildup manual)、发动机大修手册(engine overhaul manual)、部件修理手册(component maintenance manual)。

发动机拆下进厂修理主要在下次安装前,发动机的修理工作涉及主单元体间的法兰被分解的工作,或涉及拆下或更换了一个转子盘或转子鼓的工作。发动机车间修理工作主要涉及性能恢复和限寿件更换两方面内容。

（1）性能恢复

核心机会因为零部件受热、腐蚀、疲劳、磨损等损坏导致性能衰退。性能衰退使发动机的排气温度(EGT)升高,EGT升高又加速叶片的磨损或裂纹,发动机性能从而更快速地衰退。为了保护发动机及部件,发动机制造厂家OEM设置了EGT的红线值,当EGT上升到快要接近红线值时,发动机就需要进厂做性能恢复的修理工作。在性能恢复的修理工作中,通常要把核心单元体进行分解,转子叶片和静子叶片要进行检查,并按需进行修理或更换。

性能恢复修理工作的基本目的就是要恢复发动机的性能,以极少的发动机直接维修成本让发动机在翼的使用时间最长,即使发动机单位飞行小时的维修成本最低。该修理工作中最困难的就是如何配置不同衰减率的零部件和组件。

（2）限寿件更换

发动机压气机和涡轮部分安装了不同使用寿命限制的盘、鼓、鼓盘等限寿件,在到寿前必须更换这些限寿件。

发动机修理的最大费用就是材料费,60%～70%的车间修理费用是更换零部件及耗材产生的。如果大量更换限寿件,材料费还会更多。发动机车间修理中20%～30%的费用是直接的工时费。另外,其余的10%～20%的费用则是修理费用。一般来说发动机的性能恢复和限寿件的更换综合起来占发动机大修费用的70%～80%。

在材料费中发动机转静子叶片的花费是极大的。涡轮部分的静子叶片需要约1万美元一个,转子叶片需要约8000美元1片。一套涡轮转子叶片的数量有60～80片,总的费用就需要40万～70万美元,而一套压气机转子叶片的费用需要15万～30万美元。因为叶片的修理工艺和设备需要的费用很高,所以可以说,发动机修理花费最多的也是叶片的修理。

在大多数的发动机修理工作范围需要考虑发动机限寿件的剩余寿命,在维修过中要采用相应剩余寿命的软时限控制,以尽量减少维修成本。理想状况下,限寿件的剩余寿命要与EGT裕度在翼衰减的时间相当。譬如,限寿件的最小剩余寿命是1万个飞行循环,那么大修厂的修理工作就要使发动机的EGT裕度衰减能在翼持续1万个飞行循环。这1万的飞行循环数就是发动机大修的性能目标值。

通常发动机生产厂家会提供一套发动机修理工作包制订指南,这套指南指导手册会详细给出每一个单元体不同级别的维修内容,还会列出建议执行的改装修理建议。厂家一般会给出三个级别的修理建议:最小级别工作范围、性能恢复级别工作范围和完全大修级别的工作范围。

（1）最小级别工作范围

通常针对自上次大修到当前时间较短的单元体组件。不需要对单元体进行分解。主要的工作是对单元体状态下暴露的区域做目视检查,按需对外露区域做简单的修理工作。检查修理的标准比较宽。

（2）性能恢复级别工作范围

需要部分分解单元体组件，暴露转子组件，拆下转静子叶片、密封件及有关罩环进行单件检查、修理、更换。目的是为了恢复气路通道转静子间的间隙，修复零部件，达到最大程度恢复单元体的工作性能，确保所做工作对发动机 EGT 裕度贡献最大，并减少对燃油的消耗。

（3）完全大修级别的工作范围

当单元体的使用时间或循环达到或超过厂家推荐的阈值，或零部件的状况很差时，就需要把单元体完全分解到所有零部件状态，进行检查、修理或更换工作。除了确保单元体工作性能得到恢复，还要确保所有零部件的状态达到手册单件状态的标准。

航空燃气涡轮发动机大修的规定程序和步骤一般都列在发动机维修手册或者大修手册中。为了使发动机维护人员了解大修的基本内容，下面概念性地介绍典型航空燃气涡轮发动机大修工作的内容或程序。

1. 航空燃气涡轮发动机的分解

航空燃气涡轮发动机在分解时，既可以将发动机置于水平位置分解，也可以将发动机置于垂直位置分解。

垂直分解发动机时，发动机的前部通常被安装在专用的工装支架上。小型的发动机通常被垂直地装在带有脚轮的工装支架上，以便可以从一个工作区移动到另一个工作区。另一方面，大型的发动机通常被垂直地装在不能移动的工装支架上，周围再安装上脚手架。另一种安装大型发动机的方法是将发动机安装在一个升降机上，升降机可以下降到车间地板下面。无论是脚手架还是升降机，都是为了在拆装施工时发动机维修人员可以沿着发动机的长度方向接近发动机上的任何操作区域。

水平分解一台发动机时，发动机一般都先被水平地装在一个工装支架上，该工装支架还要具备能够翻转发动机的功能，以便维修人员在拆装时能够接近发动机上的任何外部操作区域。

发动机安装在拆装工装支架上以后，按照维修文件的规定被拆成若干个单元体或模块、大的子装配件等。每个单元体或模块又被安装在为其专门设计的工装支架上，再运送至指定区域做进一步的分解，为接下来的清洗、检验和大修做准备。过大或者过重的单元体或部件需要使用起重机或者吊车从发动机上吊起后，再运送到专用的工装支架上做后续的分解清洗、检验和大修等维修工作。

2. 燃气涡轮发动机零部件清洗

发动机分解工作完成后，大修的另一项工作就是对发动机的每一个零部件进行清洗。清洗的目的就是为了更容易检查出零件的裂纹和其他缺陷。另外，清洗也是为了去除还能继续使用的零件表面的氧化物和污垢，以便这些零件在重新投入使用之前能够进行诸如电镀、阳极化和上漆等后续表面处理工序。

清洗所有的发动机零部件都必须使用已获批准的清洗程序和清洗剂，以防无意中造成零部件的损伤。例如，有些清洗液可能会使镀层脱落或者与零部件的基体金属发生化学反应。另外，维修人员不能用三氯乙烯清洗钛合金零部件，因为残留在钛合金零部件上的三氯乙烯会对零部件表面造成腐蚀。常用的清洗方法包括有机溶剂冲洗、蒸气除油、蒸气清洗和研磨液清洗法等。发动机热段零部件有效清洗方法包括可控的酸槽、碱槽清洗和水漂洗等。喷砂方法既可以清洗发动机冷段零部件，也可以用来清洗热段零部件。

航空发动机零件通常采用下列清洗方法：①化学清洗；②机械振动清洗；③超声波清洗。

例如，发动机冷段部件如压气机机匣，它由铝镁合金制成，往往被油污积碳等杂物覆盖，可采用水洗。压气机叶片通常用硬铝合金、镍基合金等制成，往往有涂层、油污、积碳等，可用喷砂、去漆剂、水、机械振动或者超声波等方法清洗。

3. 燃气涡轮发动机零部件目视检验

发动机大修的零部件完成清洗后，大修检验一般都是先进行彻底的目视检验。检验灯、手电筒、放大镜和一些基本的测量工具是目视检验的常用工具。

在开始真正的检验之前，维修人员应该先阅读发动机操作记录或操作日志中上一次检验填写的有关条款。热启动、启动悬挂、滑油和燃油压力波动、超速和超温等事故等这些条款都可以为检验人员提供非常有用的线索。

4. 燃气涡轮发动机零部件结构检验

发动机的结构检验一般通过无损检测的方法来进行，无损检测方法包括磁粉、荧光或着色渗透、X射线、涡流和超声波等。结构检验的目的就是探测那些目视检验检测不到的隐蔽或内部缺陷。例如，发动机热段零部件的头发丝状裂纹只能用荧光或着色渗透方法检查出来。另外，隐藏在零件表面下的内部任何缺陷只能通过磁粉、X射线、涡流和超声波等方法检查出来。

磁粉检验只能用于铁质材料或者黑色金属，磁粉颗粒既能以干粉形式使用也能以溶液的方式使用。磁粉干用的形式常用来检查铸造或锻造零件粗糙的表面。磁粉和荧光粉的混合溶液和紫外线灯最适合于检查零件光滑表面的细微裂纹。

染色渗透检验试剂一般采用的是红色染料或绿色染料。红色染料在白天或者日光下使用比较方便，因为罐装的显影剂可以直接喷涂在检测的零件表面，显影剂残留在零件表面缺陷里的渗透剂变成红色，最后零件表面的红色印迹或线条就清晰可见。绿色染料试剂最适合那些可以被拆下来并能放到托盘里的小零件，清洗后直接在零件表面喷涂绿色的荧光渗透液，等其干燥后将零件放置在暗室里，借助紫外线灯可以检查出明亮的黄绿色的缺陷和线条。

X射线检验是一种使用X射线或者γ射线穿透零件从而找出零件内部缺陷的测试方法。这种测试方法需要经过专门培训并且取得执照后才能上岗，因为射线对人体有害，必须采取某些安全防范措施。目视检验和渗透检验检查不出来的缺陷都可以通过X射线检验来发现。这种方法偶尔也可以用来核实或查证那些不容易接近区域的疑似缺陷。然而，这种方法本身固有的限制也限定了它在发动机大修中的使用范围。

涡流检验用来检验金属零件表层或表层下的间断点或缺陷点。专用的测试设备为测试线圈提供特定频率的交流电。测试时测试线圈保持在与测试零件一定距离的位置，测试线圈产生的磁场在被测试的零件内部诱导出副磁场。副磁场依据电磁转换原理又在被检查和分析的零件里产生涡流。零件里的间断点或缺陷点会破坏诱导磁场并产生一个不正常的涡流，通过测试设备和分析就能找出这些产生不正常涡流的间断点或缺陷点。

超声波检验使用高频的声波穿过零件以探测零件内部的间断点或缺陷点。飞机维修行业通常使用的超声波检测设备分成浸入式和接触式两种。浸入式超声波检验设备尺寸较大,既重又不能移动,用于检测那些较小或者易于拆卸的零部件检验。而接触式超声波检验设备较小且是便携式的,使用方便,适用于检测那些不可拆卸或不方便拆卸的较大零件。两种设备的检测原理相同,都是先发射声波穿透被检测零件,然后再通过阴极射线管的屏幕来显示回波,比照回波与标准的回波曲线来找出被检测零件内部的间断点或缺陷点。

5. 燃气涡轮发动机零部件尺寸检验

航空燃气涡轮发动机零部件之间公差和配合要求严格且精密,因此发动机零部件的尺寸检验在确定零部件的可用性方面非常重要。比如,压气机和涡轮转子叶片与发动机机身或者壳体之间的间隙非常重要,因为这两个间隙对发动机的效率有很大影响。转子叶片的叶尖间隙通常使用厚度规来测量(见图7.1)。发动机大修或翻修过程中所有需要测量尺寸的零部件、测量哪些尺寸和测量方法等内容都列在该型号发动机的发动机大修手册中。如果飞机维修手册、大修手册等文件中对所用的测量工具有专门规定,在进行尺寸检查时就必须使用厂家提供的或经批准的厂家生产的测量工具或者量具。

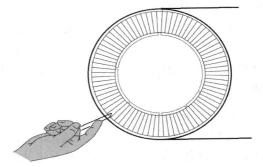

图 7.1　厚度规测量涡轮叶片和壳体之间的间隙

6. 燃气涡轮发动机转子组件配平

燃气涡轮发动机修理的目的就是维持发动机初始的设计强度和平衡性。这点对运行时高速旋转的航空燃气涡轮发动机来说很重要,因为如果燃气涡轮发动机的转子组件不平衡,发动机工作时将会出现严重的振动。为了保持转子平衡性,压气机和涡轮转子的叶片更换必须按照特定的方式进行。如发动机厂家一般都规定每级转子可以更换叶片的数量和每个转子可以更换的叶片数量,更换后必须进行重新配平。

单个叶片更换通常就是重新安装一个相同重量矩的叶片。每个叶片上通常都有一个编号用来表示该叶片的重量矩,重量矩的单位是盎司·英寸(oz·in)或者克·英寸(g·in)。如果没有与损坏叶片重量矩相等的新叶片,此时就需要更换多个叶片才能满足平衡性的要求。例如,如果压气机和涡轮的每级叶片数量是偶数,可以用两个重量矩相等的叶片来更换损坏叶片和其对称位置上的或者相距180°的叶片;如果压气机和涡轮的每级叶片数量是奇数,可以用三个重量矩相等的叶片来更换损坏叶片和左右两个与损坏叶片相距120°的叶片。

绝大多数发动机最大允许转速都小于发动机转子组件开始振动的最低转速。如果修理方法不当,转子组件开始振动时的转速可能减小并且落到发动机正常转速的范围内。另外,如果一个转子出现振动,这种振动可能会引起具有相同自振频率的其他转子出现振动,这些振动一旦持续下去会导致整个发动机损毁。基于上述原因,在燃气涡轮发动机修理过程中通常都要检查并恢复转子组件的静平衡和动平衡。

7. 燃气涡轮发动机再装配

一般来说,在深度维修或者大修之后,发动机重新装配时需要的工装和工具与发动机分解时所用的一样。另外,发动机重新装配还需要力矩扳手和其他的力矩测量工具来保证零部件安装力矩符合维修文件或者厂家的要求。燃气涡轮发动机的典型特点就是机加工的配合表面之间配合紧密,而且间隙非常小,因此装配过程中维修人员应该极其小心、谨慎,以免超差。燃气涡轮发动机再装配既可以垂直地进行也可以水平地进行,再装配过程基本是分解发动机的逆过程,但是装配时需花费更多的时间来保证紧固件的安装和力矩符合要求。每台燃气涡轮发动机上都有很多在环形圆周上安装的紧固件,在发动机维修手册中这些紧固件的拧紧顺序和安装力矩都有专门的规定,装配时维修人员必须严格遵守。

另外在装配之前,必须检查每个单元体或每段的适航证书和其他相应的维修文件是否齐全。发动机重新装配时,典型发动机大修手册都规定了哪些零件必须更换,而不管这些零件状况如何,如轴承、密封件、垫圈、O形密封圈、保险丝、保险垫圈、锁片(如涡轮叶片的安装锁片)和开口销等。

8. 燃气涡轮发动机试车

大修工艺的最后步骤是发动机试车。通过在试车间里进行发动机台架试车对发动机的性能进行评估,试车间都配备了专业测试设备和标准发动机仪表。不同的发动机有着不一样的试车程序。如果发动机试车期间任何内部零件失效,发动机必须返回修理厂进行分解和修理。在发动机台架试车完全符合要求以后,如果发动机不需要立即装回飞机投入运营,则必须对发动机进行防腐、油封处理后入库保存。

7.2 航空发动机零件的一般检查和修理方法

航空发动机零件的一般检查和修理方法见表7.1。

表 7.1 检查及修理方法

发动机单元体	主要检查、修理方法			
风扇和 压气机	目视检查	荧光渗透裂纹检查	无损探伤检查	涡流探伤检查
	尺寸检查	配合:直径尺寸检查	重量检查	风扇叶片重量矩检查
	打磨修理	型面喷丸和振动光饰	喷钢丸	磨耗涂层更换
	封严条更换	涂覆防咬剂	电镀镍、等离子喷涂修理	电子束堆焊、黏接
	叶片的称重与排序	转子的静平衡和动平衡	高压叶尖间隙控制(高速磨)	盘线装配法
扩散机匣与燃烧室	目视检查	尺寸检查	打磨修理	
	等离子喷涂	喷漆	焊接	

发动机单元体	主要检查、修理方法			
涡轮	目视检查	配合直径尺寸检查	荧光渗透裂纹检查	磁粉裂纹检查
	磁导率检查	X 射线检查	涡流探伤检查	超声波检查
	冷却孔水流检查	叶片超温金相检查		
	等离子喷涂	喷漆	磨耗涂层更换	声源控制
	振动光饰	电子束堆焊		
	叶片的称重与排序	转子的静平衡和动平衡	直线装配法	
排气系统	目视检查	荧光渗透裂纹检查		
	打磨修理	焊接	喷漆	

1．无损检测

无损检测(NDT)是在不损坏零件工作状态的前提下,对被检验零件的表面和内部质量进行检查的一种测试手段。

常用的无损探伤方法有:荧光探伤、磁粉探伤、涡流探伤、超声波探伤、着色渗透探伤、X 射线探伤、Y 射线探伤等。

2．振动光饰

振动光饰是一种表面超精加工工艺(super finishing),也可以称为振动抛光(vibratory polishing)或者振动滚光。

振动光饰的目的有去除毛刺及一些微小的损伤;降低表面粗糙度;抛磨零件的所有棱角,使其圆滑过渡。在航空领域,振动光饰适用于发动机气流通道上的各级叶片、轴、盘等零件。应注意,振动光饰不适于加工精密和脆性零件,也不能获得表面粗糙度很低的零件。在荧光渗透检查前不得进行振动光饰工艺。

振动光饰设备有筒形振动机和碗形振动机两种形式。筒形振动机工作时,零件若朝一个方向不断旋转,不会产生回流现象,磨料与工件间相对摩擦较均匀,光饰效果较好。碗形振动机工作时,零件将与磨削介质在容器中按一定的方向作螺旋运动,零件与磨料的相对运动比筒形振动机的作用柔和,可得到质量比筒形振动机高而清洁的光饰表面,但效率较低。

3．电镀

电镀是指利用电解在部件表面上形成均匀、致密、结合良好的金属或合金沉积层的过程,包括电镀前处理(去油)、镀上金属层和电镀后处理(钝化、去氢)等过程。

电镀的目的一般是改变表面的特性,以提供改善外观、耐介质腐蚀、抗磨损以及其他特殊性能,或这些性能的综合,但有时也用于改变零件的尺寸。

电镀有以下几种(仅限于航空发动机维修)。

(1) 防护性镀层,用于发动机部件(如环形填充块组件)的铬酸盐氧化等。

(2) 耐磨和减磨镀层,如发动机部件镀硬铬等(如齿轮箱伞齿轮、安装节螺栓、3 号轴承座等)。

(3) 可焊性镀层,如发动机部件的化学镀镍等。

（4）耐热镀层，如发动机热部件的镀银等（如安装活节螺栓）。

（5）修复性镀层，如发动机部件的镀铬、镀镍等（如排气机匣）。

4. 喷漆

喷漆是发动机修理中重要的工艺之一，具有防咬（润滑）、防松动、防腐蚀、耐热、耐磨等作用，喷漆用料主要有：

（1）防咬剂（干膜润滑剂）。例如，对于转子件（叶片、鼓筒、毂、盘和轴等）这些润滑剂适用于普通的润滑剂不便使用或者不易保持的表面，或者容易沾染灰尘的地方，可以减少磨损并防止金属的粘连。

（2）涂覆防松动剂。例如，作为铝件铆接时要求的一道工序，铬酸锌底漆（AMS3110）/钼酸锌底漆（PWA36518）的涂覆。

（3）耐高温烘干或空干型铝瓷漆（环氧树脂型、环氧树脂-聚氨酯型）。例如，在银钎焊静子叶片和罩环组件上涂覆 PWA 493 铝底漆和 PWA 595 铝面漆；用高活性铝漆（PWA 596）修整涡轮转子叶片或静子叶片。

（4）聚四氟乙烯清漆。

（5）特氟隆涂层。

（6）通过电泳沉积涂覆金属富铝导电漆。

5. 等离子喷涂

（1）等离子喷涂的定义

等离子喷涂是利用高强度电弧将惰性气体或气体混合物（一般为氩气和氢气）电离至粒子状态形成等离子体作为热源，这种等离子体热源具有高温、高速的特性，涂层材料被其溶化后并喷射到基体上。等离子喷涂可以修补磨损表面，同时不同材料的涂层可以给零件提供一定的耐磨、耐高温、抗氧化、耐腐蚀和其他特定的物理性能。等离子喷涂是航空发动机维修领域应用最为广泛的热喷涂工艺。

（2）等离子喷涂涂层形成机理和形成过程

等离子喷涂涂层是由被热源加热为熔融或半熔融的涂层材料粒子，在外加高速焰流的推动下以高速撞击基体表面，将动能转化为热能，传给基体，同时使它沿着基体的表面发生变形冷凝产生收缩，呈扁平状黏接在基材的表面，在喷涂的过程中，熔融的涂层材料粒子不断撞击，沉积下来就形成了变形颗粒与基材表面之间、颗粒与颗粒之间互相咬合在一起的层状组织的涂层。图 7.2 为典型的涂层结构示意图。

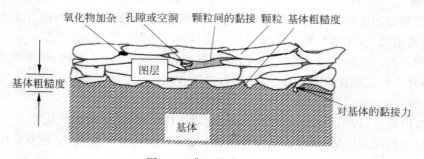

图 7.2　典型的涂层结构

6. 喷丸表面强化工艺

喷丸工艺是一种利用射流在金属表面产生残余压应力的工艺方法。其作用机理是：喷丸射流在金属表面形成压应力表层，提高金属表面的疲劳强度和抗应力腐蚀断裂的强度。

各个制造厂家都有自己的喷丸工艺规范，具体操作要根据不同的手册和规范来进行。目前常用的喷丸设备有吸引式喷丸机和压力式喷丸机两种。

喷丸的关键工艺参数是喷丸强度和喷丸覆盖度。喷丸工艺在发动机零件维修生产中主要应用在风扇毂/压气机转子毂榫槽喷丸强化和发动机转动件紧配合表面喷丸强化。

7. 钎焊

钎焊是使用比金属零件基体熔点低的金属材料为钎料，并加热至低于零件熔点、高于钎料熔点的温度，在毛细作用下利用液态钎料填充零件之间的接缝，达到金属结构连接的目的。

钎焊的工艺方法主要有以下三种。

（1）火焰钎焊

如图 7.3 所示，火焰焊枪产生的氧-乙炔火焰为加热源，进行局部加热的钎焊工艺方法即为火焰钎焊。此种钎焊工艺使用低温金属钎料，钎料为银基金属丝材，熔点为 700℃ 左右，适用于发动机管路零件修理，包括管路外卡箍的更换、管壁磨损部位的钢丝缠绕修理。

（2）感应钎焊

如图 7.4 所示，以感应加热设备的感应线圈进行局部加热的钎焊工艺方法即为感应钎焊。此种钎焊工艺使用中温金属钎料，钎料为银基金属丝材，熔点为 850～1000℃，适用于发动机管路零件修理，包括钎焊连接的接头和销钉的更换修理。

图 7.3 火焰钎焊使用的氧-乙炔焊枪

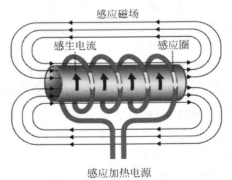

图 7.4 感应钎焊使用原理

（3）炉中真空钎焊

在真空加热炉中，进行零件整体加热的钎焊工艺方法即为炉中真空钎焊。此种钎焊工艺使用高温金属钎料，钎料为镍基金属钎料带或者钎焊粉，熔点为 950～1200℃，适用于发动机静子组件的镍基蜂窝封严结构的更换修理，包括高压压气机、高压涡轮和低压涡轮蜂窝封严磨耗带的更换修理。

8. 热处理

金属热处理是将金属工件放在一定的介质中加热到适宜的温度,并在此温度中保持一定时间后,又以不同速度冷却的一种工艺。热处理过程包括加热、保温、冷却三个阶段。

热处理的目的是为了使金属工件具有所需要的力学性能、物理性能和化学性能。除合理选用材料和各种成形工艺外,热处理工艺往往是必不可少的。钢铁是机械工业中应用最广的材料,钢铁显微组织复杂,可以通过热处理予以控制,所以钢铁的热处理是金属热处理的主要内容。另外,铝、铜、镁、钛等及其合金也都可以通过热处理改变其力学、物理和化学性能,以获得不同的使用性能。

金属热处理是机械制造中的重要工艺之一,与其他加工工艺相比,热处理一般不改变工件的形状和整体的化学成分,而是通过改变工件内部的显微组织,或改变工件表面的化学成分,赋予或改善工件的使用性能。其特点是改善工件的内在质量,而这一般不是肉眼所能看到的。

（1）主要的热处理方式

主要的热处理方式有退火、正火、淬火、回火和化学热处理等。另外还有为了获得一定的强度和韧性,把淬火和高温回火结合起来的工艺方法,称为调质。

某些合金淬火形成过饱和固溶体后,将其置于室温或稍高的适当温度下保持较长时间,以提高合金的硬度、强度或电性磁性等。这样的热处理工艺称为时效处理。

（2）发动机部件的热处理

一般在发动机修理中,热处理主要应用于零件的应力消除,通常熔焊修理后的零件必须消除应力,在炉中空气气氛下进行的去应力操作也可用于局部去应力,如焊接后的应力去除、机械加工后的应力去除等,零件有 PW4000 发动机高压涡轮机匣等。为了防止产生裂纹,在去应力以前必须小心搬运零件。一般手册推荐在 24h 之内进行去应力/回火,但最好首选在 12h 之内。

某些材料（特别是 HASTELLOY X）在恢复尺寸和修理之前的固溶热处理可提高材料的延性和焊接性能。长期工作在 1200℉（649℃）或更高温度的发动机工作环境可导致晶粒边界碳的沉积。固溶热处理可溶解这些碳颗粒,将材料恢复到更具韧性的状态。

9. 黏接、封严和填充工艺

黏接工艺是一种利用树脂类黏接剂,将发动机零部件连接成一个整体,并达到规定的结合强度的工艺方法。

封严和注胶填充工艺就是使硅橡胶类填充剂,以涂覆和注入方式对发动机零件进行局部封闭和形成具有封严功能的特定结构。

（1）工艺注意事项

此工艺包括的各种黏接剂、底漆、表面处理材料和溶剂可能带有毒性或含有易燃成分,要防止吸入其蒸气、雾滴和粉尘。须在通风良好的地方进行底漆、黏接剂、密封剂和填充剂的混合与喷涂,避免与眼睛和皮肤接触。按要求使用防护设备。液态黏接剂、底漆和溶剂要远离火源。

（2）工艺操作环境要求

黏接、封严和填充工艺要求在满足规定环境要求的专用操作间内进行。硅橡胶类封严、注胶操作和非硅橡胶树脂类黏接操作要求在相对独立的操作间内进行。操作间应满足规定的温度、湿度和空气洁净度要求。

7.3 航空发动机限寿件的更换

在发动机本体的单元体中,一些重要的转动部件失效时会导致整个发动机破坏,在高速情况下,严重的可能甩出发动机,这些内部转动件和部分机匣框架就是限寿件。通常适航当局在厂家手册的第5章规定了限寿件使用的最大循环数,大多数为15000~30000。限寿件一般包括转动盘、转动封严、转动鼓、转动轴、涡轮机匣及框架等。

整套限寿件的费用占发动机成本的20%以上。如果发动机一直被用来执行长航线,那么这些限寿件有可能不用更换就能使用到发动机退役。如果发动机是用来随飞机执行短航线的,则循环数相对较多,在发动机退役前一般需要2~3次的修理更换,当然,这也相应地增加了发动机的使用维护成本。

通常采用发动机上限寿件中最小剩余寿命的剩余循环数来表示发动机的剩余寿命。当然,发动机的使用不会把限寿件所有的剩余寿命都用完,出于对安全裕度的考虑,通常限寿件在还有2%~15%的剩余寿命时就会被更换。

有一些限寿件的最大使用寿命可能因适航指令或特殊技术原因而被限制缩短,也有一些限寿件的最大使用寿命可能因为经验和技术的积累和发展而被增加。这样的话就要调整相应限寿件的剩余寿命,延寿情况也会经常碰到,视情调整发动机的送修更换计划。

影响限寿件成本的主要因素就是众所周知的厂家价格的调整幅度,通常生产厂家对限寿件的售价每年会进行4%~10%的增幅调整。一台发动机的限寿件多到近20个,这样的价格调整会大幅增加限寿件的使用成本。

限寿件的主要费用是购买材料的费用,即使是使用过的旧件,其价格也不菲。在修理过程中还会产生一系列不可避免的更换费用、仓管费用、运输包装费用等。

下面以CFM56为例介绍发动机大修中的限寿件控制。

CFM56系列发动机的成功运行给民用航空发动机维修事业带来了前所未有的繁荣。在国内民用航空发动机大修的市场份额中也以CFM56系列发动机维修为主。其中发动机限寿件的使用控制是贯穿发动机运行始末的一项主要任务。不管航线维护还是进场大修,限寿件的跟踪控制都必须清晰明确。探讨、推进限寿件的使用管理具有重大的实际意义。

1. CFM56发动机限寿件跟踪控制的要求

CFM56发动机的限寿件几乎都是转子部件和部分低压单元体框架结构件,是保证发动机安全、可靠运行的关键部件。这些部件的工作环境恶劣、工作负荷较大。核心部分持续高温,转子部件的转速可高达15000r/min,一旦失效,造成的危害是惨重的,轻则导致单元体报废,重则机毁人亡。因此,为了公众利益,从技术根源上考虑对这些关键件的工作时间或工作循环数进行限制是必需的。同时,适航法规也对限寿件的跟踪控制提出了强制要求,CCAR-43、CCAR-121、CCAR-91、CCAR-145等都做了明确规定。每一个运营人、维修机构等都有义务严格执行相关规定。

2. CFM56 发动机限寿件跟踪控制内容

从发动机限寿件的生产、使用、修理到报废,适航法规都对相应的生产厂家、运营人、经销商、修理机构等做了工作规定,对限寿件的设计生产、运行时间/循环数、保存、转移、修理、标示、记录、报废等做了详细要求。CFM56 发动机主要采用循环数来作为控制的参数。

为了使限寿件状态的跟踪控制清晰明了,一般对限寿件状态进行单独跟踪记录。记录内容包括限寿件名称、件号、序号、每次安装/拆卸的时间、累积运行的时间/循环数、安装发动机序号、维修记录和相关履历文件等。CCAR43.9 列示了比较具体的限寿件控制要求,确保到寿的限寿件不会被安装到发动机上。

3. CFM56 发动机大修中的限寿件控制

航空公司工程部门根据厂家推荐的维修方案或非例行工作确定发动机的下发和送修计划,并制订送修工作范围。此时,航空公司必须提供一份完整、清晰、准确的发动机限寿件运行的状态清单,并由有授权的质量人员签署。发动机大修厂接到送修人的修理指令后,将要组织专门的工程技术人员对送修人的送修工作范围进行检查、评估,并制订出发动机大修的具体实施工作任务。发动机大修厂事前做修理工作计划时就需要明确限寿件修理、更换的具体要求。根据既定的发动机修理工作范围,确定外送修理计划和限寿件订购等工作。

(1)拆下限寿件的控制

拆下的限寿件要按以下方法进行控制,确保剩余寿命不满足装机要求的限寿件不被装回发动机。

建立一个跟踪记录系统:发动机进大修厂后,要在该系统中记录限寿件的寿命情况,该记录要与客户提供的运行记录保持一致。记录内容包括件号、序号、拆下发动机序号、累积运转时间/循环数、当前剩余运转时间/循环数、客户的无特殊运行环境声明、修理履历等使用状况。

挂签:限寿件从拆下开始,在整个的检查、修理、转移、库存到最后的安装过程中,要对其进行挂签、标识,并对更新内容及时记录。任何时候都能够从其挂签文件上读取该限寿件最新的详细信息和修理记录,并保证其能在大修厂的维修管理系统中进行跟踪查询。

标记:对拆下的一些限寿件因检查修理的需要,必须在待修件的本体上作一些标刻记录。这些标记可能是永久性的,也可能是非永久性的。这些标记工作必须按照制造厂家的标记说明文件进行施工,不能破坏限寿件的完整性。

存放:限寿件的存放与其他航材的库存要求相同,需要特别注意的是相应的标识、挂签和文件必须随件携带,方便跟踪控制。

隔离:除了在场修理的可修件按照大修厂的修理管理程序执行相应的修理隔离工作外,还有两类不可用限寿件需要做相应的隔离工作。一类是那些剩余寿命还很多、根据客户要求将来有可能修理恢复再装机的拆下未修件,或暂时不可修复、将来可能因技术改进而可修复的件,这类限寿件必须携带相应的不可用挂签和必要的履历文件,同时在跟踪记录系统中保持清晰完整的记录,以备恢复使用时参考。另一类需要隔离的是那些彻底不可用的报废件,这些报废件不管是因为到寿报废,还是缺陷超标等原因报废,都必须挂带醒目的不可用挂签,并进行明显不适航的破坏,如打孔破坏、切割破坏等,确保其不可被修复或重新装机使用。

（2）装机前限寿件的准备和检查

发动机进厂分解后，拆下的限寿件有的直接报废，有的修理恢复等待装机。根据客户修理工作范围的要求，大修厂需要对发动机最后组装前进行集件处理。对那些报废或不准备装回原发动机的限寿件要提前做好件的补充准备工作，可能采购新件或满足装机要求的旧件，也可能由客户自己提供限寿件或厂内串件，或同时从以上多个渠道获得。在限寿件装机准备工作中要对以上各种渠道获得的限寿件分别采取相应的检查和控制。

采购的新件：从供应商获得的新件，一般都能满足装机要求，在入库检验时重点检查其初始适航文件和证书，以及实物的外观损伤情况。根据装配手册的技术要求，某些限寿件还需要进行装配前的测量、配磨等少量检查修理工作。

采购的旧件：通常为了节约成本需要采构剩余寿命满足装机要求的旧件进行装机。由于旧件之前有了使用和维修，因此其记录文件变得较为复杂。尤其是经过多个运营商和维修机构进行过多次使用、拆装、修理的件，其记录文件多而杂，容易混乱不清。这样的件除了对实物检查外，必须对其记录文件进行严格的质量检查，保证可靠性和适航性。这些记录文件的检查很简单，但是对一些使用历史较复杂的旧件往往需要较专业的知识和经验才能追溯清楚。

客户提供的限寿件：客户自带件一般需要客户提供满足装机要求的适航证件和记录文件，要求客户保证其装机的适航性。但往往客户会委托大修厂家来做这一系列的质量检查。根据不同的委托协议有不同的做法。

大修厂内串件：依据大修厂串件程序办理串件，从而满足装机要求。同一客户的发动机之间的串件，往往由客户来保证装机件履历文件的适航性。但不同客户发动机之间的串件，则必须按照采购旧件的办法来确认其履历的适航性。

无论是采用何种渠道，只要安装的是旧件，就必须进行其全程的履历检查。对于运行过不同推力等级、不同构型、不同机型、做过改装和延寿修理的件，要对其使用时间、循环数和剩余的时间、循环数进行详细验算，确保满足装机要求。另外，对长期库存的限寿件，也需要对其寿命限制进行核对，确认之前的剩余寿命计算与现行的手册要求一致，保证其最新寿命状态满足装机要求。

（3）限寿件装机后的记录

发动机限寿件装机后，相关的适航文件和维修记录必须按委托维修协议和适航要求归档保存，并且要做详细的汇总记录，制作完整的限寿件状态清单，并按客户要求提供相关文件、记录和报告。

4．CFM56 发动机限寿件控制的注意事项

CFM56 系列发动机有 CFM56-2、CFM56-3、CFM56-5、CFM56-7 等多个机型，每一个机型又有不同的构型和工作推力等级，不同的构型或工作推力等级对应不同的使用寿命限制。同一个限寿件往往可以安装到不同的机型、构型和使用不同的推力等级。这样，在限寿件使用过程中，可能经历了不同的机型、不同的构型或使用过不同的推力等级，其拆装修理记录和使用背景就会很复杂。在计算剩余寿命时，不同阶段就必须采用不同的寿命限制参数。检查限寿件的记录文件成为使用旧寿命件的一个主要工作。应该重点注意以下事项。

（1）使用背景复杂的限寿件必须对实物进行仔细的安装前检查，如果发现有异常的标记标刻或异常的修理迹象必须及时弄清楚，防止存在未做记录的超标缺陷和偏差修理。如果有偏差修理，必须按偏差修理件的处理程序执行。

（2）运营人必须出具各使用阶段的无特殊运行环境（事故、过热、腐蚀、着火、非民用等）的声明，以确保限寿件的正常使用历史。

（3）限寿件在翼使用维护过程中可能因转让、租赁、维护等原因需要调机飞行，如果发生调机飞行的时间、循环数没有列入履历记录，必须要求该件的提供者追溯并提供调机飞行的时间、循环数、推力等级等记录。

（4）如果限寿件进行了延寿修理工作，必须记录并确认延寿修理前后的寿命状态，验算最新寿命状态满足装机要求，同时确认得到客户的认可或批准。

（5）检查确认适航指令和服务通告的执行情况。尤其是在不同机型上运转后，服务通告的执行是否满足后续装机机型的技术要求和适航要求。

（6）历史较长和使用背景复杂的限寿件，必须验算剩余寿命，确认其最新寿命状态满足装机要求。

此外，还需要确认相关的适航证书、新件证书、转让租赁协议、维修记录等满足适航要求和客户的装机要求。

因为运营商、修理机构、航材经销商等相关机构在限寿件的使用管理过程中难免会出现差错，加上政策、规范、施工手册等信息的持续更新，都会影响限寿件的最新装机要求，所以必须要进行全面的复核检查工作，之前的寿命状态结论不能替代当前的控制工作。

在实际的发动机大修过程中，对限寿件的管理和控制工作，不仅限于上述讨论内容。各发动机大修厂都有详细的管理程序和工作方法，应严格按照相关适航规定和客户要求对限寿件进行严密控制和跟踪，避免不合格或非法的限寿件安装到发动机上。目前，市场上CFM56-3发动机的旧限寿件占有大量的份额，随着时间的推移，CFM56-5、CFM56-7发动机的旧限寿件也会越来越多地被利用在大修装机的工作中。对这些限寿件的管理控制任务会越来越艰巨，需要各运营人、维修机构、经销商等相关机构加强控制和管理，创建良好的限寿件使用环境，保障航空安全。

7.4　航空发动机大修厂需要的工具设备

随着国家的强大和全面社会经济活动的繁荣，国内民用航空企业如雨后春笋，各种先进的民用航空飞机被蜂拥般引进，活跃了飞机维修和发动机等部件维修的配套行业，其中维修成本相对较高的发动机大修业务已经发展得如火如荼。但因专业技术的壁垒和商业链竞争的垄断等因素，大众对几乎以合资控股企业为主的国内发动机大修业务依然还很陌生，即便是飞机维修业内人士如果不直接接触发动机大修工作也最多是知其然而不知所以然。因发动机大修业务涉及庞大数量的软硬件，不可能用简单的言语梳理清楚，本节用简单的篇幅对发动机大修厂的设备工具作简要介绍。

1. 发动机大修流程简介

考虑配备什么样的工具设备是由发动机的大修流程所对应的活动决定的。理解了发动机的大修流程才能有目的地准备相应的设备工具。参考国内、国外先进的发动机大修厂的一般做法，发动机的大修流程分为以下几个主要流程步骤：

（1）发动机的接收及检查；

（2）发动机的分解；

（3）发动机零部件的清洗；

（4）发动机零部件的检查，包括 NDT、尺寸检查及相关操作检查等；

（5）发动机零部件的修理检测，包括就地厂内修理和外委修理；

（6）发动机零部件的集聚，包括视情借件或买件行为；

（7）发动机的组装；

（8）发动机的测试；

（9）发动机的交付和运输。

发动机大修需要的设备工具就是为满足上述流程中的活动而必须准备的，在计划和准备相关的设备工具时，一定要把大修流程的各功能模块划分清楚，有针对、有目地进行发动机工具设备的筹备。除了以上主要流程中涉及的活动，还有大量的工程技术管理和生产支援功能穿插作用于流程的各个环节。

另外，很重要的一点是必须明确发动机大修机构的大修能力，按照适航批准的大修能力对相应机型和工艺进行工具设备的准备。

2. 发动机厂房布局参考

发动机厂房的布局主要依赖实际厂房空间大小的适用程度，为了满足和便于发动机大修流程的高效开展，规划出各功能区域。除了行政管理办公和部分生产支援性办公的工作空间不作特别要求外，适航法规 145 部对厂房设施都作了基本的要求规定，无论怎样的厂房布局都要满足适航法规的基本要求。同时维修机构为了更好地完成发动机大修业务，在满足适航要求的基础上可以作一些个性化的合理布局。

一般来说，发动机的接收检查区域与日常航空器材及零部件的到货检验在同一区域完成。发动机、单元体的分解生产线要与发动机、单元体的组装生产线分开来进行。零部件的清洗和检查设置在相邻的区域，便于执行 NDT 等检测工作。测量、检测等工作根据具体的环境参数要求，视情设置专用的工作区域或空间。修理工作根据不同修理工艺的要求设置相应的作业空间，对安全和环境影响要作充分的考虑和进行隐患缓解处理。

库房管理是任何一个维修企业不可忽视的重要内容。库房管理工作必须与生产能力相适应，保证库房中零部件的库存状态满足其对应的要求。同时，还要建立清晰有效的零部件跟踪管理系统，确保库房中零部件的出入库及其位置是规律条理、有效可用的。

除了留够发动机大修生产作业的厂房空间和零部件的存储流动空间外，还要设置充足的工装设备保存和维护使用的空间区域。发动机大修工作涉及很多大型工装设备和工具设备，这些工装设备的保存和维护使用需要充足的空间区域来进行，往往占据较大的场地或房间，在作厂房布局规划时不能忽略。

发动机大修流程中伴随着大量的人员活动和物料迁移，因此，厂房布局中要留够充足的人员活动场所和物料迁移通道，确保大修流程中的作业顺畅。

另外，对一些具有潜在发展更新的发动机大修作业项目，还要预留充足的空间区域作为未来项目开发而使用，如扩大生产线、增加修理项目、增加机型、增添新的修理设备等。

在对市场远景充分论证后，新发动机大修项目立项进入实施阶段，厂房设施的规划和发动机修理专用工装和设备的引进、调试便成为决定项目周期和建设成本的重要因素。一般来说，发动机修理厂可以在 1 年半的时间内完成前期的预备工作并开始对首台发动机进行试修。

3. 试车台的建设考虑

发动机大修的试车台是一个既专业又昂贵的项目，通常由专业的试车台厂家来修建。在修建的过程中最好随同适航部门的人员做好准备工作。当发动机大修项目进入实施阶段后，试车台的建设是整个维修过程中周期最长，也是需要最优先开展的设备项目。新建的试车台一般会由委托的试车台修建厂家全程负责。对于现有试车台的改造，一般包括台架、吊发设备和安装试车软件 3 个工序。目前，试车台改造的本地化面临着周期和认证两大困难，因而其升级改造一般会选择发动机的 OEM 厂家进行。在这个过程中，厂家需要约 1 年的时间完成硬件和软件的预备，随后运输到现场并进行为期 3 周左右的安装调试。同时，还需要有一台合格的发动机用于试车台的标定。OEM 厂家的专家组会将合格发动机在新试车台的性能数据与这台发动机在另一个经过认证的试车台所获取的性能数据进行对比，并完成标定。

目前世界范围内 15 万磅（68000kg）推力级的航空发动机试车台，通常具备以下特性：拥有先进的采集系统，这个系统能处理航空发动机试车所需的大量数据；拥有操纵及控制航空发动机试车流程的智能化人机接口（HMI），并采用可编程逻辑控制（PLC）技术来控制其中的部分功能；对于不同的数据、报警等信息能实现形象生动的显示；能在发动机试车结束后自动生成客户需求范围内的性能报告。除此之外，先进的试车台还需安装高速、稳定的计算机系统并配有专用的大型液压吊装夹具，用于运输预备试车的飞机发动机。

发动机试车台除了发动机台驾试车的试车间和操作控制设备间等，通常还必须配备发动机的试车准备作业车间。发动机在吊装到试车台架前必须按特定机型的试车要求安装完整的试车相关零部件和数据采集传感器。另外，发动机试车过程中如果遇上排除故障需要长时间拆装零部件的时候，为了不占用试车台架，可以把发动机临时移离台架，到另一车间进行拆装准备工作。因此，配备一个满足作业要求的发动机试车准备间非常重要。

4. 发动机大修工具设备简介

1）发动机分解装配专用工具及其调试

（1）分解和装配发动机要各式各样的吊具、夹具、拔具以及一些支撑、存放和翻转的工具。一般维修厂商会从发动机的 OEM 厂家购买供分解装配的专用工装，而 OEM 厂家会有专门的工装设计小组对特殊的工装进行设计，并在维修手册的每一个章节列出所需的专用工具清单和件号。这些专用的工具覆盖了发动机修理的主要操作过程，并大量采用优质的原材料（如进口铝 6061、特殊钢 400CrMo 等）、先进的加工工艺并配备国外著名厂家先进的标准件，如精度达 0.001mm 的大型气动转台。

除了上述从 OEM 厂商购买的专用工具外，还有一些从当地采购的辅助设备，如吊秤、力矩倍增器、加热器、测温仪等，约占分解装配所用工具数目的 5%。此外还有一些手动工具，如内六方扳手、转接头、加长杆、棘轮扳手、力矩扳手等。由于发动机上有大量的螺钉螺帽需要分解，且这些螺钉螺帽的紧度大，位置各异，因此，还需要很多高质量多规格的手动工具。SNSP-ON 和 FACOM 是全球范围内两家主要的专用航空手动工具供给商，其产品可以满足发动机分解各个阶段的需要。

（2）发动机装配整个过程的质量和安全性很大程度上取决于各个部位转子的平衡，所以对平衡设备的性能有较高的要求。全套平衡设备主要由卧式平衡、立式平衡和叶片静平衡三部分组成。卧轴和立轴形式的设备参照 SAE 标准应用于单个涡轮和压缩机转盘的精平衡和带有高精度平衡夹具的完全模块化的动平衡；叶片静平衡设备则用于测量单个叶片的质量、重心及其半径。一个先进的平衡设备都具备智能化的软件在转子的圆周上为叶片提供最优化的分配,使所有力矩总和最小化。以卡尔·申克公司的平衡设备为例,该公司提供的平衡设备在技术上处于世界一流水平,配备有成熟稳定的软硬件系统和精准耐用的机器设备,获得了行业内最高的测量精度,操作简单方便,目前已被很多维修企业采用。

（3）上述工艺装备的装配和调试一般分为以下三个步骤进行。

第一,维修人员要对照图纸检查工艺装备的完整性,对螺钉螺帽以及内十二方花键这类易损耗的部件应建档并预备备件。

第二,对重要的功能性尺寸和技术参数进行复测。量具类工装的功能性尺寸要定期检测；打具和拔具类工装要检查零部件的硬度值,防止因硬度不合格（硬度过高）而造成使用过程中工装的损坏,同时避免对零件和人员可能造成的伤害；对吊具除进行目视检查之外,还应定期进行载荷试验和探伤。载荷试验中可通过贴应变片观察吊具有无永久性变形,荧光和磁粉探伤可探测吊具有无裂纹。

第三,使用培训软件来对工装进行实际功能检查,除功能性尺寸需要复测获得具体数值外,其他的结构尺寸可通过实际操作来进行功能性测试。在装备的调试过程中这一步是必不可少的,由于 OEM 的图纸及工装制造过程中可能存在 5% 左右的缺陷率,不经过功能性的测试直接在首台客户发动机上使用有一定的风险。而且,工作者也需要通过在培训软件上使用工装来熟悉和把握工艺装备使用要点,把握发动机分解装配的操作流程。

（4）在发动机维修中还涉及一些高精度机加工设备,如发动机转子叶片磨削高速磨床。该设备专门用于叶片在高转速下的磨削,其意义在于使磨削过程中叶片的转速与装在发动机上工作时一致,叶片的伸展量与发动机运转中一致,转子叶片在磨削中得到的尺寸与实际工作中一致,从而可获得完美的发动机转静子间隙控制。整个磨削过程自动化,包括粗磨、精磨、去毛刺和测量,进一步得到磨削的精度、效率和质量。

2）发动机零件的清洗、检测与维修

（1）清除零部件表面积碳和污染物,使零部件表面达到一定的洁净程度,是对零件进行检查前必须完成的一道重要工序。发动机零件的清洗过程是一个复杂的物理、化学过程,不仅与污染物的性质、种类、形态以及黏附程度有关,也与清洗介质的理化特性、清洗性能、工件材质、表面状态以及清洗的条件,如温度、压力以及附加的超声振动、机械外力等因素有关。一台完整的航空发动机涉及的零件数目、种类繁多,因此,需要有不同的清洗线来完成不同材质零件的清洗。目前,维修企业主要应用不同的清洗槽（如浸渍清洗槽、洗擦槽、喷流清洗槽、超声波清洗槽、减压清洗槽、旋转筒清洗槽等）来清洗不同的零件。根据零件受污染情况的不同,有时还需要与其他洗涤方法混合使用。

（2）除了上述清洗方法外,目前部分航空发动机大修厂已应用了单机械手或多机械组合自动清洗线,可完成工件移送、清洗、干燥等工艺。这类清洗线的特点是：自动上下料台,可以正确上卸工件,降低劳动强度；拥有循环热风烘干槽,工作环境干燥,零件表面无水渍；具备抛动清洗功能,保证零件清洗均匀；设置液位控制系统,确保机器正常工作。

（3）在完成了零件的清洗后,下一步要进行零件检测环节。零件尺寸检测环节,一般只需要一些通用的量表量具和三坐标测量仪、影像测量仪等基础设备,而零件的检测对设备的要求则比较高,往往需要用到一些特殊的专用检测设备,如专用的风扇叶片检测计算机系统、叶片表面缺陷激光测量仪等。在检测过程中经常涉及的无损检测设备包括荧光渗透探伤设备、磁粉探伤机、X 射线检测设备、超声和涡流检测设备、内窥镜检查设备等。近年来,由荧光渗透和内窥镜检查组合而成的 UV 孔探设备受到了越来越多维修企业的青睐。

(4) 用荧光渗透法对发动机零件进行无损检测,是探测发动机零件损伤程度的重要手段。普通的荧光渗透设备只能对零件表面进行检测,而航空发动机零件的外形十分复杂,对于那些口径很小的深孔以及零件里狭小的凹穴,普通的荧光渗透设备无法测量。目前先进的 UV 孔探系统采用 OLYMPUS UV3000 光源,这是日本奥林巴斯(OLYMPUS)株式会社在 2006 年 8 月面向全球航空客户推出的最先进的荧光光源,适用于对航空零件进行高质量荧光孔探。这款荧光光源达到了 $15mW/cm^2$(间隔 15.24cm)的高强度以及 3000h 的超长寿命。OLYMPUS 这款 UV 孔探设备的图像显示分辨率高达 1024 像素×768 像素(以前是 480 像素×320 像素);具有静态影像记录功能、静态影像加注声音记录功能及动态影像记录功能。此外,它除了可以在计算机上控制操作内窥镜外,还可以通过设备远控器轻松地实现探头的全方位导向、无级电子画面放大及多种亮度调整等功能。

(5) 根据零件的不同损伤程度,其修理等级可分为小修理、中度修理和深度修理 3 种。发动机零件的小修理工具主要包括用于螺套更换的全套专用工具、手动气动打磨工具、铆接工具、氩弧焊机、喷漆设备、喷丸和表面强化处理设备。发动机零件中度修理主要应用的设备有等离子喷涂设备、真空钎焊设备、各类机械加工设备和电镀设备。发动机零件深度修理中用到最多的是焊接设备,如激光熔敷焊接设备、激光自动焊接设备、电子束焊机等。其中电子束焊属于高能束焊接,其特点是焊接时不需要填充焊丝或其他材料;焊接深度在 0.05~100mm 范围内,可以精确控制;焊缝深宽比大,可达 25∶1 以上;热影响区小,使焊后工件变形小。此外,由于焊接是在真空环境中进行的,所以还可采用扫描搅拌焊接,这种方法有利于焊接过程中气体杂质的排出,使焊缝表面光亮美观,无氧化现象。

3) 其他维修设备

发动机的在翼维修也是发动机维修不可忽视的环节,而孔探打磨工具是在翼维修中被广泛使用的设备。发动机在飞行和试车台试车过程中,压气机叶片有时会因空气中细小的外来物而产生损伤或腐蚀。孔探打磨工具对已知的发动机叶片故障进行测量,进行多角度的刚性打磨和抛光处理,并对全过程进行记录。当叶片损坏程度在修理范围内时,采取原位修理,加深打磨 0.05~0.1 倍腐蚀深度,整个打磨面光滑过渡;然后在蚀坑的两端加长打磨 5~10 倍的腐蚀深度,最后检查整个打磨面深度不得超过修理标准。当然,具体的修理标准要参考相应机型的适航批准资料或手册执行。目前,德国 RICHARD WOLF 公司提供的孔探打磨设备就可以为发动机提供快速安全的叶片修理服务,而且不用分解、拆卸发动机。

第8章 航空发动机的维修成本和送修管理

8.1 发动机维修的成本构成

民航发动机的成本通常指使用运营中的成本,这个问题与发动机的机队管理是分不开的。在发动机的机队管理中通常要以发动机的安全可靠性和发动机成本控制为核心进行,通过科学有效的管理,使发动机具有较高的可靠性、安全性,以及较高的利用率,并且保持在较低的维护成本,以达到发动机经济实用的目的。

1. 飞机的客运成本

首先必须了解航空公司客运活动中成本的基本构成。根据主流机型的厂商 PW 和 CFMI 的统计数据,航空公司客运过程中涉及众多成本项目,主要有飞机机体的购置成本、发动机的购置成本、旅客运营成本、地面设备购置成本、燃油成本、飞机机体维修成本、发动机维修成本、机组人员薪酬成本、日常经营管理成本和运营间接成本等。

飞机客运,首先需要引进飞机,飞机的引进成本或购置成本就是第一项成本。一般因选型的需要、厂家独立报价及后续维护成本管理的需要,飞机购置成本分为机体和发动机两部分购机金额。①机体购机金额,根据机型的不同其占总运营成本的比例也不同,一般宏观的参考比例为 26% 左右;②发动机购机金额也与机型的选择相关,一般占总运营成本的 5% 左右。根据飞机不同的引进方式(自购、经营租赁或融资租赁等),购机成本可以按具体的财务管理方法进行进一步的分摊。

飞机客运的所有活动都是围绕旅客的需求展开的。运营人不仅仅是给旅客提供一个舱内空间,而且为了给旅客提供优质的服务,必须付出一系列的经营管理(票务销售、广告、机场各种空间的租用、人员的配给、空港使用等),这些项目很多都是人们日常能直观感受到的旅客服务项目。这些旅客服务的运营成本占总运营成本的比例较大;一般为 25% 左右。

燃油是大家看得见摸得着的一项主要的运营成本,燃油消耗同样是运营中的刚性成本支出,大概占总运营成本的 11% 左右。燃油的消耗率可以通过发动机的技术管理和机体的技术管理进行适当的降低。

机组人员也是重要的成本支出项目。除了人们能直观感受的薪酬待遇的大笔支出外,还有机组人员管理费用(如培训学习、体能训练的投入等)。这部分也会因公司的具体人力资源管理情况不同而有一定的差异,通常会占总运营成本的 7% 左右。

围绕着飞机,除了前面提到的飞机购置成本,在运营过程中还要产生较大的飞机维修费用。飞机的维修费用支出主要体现在机体维修费用和发动机维修费用两大部分上。机体维修费用大概能占到总运营成本的 6% 左右,主要包括机体及其附部件日常进行的航线维护和定期大修工作;发动机的维修费用所占比例稍微少一点,大概占到总运营成本的 4% 左右,主要包括发动机及其附部件的航线维护费用和大修费用。

人除了日常的生活保健,偶尔也会生病、受伤、花钱买药、输液、做手术。飞机运营也一样,除了正常的维修管理支出,也要为非正常的运营事件买单。这些运行中非正常的间接支出成本主要发生于诸如发动机空中停车、中断起飞、返航、备降、冲出跑道等事件。这部分成本虽然不常发生,可一旦发生就会产生巨大的支出,有时候甚至决定航空运营人的生死存亡。对特定的运营人来说,很难准确界定该部分成本的比重。但从历史统计数据来看,平均大概占总运营成本的 10%,其中有 10% 左右是与发动机有关的成本支出。

当然,根据法规要求,飞机的客运只能由法人机构(成立公司)进行。因此作为法人机构的运营人必须按照法规要求拥有必要的管理硬件设施和软件支持系统,从而进行日常的运营管理,这也需要费用和支出。可按软硬件把运营人的日常管理成本分为地面硬件设施支出成本和软件系统管理活动支出成本两大类。这与人的生存一样,有钱就过得奢侈一点,没钱的话只要解决饱暖也能生存。公司的日常管理也是同样道理,须从公司的实际需要决定最少投入的管理成本。根据相关历史数据的统计,管理的硬件设施支出成本可能占总运营成本的 2% 左右,日常管理活动及其软件支出成本大概会占总运营成本的 4% 左右。

通过以上简单的梳理,我们对飞机运营的成本有了一个总体的理解。比例份额仅供参考,针对不同运营人及不同机型各成本组成所占比例有所不同。运营人对成本管理的任务就是耕耘好各成本项目,通过各种有效手段使各项成本最小化。

2. 机务工作对成本控制的影响

从飞机运营成本的构成来看,与机务工作相关的运营成本占了很大的比重。机务人员参与了飞机及发动机购置并发挥重要作用;机务在飞机/发动机修理中是主要角色;非正常运行事件中机务工作也是必不可少;地面设施的引入及维护管理也大多由机务部门完成;通过对飞机/发动机使用管理技术的提升从而达到节省燃油的目的也需要机务部门的努力,等等。可以看出,机务部门是成本管理中的大户,拥有一支精锐的机务队伍,对运营人来说就是拥有了一部高效的赚钱机器。其实机队管理和资产管理的主要任务就是为了提高飞机使用的可靠性,并控制成本支出。尤其在飞机的日常运行中要持续对各项维修项目进行规划和控制,使飞机使用维护成本最小化。这些工作对减少机体维修成本、发动机维修成本及燃油的消耗具有突出的贡献。

在飞机引进时,机务工程技术管理人员需要对飞机、发动机及其部件的选型进行大量数据的收集、对比、分析,从安全、可靠的角度进行技术判断,为公司的精明决策提供可靠的依据。简单说,就是当前行业中哪几款飞机及其部件安全可靠,什么样的构型搭配在飞机运营中既安全又省钱,什么样的航空产品能使公司当前的维修管理资源利用最大化等,这些都得听取机务工程技术人员的专业建议。不管飞机机体、发动机是购买引进还是租赁引进,机务的专业建议对购置成本都产生重要的直接影响。如果引进的是使用过的旧飞机,那机务人员对实物的现场检查验收和对文件记录的审阅结论直接决定了飞机引进时的价值,也间接影响了飞机日后维护成本和最后的残值。

在飞机的引进或航材购买协议中经常会有相关的售后服务条款,包括购买零部件的优惠办法、人员的培训服务、保修/包修协议等,这些条款的细则都需要工程技术管理人员来协商和确定,这些专业的决策最终影响了未来航材使用成本和维修成本。另一方面,机务管理系统在有关机务协议、合同的管理和履行工作上也进一步节约了公司的成本。专业的机务合同协议管理工作把相关条款、细则合理分解到各职能部门,使公司应享受的优惠、折扣、回扣和信贷补偿等好处落到实处。

飞机现场维修工作对降低维修成本非常重要,包括对物料管理、生产控制、工时管理、工作质量、差错管理、人员配备等多方面进行持续优化和改进,使维修生产成本最小化。例如,施工过程中对物料的合理节约和无谓浪费是显而易见的成本影响因素,需要每一个生产人员积极对待;清洁飞机,减少污物重量,保持外表洁净使飞机有较好的气动表面,减小飞行中的气动干扰及阻力,增加升力效率,从而减少推力降低燃油消耗;蒙皮修理得好、盖板缝隙密封胶填得好、漆工做得好,都有增加外形气动效率的效果,从而节省燃油;飞行操作舵面校装得好,飞行中依照飞行指令按预期角度或行程工作,减小额外的气动载荷和干扰,同样利于燃油节省。这些很常见的维修工作都提升了飞机的工作性能,改善或恢复了飞机各操作功能,降低了能量损耗,最终达到节省燃油成本的目的;差错控制得好,少出维修差错、不返工,省时、省力、省料,多方利好。

机务工程技术人员对发动机进行专业的管理,可以改善发动机的使用可靠性,从而减少空中停车、返航、复飞及因发动机产生的航班延误和取消等发动机使用事故率。通过专业的机队管理,控制发动机的航线维护费用,降低发动机的下发送修率,减少发动机的大修费用,最大限度降低发动机维修成本。通过有效的机队管理决策,直接通过技术手段降低燃油消耗,如翼尖小翼的加装、减推力起飞、功率管理软件的升级等。特别是在制订机体/发动机的维修方案时既要考虑满足适航安全的要求,又要使维修成本最小化。维修任务及间隔的制订、维修范围和深度的确定都需要工程技术人员精湛的专业知识和丰富的经验判断,既能使正常的维修费用合理降低,还保证了飞机较高的残值,有时还为将来收回如大修基金这样的储备金或垫付款提供有利条件。

民用飞机是最复杂的制造产品,安装了上百个系统、上万个零部件,而且使用的材料都非常昂贵,发生差错或事故通常造成高额的资产损失和严重的危害损失。保险赔付是使损失降到最低的较好手段。当在确认保险赔付条件时,机务专业的成因分析和技术报告往往是确保顺利获得保险赔付的有力工具。

因此可以说,机务运行工作对航空公司的成本控制起了主要作用。机务的每一个领域在成本管理上都是一个重要的课题。必须加强对机务人员的培养,加强对机务工作的管理和优化,为公司的成本控制提供有力支柱。

3. 发动机的机队管理成本

发动机的使用维护管理最主要的目的,就是要通过有效的管理控制来提高发动机机队使用可靠性(engine fleet reliability,EFR)、优化和降低机队的维修成本(maintainance cost,MC)、降低飞机使用的间接成本(aircraft indirect cost,ACIOC)以及降低机队的燃油消耗(engine fleet consumption,EFC)。发动机机队管理最核心的任务就是要降低发动机的维护成本,并提高发动机的可靠性,使其获得较长在翼使用时间。

要提高发动机的可靠性,就会在影响发动机性能(engine performance,EP)的因素方面付出成本,还要在减少因发动机造成的航班延误或取消(D&C)上下工夫,以及在减少因发动机造成的运行安全事件(OE)方面进行投入。

要降低发动机的使用维护成本,也必然要对发动机影响使用维护方面的因素进行控制,主要就是要减少发动机大修频率、发动机大修费用、发动机航线维护和定检维护成本(LMC&BMC)以及因发动机引起的运行偏差事件(OD)(空停、中断起飞、返航、备降及迫降等)。只有在以上各方面进行有效的控制,才能整体上减少发动机的使用维护成本。

发动机的维修成本(MC)通常指为维护发动机而产生的直接成本,一般包括维修人工费用、材料费用和修理费用等。通常用单位使用时间产生的维修成本作为衡量和比较发动机 MC 的度量,即 MC/EFH。通常情况,MC/EFH 包括在维修过程中产生的人工成本、材料成本和零部件的修理成本。发动机 MC 通常包括发动机大修费用和航线/定检维护费用(L/BMC)。很多时候,L/BMC 也归类到机体维护成本,发动机只考虑大修费用。

发动机机队的 MC 必须考虑发动机的大修频率,即送修率。发动机送修率的经验值一般是通过行业经验或生产厂家 OEM 统计数据获取。想办法减少送修率是控制和减少 MC 的主要内容。

任何提高发动机性能和延长在翼时间的措施都能对降低发动机的使用成本有贡献。

飞机因发动机原因而产生的间接成本(ACIOC),主要是指运行中因动机原因引起的偏差事件(OD)或运行不安全事件的成本(如空停、中断起飞、返航、飞行偏离备降和因发动机问题而导致的航班延误或取消(D&C)等产生的成本)。

在飞机飞行运营过程中燃油消耗主要依赖于飞机的飞行性能和发动机工作性能。飞机的外形构型、航路设置、天气等都会对飞机的飞行性能产生影响,必须综合看待这些因素对飞机燃油消耗的影响,通常先进的飞机机型在降低燃油消耗方面要比老旧飞机好一些,比如翼尖小翼的贡献。

影响发动机工作性能的因素也很多,发动机本身固有的特点和构型决定了发动机的先天性能,在使用维护中对发动机可靠性的管理水平也影响了发动机性能的高低,需要先进的机队管理系统来进行管理和控制。

4. 影响发动机维修成本的主要因素

1)发动机年限长短(机龄)

在翼使用时间长的旧发动机所需要的维修成本肯定要比使用时间短的新发动机高很多。通常发动机的第一次计划下发进厂修理的使用循环数要比第二次计划下发进厂修理时的使用循环数多 20%～30%,即第一次大修间隔比第二次大修间隔长 20%～30%。发动机使用时间越长,工作性能就越不能保持,零部件的衰减就越快,缺陷越多,对应的修理费就高,报废率也越高。这样总的单位飞行小时对应的维修费用也就越高了。

2)发动机的使用情况

为了相对精确地评估发动机的维修情况,很重要的一点就是要考虑飞机的型号或构型,以及飞机所运行的条件和环境。发动机的直接维修成本与飞机的使用情况直接相关,飞机使用方案的不同会产生不同的直接维修成本。影响发动机直接维修成本的重要使用因素有飞行小时循环比、发动机的减推力使用、发动机运行的空间环境等。

（1）飞行小时循环比

飞短航程航班的飞机，小时循环比低，发动机及其附部件承受相当高的循环负载，加大了非例行维修工作的成本。在发动机的总使用时间内，发动机频繁使用起飞爬升推力，加速了性能的衰减，提高了故障的概率，增加了发动机的直接维修费用。

（2）发动机的减推力使用

发动机减推力起飞是发动机以低于发动机最大起飞推力的一个批准推力起飞。起飞推力低了，就意味着发动机的排气温度相对低一点，这样发动机的衰减就会减小，在翼使用时间就会增加，故障率也会有所降低，从而使发动机的直接维修成本降低。

（3）发动机的使用环境

发动机长期在不洁净的空气中使用将会增加发动机的直接维修成本。空气被工业废气污染，或空气盐分很重，或空气中有大量的沙尘颗粒，这些都会使发动机压气机叶片腐蚀、腐蚀和堵塞涡轮静子叶片冷却孔、腐蚀涡轮叶片及其他气流通道的零部件，加速发动机性能的衰减，增加发动机的直接维修费用。

8.2　航空发动机送修

发动机的修理对航空公司来说是一笔巨大的支出。如常见的主流机型 CFM56-7B 发动机近期目录价格估计 1200 万美元/台，返厂大修周期为 6～10 年，返厂大修费用不包括限寿件的更换，一套限寿件的更换就需要近 300 万美元。

很多航空公司会与 OEM（original equipment manufacture）或 MRO（maintenance，repair and operating）大修厂签署发动机小时包修协议，也会与 MRO 大修厂签署长期协议，约定单元体不同工作级别价格固定的单台次询价送修模式。

发动机送修较为复杂，比如 CFM56-7B 发动机，该发动机按照单元体设计的结构划分，分为 3 大主单元体、17 个子单元体，另有附件 LRU/QEC。大修包括进出厂检查、车台试车测试、油封包装等，一般维修期间要更换及维修的零部附件数量有上万个，涉及的件号及项目达几千项，一台发动机大修费用高达 500 多万美元。如果航空公司有租赁引进的飞机，在送修过程中还要考虑飞机退租和租赁运营储备金返还等相关要求，经常需要调整修理工作范围。

针对复杂的维修项目及巨大的附件维修数量，在发动机维修账单审核和成本分析上需要工作人员具备较强的专业知识和发动机送修经验。且发动机送修周期长，维修后装机质量验证期较长，难以量化评估和考核单次维修质量，如何有效考核和管理发动机维修供应商绩效也是业内的一个难题。

航空公司会依据送修维修规律、发动机维修特点等，结合大量维修成本统计数据和发动机管理经验，采用模块化维修报价模式与 OEM 或者 MRO 签订维修协议。该模式以质量、成本、周期、服务等为导向，预测维修管理成本，监控维修厂维修品质与服务综合品质，建立发动机送修成本兼顾效率的体系化综合管理办法，从而影响航空公司对发动机更换和维修的决策。

因飞机租赁与购买引进形式不同，考虑退租和储备金要求也不一样，非包修发动机送修模式一般有三种形式：①材料＋工时，进行单台询价；②封顶价，打包询价；③单元体级别固定价格，长期协议。

在维修市场处于垄断、一些国内发动机维修的成熟度较低的环境下，基于安全可靠的考虑，可采用材料＋工时的报价模式。材料＋工时的报价模式优势在于，价格较为公开透明；劣势在于维修厂不太为用户考虑成本控制，换件费用较高，维修件较少。在送修数量较小的情况下这种模式还是合适的。

当下发数量剧增、备发紧张时，如果采用单台次送修询价，一是询价周期长，导致发动机送修总周转期长，加剧备发紧张甚至紧急租发；二是单台次送修没有集中送修容易争取好的价格报价，因此可采用维修封顶价打包询价的形式送修。该模式下一般不包含叶片报废率超过约定的比例、发动机单元体工作范围调整变动的价格、高价件的报废费用等。

在送修量增加的情况下，集中送修资源可以获得较好的成本优势。但最高限价维修协议常常因工作范围调整以及协议文本专业性导致账单争议，容易影响送修周期和发动机修理的性能，服务效率会有所降低。甚至出现扣货停工等现象后仍需依据协议送修，给送修管理工作带来被动。

基于单元体、人工费用、材料耗材费用、修理费用、高价叶片等复杂类型的费用分布及变动因素影响，将单元体下的不同修理范围的费用以价格固定形式签署维修协议。核心机大修和全机大修模式下对于一个 MRO 而言其单元体修理总费用变化区间并不大，高价值报废器材也稳定在一定区间范围，而限寿件、高压动静叶片更换和维修范围调整对价格影响较大。

有些航空公司会利用机队扩充引进新飞机的机会与 OEM 达成新的 FNP 或 FP 索赔协议，将发动机维修中影响价格较大的热端部件（如 HPTB/HPTN/LPTN）统一约定标准优惠价格同 OEM 进行整套交换，将影响价格因素较大的 LLP 和高温高压叶片按 OEM 目录价结算，避免了不同维修厂可能有不同价格的问题。

随着各种飞机及发动机的发展和生产，大量的机队投入运营中，催生了国内外大量的发动机大修厂。随着各航空公司发动机下发的临近，一些发动机送修的主要问题也就突显出来了。

首先是要解决送修效率问题，通过签署长期维修协议约定送修，想办法减少维修周期和减少送修待库时间。

其次是要解决送修成本评估问题，需清晰评估供应商成本优劣；通过单元体不同级别对应固定价格报价模式，为送修选择最优维修厂进行成本控制。

还要解决自主换发和参与发动机维修的问题；同时签署多家维修供应商进行约定送修。

当然，还须对维修供应商进行绩效考核，进行合理奖惩，刺激其提供更好的服务，建立多供应商管理流程，结合送修业务考核供应商综合表现。

还有非常重要的问题就是要解决工程技术在翼支援的工作；协议约定发动机维修供应商与送修业务挂钩的在翼支援服务，解决运营过程中支援效率问题。

综合来讲，航空公司应依据成本数据的单元体固定价（不包括高价件）进行价格评估。通过不同级别下的人工＋材料＋维修固定价格模式，直接评估一台发动机的可预知维修成本。修理过程中及修理后要做好审核和成本监控，定量评估价格高低。同时，为了保证修理质量，必须做好监修及二手件使用的要求与规范。对于质量事件进行分类处理，并与送修业务挂钩，促进其质量改进效率和措施，定性评估质量表现。签署长期协议，建立科学送修机制,减少待库送修时间。约定维修周期担保,定量评估周期表现。对周期实施业务奖罚和经济处罚。协议约定提供在翼服务的义务,合理绑定送修业务量和调整送修方向,约定二手件使用条件、流程及技术要求,定期进行定性、定评估售后服务品质。建立定期回顾机制,综合评估维修供应商表现,实时监控、动态调整送修方向和业务量,及时沟通解决送修及在翼技术商务问题,促进维修供方提升客户关注的各项因素品质。

第 9 章　航空发动机调整和测试

　　航空发动机在经过航线、定检和大修的维护维修后都要对其进行调整和测试,以确保航空发动机各项性能都处于适航状态。本章以 CFM56-3 发动机为例介绍航空发动机的调整和测试。

　　在更换动力装置和航线部件后,进行飞机维护手册(AMM)列出的调整或测试是有必要的。动力装置调整/测试在表 9.1 中列出。

表 9.1　动力装置调整/测试

序　号	测 试 标 题
1	气源泄漏测试
2	发动机监测
3	泄漏检查——慢车功率
4	检查慢车速度
5	功率保险检查
6	主发动机控制(MEC)配平
7	振动测试
8	加速/减速检查
9	更换发动机测试(预先测试过)
10	更换发动机测试(未测试)
11	T2/CIT 传感器测试
12	发动机运行诊断测试

　　执行动力装置调整/测试,参考 CFM56-3 配平表。在不同室外空气温度(OAT)和气压数值下,CFM56-3 配平表提供以下信息:

　　(1) 低慢车值(%N2);

　　(2) 高慢车值(%N2);

　　(3) 部分功率 PMC 关(%N2);

　　(4) 部分功率 PMC 开(%N1);

　　(5) 静态起飞 PMC 开/关(%N1);

　　(6) 加速检查目标(%N1)。

波音 737-300/400/500 的维护手册有以下 10 种不同配平表构型(configurations)。

(1) 构型 1 至构型 4 用于 CFM56-3B1 发动机,CFM56-3B1 发动机安装在 737-300 和 737-500 飞机上以 22000 磅推力工作。

(2) 构型 5 用于 CFM56-3B2 发动机,CFM56-3B2 发动机安装在 737-300 和 737-400 飞机上以 22000 磅的推力工作。

(3) 构型 6 用于 CFM56-3C1 发动机,CFM56-3C1 发动机安装在 737-400 飞机上以 23500 磅的推力工作。

(4) 构型 7 用于 CFM56-3C1 发动机,CFM56-3C1 发动机安装在 737-300 和 737-400 飞机上以 22000 磅的推力工作。

(5) 构型 8 用于 CFM56-3C1 发动机,CFM56-3C1 发动机安装在 737-300、737-400 和 737-500 飞机上以 20000 磅的推力工作。

(6) 构型 9 用于 CFM56-3C1 发动机,CFM56-3C1 发动机安装在 737-500 飞机上以 18500 磅的推力工作。

(7) 构型 10 用于 CFM56-3B2 发动机,CFM56-3B2 发动机安装在 737-300 飞机上以 20000 磅的推力工作。

确定合适的配平表构型,操作者应该有以下信息:

(1) 发动机模型;

(2) 发动机推力等级;

(3) PMC/MEC 件号;

(4) 落实 73-017 的通报。

结合上面的信息,通过比较配平表中有效性方块,可以决定配平表构型。在使用配平表之前,操作人员应记录以下参数:

(1) 室外空气温度(OAT);

(2) 气压。

注意:不要使用驾驶舱的温度指示作为 OAT,而是在前机轮阴暗处用温度计获得所需的温度。

确定大气压力,使用 AMM 中合适图表,把机场塔台获得的设定高度换算成气压,如图 9.1 所示。下面举例说明如何使用一个特定的配平表找出低慢车、高慢车值、部分功率 PMC 关、部分功率 PMC 开、静态起飞 PMC 开/关和加速检查目标。

假设 OAT 是 60°F(16℃),气压是 30inHg。

(1) 步骤 1:确定上述提到 OAT 和气压的目标值。波音维护手册 737-300/400/500 中参考合适的 CFM56-3 配平表。表 9.2 的 CFM56-3 配平表中,室外空气温度 OAT 为 60°F,气压为 16inHg。

(2) 步骤 2:确定上述提到 OAT 和气压的目标值。找出低慢车值(% N2)、高慢车值(% N2)、部分功率 PMC 关、部分功率 PMC 开、静态起飞 PMC 开/关、加速检查目标确切的值。

(3) 步骤 3:确定上述参数的目标值,如图 9-2 所示。

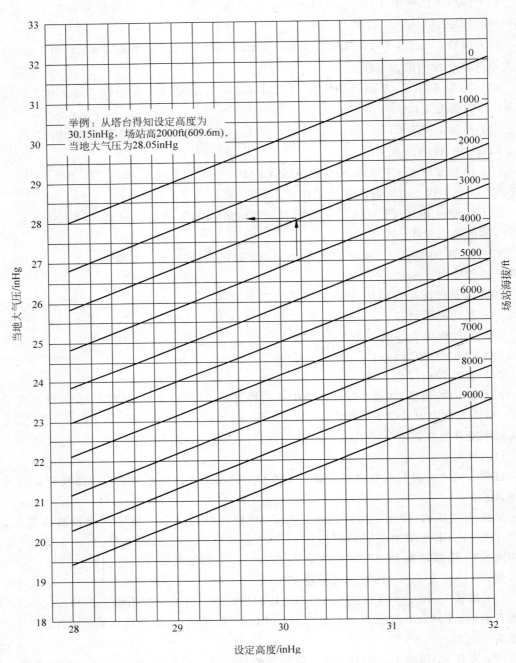

图 9.1 设定高度对应大气压

表 9.2　CFM56-3 配平表

0AT/°F (℃)	功率设置	气压/in Hg									
		31.0	30.5	30.0	29.5	29.0	28.5	28.0	27.5	27.0	26.5
60 (16)	低慢车 (%N2)	60.8	60.8	60.8	60.9	61.0	61.0	61.2	61.3	61.4	61.5
	高慢车 (%N2)	69.9	69.9	69.9	70.0	70.2	70.3	70.5	70.6	70.7	70.8
	部分功率PMC关(%N2)	88.9	89.1	89.3	89.5	89.7	89.9	90.1	90.3	90.4	90.6
	部分功率PMC开(%N1)	71.9	72.1	72.4	72.7	73.0	73.2	73.5	73.8	74.1	74.3
	静态起飞PMC(开/关)(%N1)	90.5	90.9	91.3	91.7	92.1	92.4	92.8	93.3	93.7	94.3
	加速检查目标 (%N1)	88.6	89.1	89.5	90.0	90.4	90.8	91.2	91.6	92.1	92.6
62 (17)	低慢车 (%N2)	60.9	60.9	60.9	61.0	61.1	61.2	61.3	61.4	61.5	61.6
	高慢车 (%N2)	70.0	70.0	70.0	70.1	70.3	70.5	70.6	70.8	70.9	71.0
	部分功率PMC关(%N2)	89.1	89.3	89.5	89.7	89.9	90.1	90.3	90.4	90.6	90.8
	部分功率PMC开(%N1)	72.0	72.3	72.6	72.8	73.1	73.4	73.7	73.9	74.2	74.5
	静态起飞PMC(开/关)(%N1)	90.6	91.1	91.5	91.9	92.3	92.6	93.0	93.4	93.9	94.5
	加速检查目标 (%N1)	88.8	89.3	89.7	90.1	90.6	91.0	91.4	91.8	92.2	92.8
64 (18)	低慢车 (%N2)	61.0	60.0	61.0	61.1	61.2	61.3	61.4	61.6	61.7	61.8
	高慢车 (%N2)	70.2	70.2	70.1	70.3	70.4	70.6	70.8	70.9	71.0	71.1
	部分功率PMC关(%N2)	89.2	89.5	89.7	89.9	90.1	90.3	90.5	90.6	90.8	90.9
	部分功率PMC开(%N1)	72.2	72.4	72.7	73.0	73.3	73.5	73.8	74.1	74.3	74.6
	静态起飞PMC(开/关)(%N1)	90.8	91.2	91.7	92.1	92.4	92.8	93.1	93.6	94.1	94.7
	加速检查目标 (%N1)	89.0	89.4	89.9	90.3	90.8	91.1	91.5	92.0	92.4	93.0
66 (19)	低慢车 (%N2)	61.1	61.1	61.1	61.2	61.3	61.4	61.6	61.7	61.8	61.9
	高慢车 (%N2)	70.3	70.3	70.3	70.4	70.6	70.7	70.9	71.0	71.1	71.2
	部分功率PMC关(%N2)	89.4	89.6	89.9	90.1	90.2	90.4	90.6	90.8	90.9	91.1
	部分功率PMC开(%N1)	72.3	72.6	72.9	73.1	73.4	73.7	74.0	74.2	74.5	74.7
	静态起飞PMC(开/关)(%N1)	91.0	91.4	91.9	92.2	92.6	93.0	93.3	93.8	94.3	94.9
	加速检查目标 (%N1)	89.2	89.6	90.0	90.5	90.9	91.3	91.7	92.1	92.6	93.2
68 (20)	低慢车 (%N2)	61.2	61.2	61.2	61.3	61.4	61.6	61.7	61.8	61.9	62.0
	高慢车 (%N2)	70.4	70.4	70.4	70.5	70.7	70.9	71.0	71.2	71.3	71.4
	部分功率PMC关(%N2)	89.6	89.8	90.0	90.2	90.4	90.6	90.8	91.0	91.1	91.3
	部分功率PMC开(%N1)	72.4	72.7	73.0	73.3	73.5	73.7	74.1	74.4	74.6	74.9
	静态起飞PMC(开/关)(%N1)	91.1	91.6	92.0	92.4	92.8	93.1	93.5	94.0	94.4	95.1
	加速检查目标 (%N1)	89.3	89.8	90.2	90.7	91.1	91.5	91.9	92.3	92.8	93.4

限定目标值：

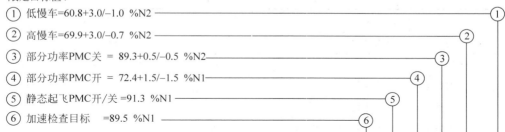

① 低慢车=60.8+3.0/-1.0 %N2 ——————————————— ①

② 高慢车=69.9+3.0/-0.7 %N2 ——————————————— ②

③ 部分功率PMC关 = 89.3+0.5/-0.5 %N2 ————————— ③

④ 部分功率PMC开 = 72.4+1.5/-1.5 %N1 ————————— ④

⑤ 静态起飞PMC开/关 =91.3 %N1 ————————————— ⑤

⑥ 加速检查目标　=89.5 %N1 ——————————————— ⑥

0AT/°F (℃)	功率设置	气压/in Hg									
		31.0	30.5	30.0	29.5	29.0	28.5	28.0	27.5	27.0	26.5
60 (16)	低慢车 (%N2)	60.8	60.8	60.8							
	高慢车 (%N2)	69.9	69.9	69.9							70.8
	部分功率PMC关(%N2)	88.9	89.1	89.3						90.4	90.6
	部分功率PMC开(%N1)	71.9	72.1	72.4					73.8	74.1	74.3
	静态起飞PMC(开/关)(%N1)	90.5	90.9	91.3					93.3	93.7	94.3
	加速检查目标 (%N1)	88.6	89.1	89.5				91.2	91.6	92.1	92.6
62 (17)	低慢车 (%N2)	60.9	60.9	60.9	61.0	61.1	61.2	61.3	61.4	61.5	61.6
	高慢车 (%N2)	70.0	70.0	70.0	70.1	70.3	70.5	70.6	70.8	70.9	71.0
	部分功率PMC关(%N2)	89.1	89.3	89.5	89.7	89.9	90.1	90.3	90.4	90.6	90.8
	部分功率PMC开(%N1)	72.0	72.3	72.6	72.8	73.1	73.4	73.7	73.9	74.2	74.5
	静态起飞PMC(开/关)(%N1)	90.6	91.1	91.5	91.9	92.3	92.6	93.0	93.4	93.9	94.5
	加速检查目标 (%N1)	88.8	89.3	89.7	90.1	90.6	91.0	91.4	91.8	92.2	92.8
	低慢车(%N2)	61.0	61.0	61.0	61.1	61.2	61.3	61.4	61.6	61.7	61.8
	高慢车(%N2)	70.2	70.2	70.1	70.3	70.4	70.6	70.8	70.9	71.0	71.1

图 9.2　CFM56-3 配平表用途

9.1 测试 1：发动机运转

测试 1 是发动机运转检查。在更换动力装置和其组件后需进行此测试，参考 AMM 可以获得详细介绍。发动机运转可在干转模式(燃烧室内无燃油)和湿转模式(燃烧室内注入燃油)两种模式下进行。

1) 目的

根据表 9.3，发动机在干转模式下运转决定发动机是否能自由转动、设备功能是否正常以及起动机是否达到成功启动的要求。干转也可以用于在维护后检查润滑系统以及为孔探发动机进行冷却，它可以清除可能在燃烧室或者涡轮机匣下部聚集的余油。

发动机湿转模式是用来在发动机启封时测试燃油系统功能的。湿转也用来在必要时排净燃油系统的空气(如在更换主发动机控制器时)。

2) 维护任务

下面的步骤列出发动机运转检查的程序。

(1) 参考 AMM 71-00-00/201 进行干或湿转的程序。

(2) 在发动机运转时检查合适组件或系统。

(3) 确保组件或系统运转正常。

(4) 确保无渗漏。

表 9.3　干转和湿转的原因

干转的原因	湿转的原因
测定发动机自由转动	燃油系统的启封
核实仪表板的功用	清除燃油系统的空气
测试起动机的功用	
维护后检查润滑系统	
为发动机孔探检测进行冷却	
清洁燃烧室的残油	

9.2 测试 2：渗漏检查——慢车功率

2 号测试是渗漏检查——慢车功率。本测试需要在换发动机或组件后进行，参考 AMM 可以获取详细介绍。

1) 目的

慢车渗漏测试是为了确保：①连接部分没有渗漏；②运转噪声在限制范围内；③所有发动机相关组件表现正常。

慢车渗漏测试需在反推和风扇整流罩面板关闭并锁定的情况下进行。为了找到渗漏源，渗漏测试需要在风扇整流罩面板打开的情况下在低速慢车下进行。

2）维护任务

下面的步骤列出在风扇整流罩面板关闭的情况下进行渗漏检查的程序。

（1）参考 AMM 71-00-00/201 启动发动机，使发动机在低速慢车下保持稳定。

（2）确保发动机组件的表现在正常的范围内。

（3）如果 N2 转速超限，进行慢车速度调整测试（4 号测试）。

（4）参考 AMM 71-00-00/201 关闭发动机。

（5）参考 AMM 71-00-02/201 打开适当的风扇整流罩面板，如果必要，参考 AMM 78-31-02/201，打开反推。

（6）检查燃油、滑油、液压油和气源管路和接头是否有可能的渗漏，如果必要，修复渗漏并再次进行测试。

（7）关闭反推，参考 AMM 78-31-00/201。如果必要，关闭风扇整流罩面板，参考 AMM 71-11-02/201。

下面的步骤列出了当风扇整流罩打开时检查渗漏的程序。

（1）打开适当的风扇整流罩面板，参考 AMM 71-11-02/201。

（2）参考 AMM 71-00-00/201，启动发动机，使发动机稳定在低速慢车。

（3）确保发动机组件的表现在正常的范围内。

（4）如果 N2 转速超限，进行慢车速度调整测试（4 号测试）。

（5）在发动机（正常）操作程序中为风扇机匣使用进口区域，参考 AMM 71-00-00/201。

（6）检查燃油、滑油、液压油和气源管路和接头是否有可能的渗漏。

（7）在发动机（正常）操作程序中使用进口区域离开风扇机匣，参考 AMM 71-00-00/201，参考 AMM 71-00-00/201 关闭发动机。

（8）如必要，修复渗漏并再次进行测试。如果在主发动机控制器周围发现渗漏，更换 O 形环。

（9）关闭风扇整流罩面板，参考 AMM 71-11-02/201。

9.3　测试 3：慢车速度检查

测试 3 是发动机慢车速度检查。本测试需要在更换动力装置和组件后进行，参考 AMM 可以获取详细介绍。

1）目的

发动机慢车速度检查对发动机低速和高速慢车进行检测。它保证 N2 转速在低速和高速慢车的限制范围以内。

2）维护任务

慢车速度检查包含低慢车检查和高慢车检查。

参考图 9.3。下面的步骤列出了低慢车转速检查的程序：

（1）记录环境空气温度和气压，参考 AMM 71-00-00/201，启动发动机。

（2）确保引气和用电负载关闭，使发动机稳定在低速慢车。

（3）保证 N2 转速在环境温度和压力的限制范围内。从慢车配平数据中找到当前的环境温度和气压。

（4）如果 N2 转速在限制范围内，进行高慢车测试。

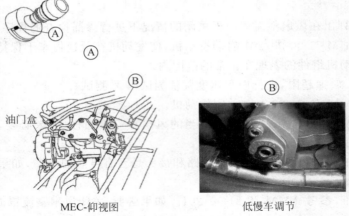

低慢车调节

MEC-仰视图　　　　　　　低慢车调节

图 9.3　低慢车转速调节

（5）如果不在限制范围内，按照如下步骤调节低慢车状态：

① 记录 N2 转速。

② 关闭发动机，参考 AMM 71-0-00/201。打开左侧风扇整流罩面板，参考 AMM 71-11-02/201。

③ 将所记录的 N2 转速与当前环境温度和压力下的低慢车配平目标进行比较。

④ 找到使 N2 转速在限定范围内的必要调整方式。使用 3/16 英寸的六角扳手调节低慢车调整螺栓。

说明：每一次完整的旋转低慢车调整螺栓会使得 N2 转速变化 5%（725r/min）。顺时针转动螺栓增加速度，逆时针转动降低速度。

参考图 9.4。下面的步骤列出了高慢车转速检查的程序。

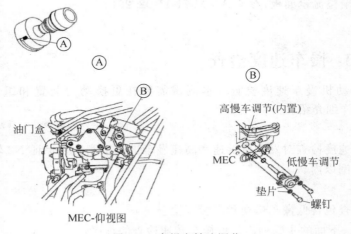

高慢车调节(内置)

MEC　　低慢车调节

垫片

螺钉

MEC-仰视图

图 9.4　高慢车转速调节

（1）当发动机在低慢车时，断开断路器面板 P6 上的 IDLE CONT 断路器。

（2）确保 N2 转速增加大约 10% 并稳定在目标 N2 转速。

（3）从慢车配平数据中找到当前的环境温度和气压。

（4）如果不在限制范围内，按照如下步骤调节高慢车状态：

① 记录 N2 转速。闭合跳开关面板 P6 上的 IDLE CONT 跳开关。

② 关闭发动机,参考 AMM 71-0-00/201。

③ 确保启动杆在 CUTOFF 位置。确保驾驶员头顶面板 P5 上的适当的 FUEL VALVE CLOSED 灯熄灭。

④ 断开跳开关面板 P6 上的 SHUTOFF VALVE ENG,再跳开关并安装 DO NOT CLOSE 标签。

⑤ 打开左侧风扇整流罩面板,参考 AMM 71-11-02/201。使用 9/64 英寸的六角扳手去除低慢车调节组件。

⑥ 将所记录的 N2 转速与当前环境温度和压力下的高慢车配平目标进行比较,找到使 N2 转速在限定范围内的必要调整方式。使用 3/32X3 英寸的六角扳手调节高慢车调整螺栓。

（5）使用新的组件在主发动机控制器端口内安装低慢车调节装置。关闭左侧风扇整流罩面板,参考 AMM 71-11-02/201。

（6）从跳开关面板 P6 上的 SHUTOFF VALVE ENG 跳开关上去除 DO NOT CLOSE 标签。

（7）对低慢车调节组件进行渗漏测试（测试 3）。闭合跳开关面板 P6 上的 IDLE CONT 跳开关。如果无需更多测试,参考 AMM71-0-00/201 关闭发动机。

说明：每一次完整的旋转低慢车调整螺栓会使得 N2 转速变化 5%（725r/min）。顺时针转动螺栓增加速度,逆时针转动降低速度。

9.4 测试 4：功率保险检查

测试 4 是发动机功率保险检查。本测试需要在更换动力装置和组件后进行,参考 AMM 可以获取详细介绍。

1）目的

功率保险检查测试发动机的基本情况。本测试提供发动机在炎热天气条件（转折点）下全速起飞期间在限定的排气温度和 N2 转速下产生必要的起飞推力能力的指示。

2）维护任务

功率保险检查是分析发动机表现的一个很好的测试。在功率保险检查后必须进行起飞推力检查以确保发动机和系统是可用的。如果在本测试后安排了 8 号测试（加/减速性能测试）,那么无须进行起飞推力检查。

下面的步骤列出了功率测试检查的程序。

（1）记录环境空气温度和气压。

（2）从最大功率保险表中找到并记录 N1 转速值的目标值、最大排气温度和当前环境温度下的最大 N2 转速（参考表 9.4）。

（3）在安装有高压涡轮主动间隙控制计时器的发动机上断开高压涡轮主动间隙控制计时器。

（4）参考 AMM 71-00-00/201,启动发动机,使发动机稳定在低速慢车 5min。

（5）确保所有引擎和电力负载关闭,确保发动机设备指示在正确的范围内,并确保可用的功率管理控制开关处在 ON 位,PMCINOP 灯灭。

（6）从最大功率保险表格中找到动力位置（N1 目标转速），并将推力杆移动到此位置。N1 转速可允许的限制为±5％。

（7）使发动机在无推力调整的情况下稳定运行 4min。

（8）记录 N1、N2 值和排气温度，缓慢移动前推力杆到慢车位。

表 9.4　最大功率测试表——90％N1 修正风扇转速

MPA测试卷 - 90%N1 风扇修正转速							
		最大EGT/℃				最大%N2	
OAT/℉ (℃)	%N1目标值	推力等级/千磅				发动机模式	
	±0.5%	18.5	20	22	23.5	-3-B1	-3B-2	-3C-1
48 (9)	89.1	852	828	785	782	97.7	97.0	96.3
50 (10)	89.3	856	831	789	786	97.8	97.2	96.5
52 (11)	89.5	859	835	792	789	98.0	97.4	96.7
54 (12)	89.6	863	838	796	793	98.1	97.5	96.8
55 (13)	89.7	867	842	799	796	98.3	97.7	97.0
57 (14)	89.9	870	845	802	799	98.4	97.8	97.1
59 (15)	90.0	874	849	806	803	98.5	98.0	97.3
61 (16)	90.1	877	852	809	806	98.7	98.1	97.4
63 (17)	90.3	881	856	813	810	98.9	98.3	97.6
64 (18)	90.4	885	859	816	813	99.0	98.4	97.7
66 (19)	90.6	888	863	819	816	99.2	98.6	97.9
68 (20)	90.7	892	867	823	820	99.3	98.7	98.0
70 (21)	90.9	896	870	826	823	99.5	98.9	98.2
72 (22)	91.0	899	874	830	827	99.7	99.0	98.3
73 (23)	91.2	903	877	833	830	99.8	99.2	98.5
75 (24)	91.3	906	881	836	833	100.0	99.3	98.6

（9）如果记录的 N1 与目标值的差值超过±0.5％N1（可接受），重新进行本测试步骤。

（10）找到目标 N1 和所记录的 N1 是否有正或负差值。如果目标 N1 超过记录 N1，则为正差值；若目标 N1 少于记录 N1，则为负差值。

（11）使用目标 N1 和所记录的 N1 之间的差值调整所记录的排气温度和 N2。

（12）每有 0.1％的 N1 正差值，则将所记录的排气温度增加 1℃以得到正确的排气温度，将所记录的 N2 增加 0.0045％以得到正确的 N2 值。

（13）每有 0.1％的 N1 负差值，则将所记录的排气温度减少 1℃以得到正确的排气温度，将所记录的 N2 减少 0.0045％以得到正确的 N2 值。

（14）按照如下公式找到 N2 和排气温度的裕度：

N2 margin ＝ N2 max. － N2 adj.

EGT margin ＝ EGT max. － EGT adj.

（15）依据下述方法调节 N2 和排气温度

① 高压涡轮主动间隙控制计时器在发动机在 22000 磅推力以下时工作，则增加排气温度裕度 17℃。

② 高度在 4000ft 以上时，当发动机工作推力达到 20000 磅时，将排气温度裕度减少适

当的调整值。

③ 重定额定推力,找到 N2 的调整方式。

(16) 如果图调整后的排气温度和 N2 值超过最大限制,进行如下步骤:

① 关闭发动机,参考 AMM 71-00-00/201。

② 进行发动机排故,参考 AMM 71-00-42/201。

③ 检查 N2 指示系统,参考 AMM77-12-00/501,检查发动机排气温度指示系统。

④ 进行发动机孔探,参考 AMM 72-00-00/601。修正问题并重新进行最大推力保险测试。

(17) 如果没有进一步测试的必要,关闭发动机,参考 AMM71-00-00/201。

根据表 9.5 进行,功率保险检查举例。

表 9.5 EGT 和 N2 调节表

温度	目标 N1	记录的 N1	差值	调整的 EGT	调整的 N2
51℉(16℃)	90.1	89.8	+0.3	1.0℃*3=+3.0℃	0.045%*3=+.135
82℉(28℃)	91.9	92	-0.1	1.0℃*1=+1.0℃	0.045%*1=+.045

CFM56-3 推力等级	-B1	-B2	-C1
20000	—	+0.6%	+0.6%
18500	+0.7%		+1.3%

3) 功率保险检查举例(CFM 56-3C1 发动机,推力为 23500 磅)

测试条件:环境温度(OAT)=90℉(32℃),使用 MPA 风扇转速(在该例子中为 85%N1)。

步骤如下:

(1) 从 MPA 测试表中可得出(85%N1 风扇速度),OAT=90℉时,N1 目标=87%,推力为 23.5K 磅,EGT 最大=799℃,对于-3C1 发动机 N2 最大=97.6%。

(2) 设定 N1 目标,发动机稳定工作 4min 后,记录 N1、N2 和 EGT 分别为:N1=87.0%、N2=95.5%、EGT=785℃。

(3) 根据 N1 目标调整参数,方法如下:N1 差值(N1 目标-N1 记录值)=87.3%-87.0%=0.3%,每 0.1%N1 正差值(N1 目标大于 N1 记录值),给 EGT 记录值加 1.0℃,得出 EGT 调整值,给 N2 记录值加 0.045%,得出 N2 调整值。N2 调整值=N2 记录值+(0.3/0.1)×(0.045)=95.5%+0.1%=95.6%,EGT 调整值=EGT 记录值+(0.3/0.1)×(1)=785℃+3℃=788℃。

(4) 把调整后的参数与步骤(1)中的极限值对比一下:N2 最大=97.6%,N2 裕度=N2 最大-N2 调整值=97.6%-95.6%=2.0%,最大 EGT=799℃,EGT 裕度=EGT 最大-EGT 调整值=799℃-788℃=11℃。

(5) 对于有 HPTCC 定时器的发动机对 EGT 的调整:EGT 限制包括了 HPTCC 定时器对推力的影响,不需要做进一步调整。

(6) 高度的 EGT 调整:此高度对应的此推力不需要调整。(注:该推力额定值受高度的影响。MPA 表的使用条件是海平面。如果在飞机的航线上有一座 4000ft 或 4000ft 以上的机场,EGT 裕度应减去 44℃。)

（7）推力额定值的 N2 调整：在该推力额定值下，不需要调整。

（8）MPA 测试结果：N2 裕度＝2.0%，EGT 裕度＝11℃海平面。（注：EGT 裕度＝11℃－44℃＝－33℃，在 4000ft 或 4000ft 以上高度。）

9.5 测试 5：主发动机控制配平检查

测试 5 是主发动机控制（MEC）配平检查。在更换动力装置和组件后，需要进行这个测试。参考 AMM 可以获得详细介绍。

1）测试/检查内容

（1）对可变导向叶片和可变放气活门（VBV）反馈钢索进行行程检查和静态校装检查。

（2）对油门杆角度（PLA）传感器进行增益检查。

（3）发动机控制系统的行程测试。

（4）慢车渗漏检查。

（5）慢车转速检查。

（6）功率保险检查。

（7）加/减速检查。

MEC 配平检查还为比重调节和部分功率配平调节提供了具体的指导。

2）目的

更换 MEC 后必须完成 MEC 配平检查的测试。

3）维护任务

遵循下面的步骤程序来执行 MEC 配平检查。

（1）确保自动油门和油门杆角度同步正确，如果必要的话，要进行调整（参考 AMM22-31-11/501）。

（2）确保比重的位置正确。

（3）打开风扇整流罩盖板（参考 AMM71-1102/201）。

（4）确保使用燃油比重的位置与图中给定的这些匹配，MEC 比重设置检查。

（5）如果有必要，调整比重的位置。

（6）关闭左风扇整流罩盖板（参考 AMM71-1102/201）。

下面列出 MEC 配平检查的步骤程序。

（1）打开左反推（参考 AMM78-31-00/201）。

（2）对 VSV 反馈钢索进行行程检查和静态校装检查（参考 AMM75-31-02/501）。

（3）对 VBV 反馈钢索进行行程检查和静态校装检查（参考 AMM75-32-02/501）。

（4）确保比重的位置是正确的。如果有必要，对它进行调整（图 9.5）。

（5）打开右风扇整流罩盖板（参考 AMM71-1102/201）。

（6）检查油门杆角度（PLA）的传感器增益（参考 AMM73-21-00/501）。

（7）对发动机控制系统进行行程检查（参考 AMM 76-11-00/501）。

（8）关闭左反推（参考 AMM78-31-00/201），关闭风扇整流罩盖板（参考 AMM71-11-02/201）。

（9）慢车渗漏检查（测试 3）和慢车转速检查（测试 4）。

（10）做部分功率的检查（参考 AMM 的特定指令）。

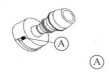

油门盒

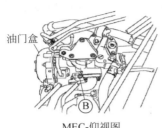

MEC-仰视图

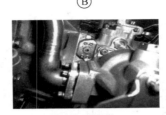

燃油比重调节

图9.5　MEC燃油比重设定检查

9.6　测试6：振动测量

测试6是振动测量,在更换动力装置和组件后需进行此项测试。参考AMM可以获得详细介绍。

1) 目的

振动测量提供了必要的数据,来确保发动机振动值保持在一定范围内。

2) 维护任务

下面的步骤是振动测量过程,如图9.6所示为发动机振动隔离试验设备。

(1) 记录环境空气温度(室外空气温度(OAT)和气压)。

(2) 找到并记录当前OAT和气压下起飞(T/O)的功率位置。

(3) 使用合适的配平表,找到静态T/O PMC(功率管理控制)OPEN/OFF配平数据(参考AMM 71-00-00/201)。

(4) 安装发动机振动隔离的测试设备(如果可用)。如果测试设备不可用,可以通过引用机载振动监测(AVM)的历史数据确定发动机最大振动值。

(5) 启动发动机,让它在低慢车状态稳定几分钟(AMM 71-00-00/201)。

(6) 确保所有的引气和电子负载都已断开,确保发动机指示都在正确的范围内。

(7) 向前推推力杆(20~30s内)到$80+/-\%$ N1 RPM。让发动机稳定至少7min,让发动机热稳定,确保振动读数的精准。

(8) 拉回推力杆(20~30s内)到慢车位置,让发动机在慢车位稳定至少30s。从稳定的慢车位慢慢地移动推力杆(以恒定速率)到早已记录的静态起飞(T/O)功率位。

(9) 监测正在使用的发动机的振动指标。记录$\%$ N1 RPM和$\%$ N2 RPM。

(10) 让发动机在静态起飞(T/O)功率位稳定30s。再次监控正在使用的发动机振动指标,记录$\%$ N1 RPM和$\%$ N2 RPM。让发动机在低慢车下稳定。

(11) 增加发动机转速($\%$ RPM)到出现发动机最大的振动值。让发动机在此转速($\%$ RPM)下稳定2min。

(12) 记录发动机加速过程中发现的所有大振动点。

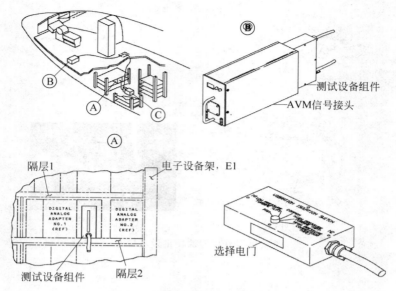

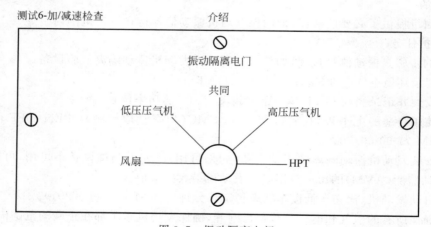

图 9.6 发动机振动隔离试验设备

注意：使用 AVM S360N021-100/-201 的飞机，平均振动读数少于 2.5 个单位是可以接受的。对于其他所有 AVM 系统，平均振动读数少于 3.0 个单位是可以接受的。

下面列出确定的发动机振动源程序，参考图 9.7。

图 9.7 振动隔离电门

（1）打开隔离测试设备上的选择电门，找出超出规定限制的振动源。

（2）AVM 信号调节器之前的数据也可以被检测到。AVM 信号调节器在电子设备舱（EE bay）（参考 AMM 77-31-00/201）。

（3）发动机加速，再测试一次，以找到所有大振动点（如果不止一个）。

（4）如果下列条件之一是振动源，则执行动态风扇的转子配平（参考 AMM 72-31-00/501）。

① 大振动只是 N1 转子（风扇和低压涡轮）。

② 大振动是 N1 转子（风扇和低压涡轮）和 N2 转子（HPC 和 HPT）。

③ 如果 N2 转子的振动（HPC 和 HPT）超过 3.0 单位，更换发动机（参考 AMM 71-00-02/401）。

（5）如果不再测试和不需要修正了，关闭发动机，让飞机回到正常的状态。如果安装了发动机振动隔离测试设备，则拆除测试设备。

测试6还有一项是加/减速检查。更换动力装置和组件后需进行此项测试。参考AMM可以获得详细介绍。

1）目的

加/减速检查是确保发动机有一个平稳加/减速操作，保证没有压气机失速或熄火。

2）维护任务

在做大功率测试（N2 RPM超过94%）或一系列的发动机测试之前，先做加/减速检查。

下面列出的是加/减速检查程序。

（1）记录室外空气温度（OAT）和气压，见表9.6所示。

表 9.6 部分功率配平表（静态起飞加速/减速检查目标（%N1））

OAT/°F (°C)	功率设置	气压/inHg									
		31.0	30.5	30.0	29.5	29.0	28.5	28.0	27.5	27.0	26.5
60 (16)	低慢车 (%N2)	60.8	60.8	60.8	60.9	61.0	61.0	61.2	61.3	61.4	61.5
	高慢车 (%N2)	69.9	69.9	69.9	70.0	70.2	70.3	70.5	70.6	70.7	70.8
	部分功率PMC关(%N2)	88.9	89.1	89.3	89.5	89.7	89.9	90.1	90.3	90.4	90.6
	部分功率PMC开(%N1)	71.9	72.1	72.4	72.7	73.0	73.2	73.5	73.8	74.1	74.3
	静态起飞PMC(开/关)(%N1)	90.5	90.9	91.3	91.7	92.1	92.4	92.8	93.3	93.7	94.3
	加速检查目标 (%N1)	88.6	89.1	89.5	90.0	90.4	90.8	91.2	91.6	92.1	92.6
62 (17)	低慢车 (%N2)	60.9	60.9	60.9	61.0	61.1	61.2	61.3	61.4	61.5	61.6
	高慢车 (%N2)	70.0	70.0	70.0	70.1	70.3	70.5	70.6	70.8	70.9	71.0
	部分功率PMC关(%N2)	89.1	89.3	89.5	89.7	89.9	90.1	90.3	90.4	90.6	90.8
	部分功率PMC开(%N1)	72.0	72.3	72.6	72.8	73.1	73.4	73.7	73.9	74.2	74.5
	静态起飞PMC(开/关)(%N1)	90.6	91.1	91.5	91.9	92.2	92.6	93.0	93.4	93.9	94.5
	加速检查目标 (%N1)	88.8	89.3	89.7	90.1	90.6	91.0	91.4	91.8	92.2	92.8
64 (18)	低慢车 (%N2)	61.0	60.0	61.0	61.1	61.2	61.3	61.4	61.6	61.7	61.8
	高慢车 (%N2)	70.2	70.2	70.1	70.3	70.4	70.6	70.8	70.9	71.0	71.1
	部分功率PMC关(%N2)	89.2	89.5	89.7	89.9	90.1	90.3	90.5	90.6	90.8	90.9
	部分功率PMC开(%N1)	72.2	72.4	72.7	73.0	73.3	73.5	73.8	74.1	74.3	74.6
	静态起飞PMC(开/关)(%N1)	90.8	91.2	91.7	92.1	92.4	92.8	93.1	93.6	94.1	94.7
	加速检查目标 (%N1)	89.0	89.4	89.9	90.3	90.8	91.1	91.5	92.0	92.4	93.0
66 (19)	低慢车 (%N2)	61.1	61.1	61.1	61.2	61.3	61.4	61.6	61.7	61.8	61.9
	高慢车 (%N2)	70.3	70.3	70.3	70.4	70.6	70.7	70.9	71.0	71.1	71.2
	部分功率PMC关(%N2)	89.4	89.6	89.9	90.1	90.2	90.4	90.6	90.8	90.9	91.1
	部分功率PMC开(%N1)	72.3	72.6	72.9	73.1	73.4	73.7	74.0	74.2	74.5	74.7
	静态起飞PMC(开/关)(%N1)	91.0	91.4	91.9	92.2	92.6	93.0	93.3	93.8	94.3	94.9
	加速检查目标 (%N1)	89.2	89.6	90.0	90.5	90.9	91.3	91.7	92.1	92.6	93.2
68 (20)	低慢车 (%N2)	61.2	61.2	61.2	61.3	61.4	61.6	61.7	61.8	61.9	62.0
	高慢车 (%N2)	70.4	70.4	70.4	70.5	70.7	70.9	71.0	71.2	71.3	71.4
	部分功率PMC关(%N2)	89.6	89.8	90.0	90.2	90.4	90.6	90.8	91.0	91.1	91.3
	部分功率PMC开(%N1)	72.4	72.7	73.0	73.3	73.5	73.7	74.1	74.4	74.6	74.9
	静态起飞PMC(开/关)(%N1)	91.1	91.6	92.0	92.4	92.8	93.1	93.5	94.0	94.4	95.1
	加速检查目标 (%N1)	89.3	89.8	90.2	90.7	91.1	91.5	91.9	92.3	92.8	93.4

（2）使用当前的OAT、气压和波音737维护手册合适的配平表，记录N1静态T/O PMC（功率管理控制）OPEN/OFF和加速性检查目标N1。

（3）在低慢车下启动和操作发动机（参考AMM 71-00-00/201），确保所有的引气和电负荷都已断开。

（4）打开P6面板上IDLE CONT开关。

（5）确保发动机仪表盘上的指示都在正确的范围内，确保PMC（功率管理控制）在ON位，PMC（功率管理控制）INOP灯熄灭。

（6）人工设置 N1 指示器上的 N1 参考/目标游标调到加速性检查目标 N1 值。

（7）推动油门杆到静态起飞 N1 位,让发动机稳定 15s,确保发动机指示在正确的范围内。

（8）向前推油门杆到慢车位,让发动机稳定 15s。

（9）向前推油门杆(1s 内)从慢车位到全加速位,记录从发动机转速加快到加速性检查目标 N1(ACCELCHECK TARGET N1.)的时间。

（10）拉回推力杆(在 1~2s 内)到慢车位。

（11）确保加速时间不多于 7.4s,如图 9.8 所示。

（12）如果加速时间多于 7.4s,执行以下步骤:

① 再次做加速减速检查。

② 在快速减速之前,确保发动机达到加速性检查中稳定的起始转速 N1。

③ 如果加速时间多于 7.4s,进行排故(参考 AMM71-00-42/101)。

④ 如果不需要故障排除,把 PMC 开关置于 OFF 位,重复执行加速/减速检查。

⑤ 如果不需要过多的测试和修改,关闭发动机把飞机恢复到正常状态。

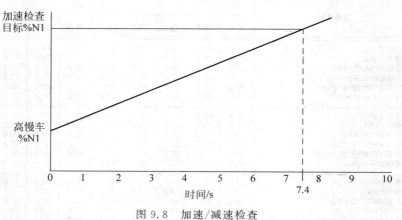

图 9.8　加速/减速检查

9.7　测试 7：T2/CIT 传感器测试

测试 7 是 T2/CIT 传感器测试。在换发或是换件后进行这项测试,参考 AMM 可以获得详细介绍。

1）目的

T2/CIT 传感器测试是为排除 T2/CIT 传感器故障提供数据。

2）维修任务

以下步骤给出 T2/CIT 传感器测试的程序。

（1）打开左风扇整流罩面板(参考 AMM71-11-02/201)。

（2）安装 FIT/CIT 传感器测试器 P/N856A1357。

（3）在飞机阴影区下记录外界大气温度。

（4）启动并让发动机低慢车下运行(参考 AMM71-11-02/201)。

（5）记录传感器测试器仪表上的读数。

(6) 关闭发动机(参考 AMM71-11-02/201)。

(7) 使用来自表 9.7 中 T2/CIT 传感器测试限制数据,找出修正后的传感器极限。对于外界大气温度,比较仪表上的值和修正的极限,然后确定传感器情况。

(8) 如果传感器不在范围内,更换 T25 传感器(参考 AMM73-21-02/401),如果 T2 传感器不在范围内,更换 T2 传感器(参考 AMM73-21-09/401)。

(9) 如果传感器都在范围内,继续这项程序。

(10) 拆下 FIT/CIT 传感器测试器 P/N856A1357。

(11) 进行渗漏检查-慢车功率测试。

(12) 进行 MEC 配平检查。

表 9.7 T2/CIT 传感器测试限制

T2/CIT 传感器限制		
外界大气温度/°F (°C)	T2 P7-PB PSID	CIT P6-PB PSID
−16 (−27)	61-81	38-58
−14 (−26)	62-82	39-59
−12 (−24)	63-83	39-59
−10 (−23)	64-84	40-60
−08 (−22)	65-85	41-61
−06 (−21)	66-86	41-61
−04 (−20)	67-87	42-62
−02 (−19)	68-88	43-63
0 (−18)	69-89	43-63
02 (−17)	70-90	44-64
04 (−16)	71-91	45-65
06 (−14)	72-92	46-66
08 (−13)	73-93	47-67
10 (−12)	74-94	47-67
12 (−11)	75-95	48-68
14 (−10)	76-96	48-68
16 (−09)	77-97	49-69
18 (−08)	78-98	50-70
20 (−07)	79-99	51-71
22 (−06)	80-100	51-71
24 (−04)	81-101	52-72
26 (−03)	82-102	53-73
28 (−02)	83-103	54-74
30 (−01)	84-104	54-74
32(0)	85-105	55-75
34(01)	86-106	56-76
36(02)	87-107	57-77
38(03)	88-108	57-77
40(04)	89-109	58-78
42(06)	90-110	59-79

9.8 测试8：发动机诊断运行

测试8是发动机诊断运行测试，在换发或是换件后进行这项测试，参考AMM手册中可以获得详细介绍。

1）目的

在发动机装到飞机上时，发动机诊断运行测试评估发动机参数，它也有助于隔离一个可能的错误系统。发动机诊断运行测试有MEC、VSV/VBV系统、PMC、飞行发动机控制。

2）维护任务

以下步骤给出发动机诊断运行测试的步骤，参考发动机数据和记录表格。

（1）对于每一台发动机进行慢车转速测试（测试4），并在发动机运行数据表格上记录并比较高低慢车转速。如果慢车转速不在极限范围内，调整慢车转速（测试4）。提示：同一方向上低慢车和高慢车转速超出极限范围，则表明MEC N2转速管理系统有故障。

（2）对于每台发动机PMC在OFF位置时，进行部分功率配平测试（测试6）。在发动机运行数据表格上记录实际N2转速和目标N2转速。

提示：PMC在OFF位置的部分功率配平测试，能够确保MEC的N2转速管理系统运行正确和在极限范围内。

（3）执行以下步骤：

① 比较每台发动机的部分功率N2转速。

② 如果部分功率N2转速不在极限范围内，调整功率配平螺钉来修正N2转速。

③ 如果N2转速仍然不在极限范围内，对T2信号执行一个测试；对PS12执行一个故障排除程序（参考AMM71-00-59/101）；执行一个PMC PLA旋转可变差动传感器（RVDT）不同的电压测试（参考AMM73-21-00/501）；然后在发动机运行数据表格上记录结果。

④ 如果N2转速仍然不在极限范围内，更换MEC（参考AMM73-21-01/401），然后继续执行这项测试。

（4）对于每台发动机PMC在ON位置时，进行部分功率配平测试（测试6）。在发动机运行数据表格上记录实际N1转速和目标N1转速。

（5）执行以下步骤：

① 对每台发动机比较部分功率N1转速。

② 如果部分功率N1转速不在极限范围内，进行PLA增加测试和对PMC系统排除故障（参考AMM73-21-00/501），同时执行一个PMCPLA旋转可变差动传感器不同的电压测试（参考AMM73-21-00/501）。

③ 在发动机运行数据表格上记录结果。

（6）在部分功率停止时对推力杆校装做一个检查，然后在发动机运行数据表格上记录校装。如果推力杆没有正确校装，进行推力控制调整（参考AMM76-11-00/501），然后继续这项测试。

（7）在每台发动机上执行一个加速测试，在发动机运行数据表格上记录加速时间。比较每台发动机的加速性，如果每台发动机的发动机加速性不在极限范围内，编制一个可适用的故障排除程序（参考AMM71-00-42/101）。

（8）对于每台发动机PMC在ON位置时做一个最大的功率保险测试。在发动机运行数据表格上记录测试结果。设定 N1 转速为目标转速,做 N2 转速和 EGT 的检查。如果 N2 转速和 EGT 都在最大极限以上,比较两台发动机的 N2 转速。

9.9 油封和启封

当动力装置为了以后的使用储存时,油封的说明和程序提供必要的注意事项,用来防止不必要的液体和外来物进入动力装置。根据天气和存储情况,它有灵活的保存方法。启封的说明包括以下必须遵循的步骤,使动力装置恢复到它正常的运行状态。

油封和启封程序基于以下因素:①一台发动机的不工作时间;②用于油封的类型;③动力装置是适用的还是不适用的。

提示:一个可适用的动力装置室是可以启动的,一个不可适用的动力装置是不可以启动的。对于适用的和不适用的动力装置,参考表 9.8 中保存和重新使用的要求。

如果一个动力装置保存超过一个较长的时间(365 天),应该完成动力装置的运行程序。

表 9.8 油封和启封要求表

油封天数	可用发动机	不可用发动机
10 天以内的油封	让发动机在低慢车状态下稳定工作 3min,盖上进气道和排气口堵盖,没有重复限制	在 IFSD(发动机空中停车)后 24h 内完成发动机烘干程序,不能重复
30 天以内的油封	让发动机在低慢车状态下稳定工作 20min,盖上进气道和排气口堵盖,重新油封程序可以进行两次(油封期可延长两个 30 天)	完成发动机烘干程序,盖上堵盖,不能重复,实施 30~365 天的动力装置油封程序
90 天以内的油封	稳定工作 20min,油封滑油系统,盖上堵盖,不能重复,实施 30~365 天的动力装置油封程序	不能重复,实施 30~365 天的动力装置油封程序
30~365 天的油封	对滑油系统进行防腐处理,对燃油系统进行油封烘干程序,用干燥剂包裹发动机	延伸程序要求,细节参考 AMM71-00-03,不能重复,让发动机恢复可用
30~365 天的启封	勤务发动机滑油,勤务附件齿轮箱,动力装置湿冷转,进行动力装置慢车功率测试	

1. 动力装置保存 10 天的程序

发动机的动力装置安装在机翼上保存 10 天的程序,在维护任务的部分描述。从飞机上拆下发动机的程序,在国际发动机车间手册的 72-00-00 部分。

维护任务:

以下步骤列出了可适用的动力装置的保存程序:

(1) 使用动力装置的正常操纵程序来启动发动机(参考 AMM71-00-00/201)。

(2) 使发动机在慢车状态下稳定 3min。

（3）使用动力装置正常操纵程序关闭发动机（参考 71-00-00/201）。

（4）安装进气和排气覆盖物来防止风扇自转和防止任何外来物造成的损伤。

以下步骤列出了不可适用的动力装置的保存程序：

（1）如果发动机有空中停车，执行发动机干燥程序。

（2）安装进气和排气覆盖物来防止风扇自转和防止任何外来物造成的损伤。

（3）从最后一次操纵发动机或是发动机干燥程序结束后来考虑发动机保存 10 天。

2. 动力装置保存 30 天的程序

动力装置安装在机翼上保存 30 天的程序，在维修手册维护任务的部分有描述。从发动机飞机上拆下的程序，在发动机车间手册的 72-00-00 部分有描述。

维护任务：

以下步骤列出了可适用的动力装置的保存程序：

（1）使用动力装置的正常操纵程序来启动发动机（参考 AMM71-00-00/201）。

（2）使发动机在慢车状态下稳定 15～20min。

（3）使用动力装置正常操纵程序关闭发动机（参考 71-00-00/201）。

（4）安装进气和排气覆盖物来防止风扇自转和防止任何外来物造成的损伤。

以下步骤列出了不可适用的动力装置的保存程序：

（1）如果发动机有空中停车，执行发动机干燥程序。

（2）确保可变放气活门（VBV）的门关闭。

（3）在可变放气活门放气格栅上安装一个蒸气屏蔽薄膜。

（4）在所有拆除了的附件单元上安装盖子或保护罩。

（5）安装盖子在所有不连接的管路和电接头上。

（6）用蒸气屏蔽薄膜密封进气和排气开口并用带子系上。

（7）在每侧发动机里放一个干燥剂，但是不要接触发动机的硬件。

（8）如果发动机不保存在机翼下，在发动机上安装一个防水的袋子并且系紧。如果发动机保存在机翼下，在发动机上安装一个防水的覆盖物并系紧。

（9）从最后一次操纵发动机或是发动机干燥程序结束后来考虑发动机保存 30 天。

3. 动力装置保存 30～90 天的程序

动力装置安装在机翼上保存 30～90 天的程序，在维修手册维护任务的部分有描述。发动机从飞机上拆下的程序，在发动机车间手册的 72-00-00 部分有描述。

维护任务：

以下步骤列出了可适用的动力装置的保存程序：

（1）用最少 20 夸脱（19L）的发动机滑油加添发动机滑油箱（参考 AMM12-13-11/301），滑油里最少加占总体积 5% 的防腐油（CP2259）或者最少占总体积 7% 的防腐油（CP2309）。

（2）使用动力装置的正常操纵程序来启动发动机（参考 AMM71-00-00/201）。

（3）使发动机在慢车状态下稳定 15～20min。

（4）使用动力装置正常操纵程序关闭发动机（参考 71-00-00/201）。

（5）安装进气和排气覆盖物来防止风扇自转和防止任何外来物造成的损伤。

（6）在动力装置上系上一个标签来显示燃油系统和滑油系统的防腐已经用防腐油加添过了。

4. 动力装置保存 30～365 天的程序和重新使用程序

动力装置安装在机翼上保存 30～365 天的程序，在维修手册维护任务的部分有描述。发动机从飞机上拆下发动机的程序，在发动机车间手册的 72-00-00 部分有描述。

维护任务：

以下步骤列出了可适用的动力装置的保存程序：

（1）用最少 20 夸脱(19L)的发动机滑油加添发动机滑油箱（参考 AMM12-13-11/301），这些滑油里最少加占总体积 5％的防腐油(CP2259)或者最少占总体积 7％的防腐油(CP2309)。

（2）在所有附件驱动垫子上安装覆盖垫和密封垫（如果附件单元被拆除）。

（3）对发动机的燃油系统进行防腐程序（参考 AMM 特定的说明）。

（4）关闭可变放气活门(VBV)的门（如果 VBV 打开的话）（参考 AMM75-32-00/201）。

（5）把蒸汽屏蔽薄膜安装在 VBV 的引气格栅上。

（6）在所有不连接的管路和电接头上安装垫子。

（7）用蒸汽屏蔽薄膜密封进气和排气开口，用带子系紧蒸汽屏蔽薄膜。

（8）在每侧发动机里放一个干燥剂，但是让它不要接触发动机的硬件。

（9）在动力装置上安装一个防水的覆盖物。

（10）在动力装置上系上一个标签来显示燃油系统和滑油系统的防腐已经用防腐油加添过了。

以下步骤列出了不可适用的动力装置的保存程序：

（1）排放发动机燃油系统（参考 AMM 中的详细说明）。

（2）对发动机的燃油系统进行防腐程序（参考 AMM 中的特定说明）。

（3）安装所有的堵塞、插头和所有连接的管路，确保没有泄露。

（4）关闭 VBV 门（如果它们打开的话）（参考 AMM75-32-00/201）

（5）把蒸汽屏蔽薄膜安装在 VBV 的引气格栅上。

（6）对发动机的润滑系统进行防腐程序（参考 AMM 中的特定说明）。

（7）确保断开的管路和点接头上有罩子在上面。

（8）用蒸汽屏蔽薄膜密封进气和排气开口。

（9）在每侧发动机里放一个干燥剂，但是让它不要接触发动机的硬件。

（10）在动力装置上安装一个防水的覆盖物。

（11）在动力装置上系上一个标签来显示燃油系统和滑油系统的防腐已经完成。

（12）将启动手柄放回到 CUTOFF 位置。

以下步骤列出了可适用的动力装置的重新使用程序：

（1）移除动力装置的防水罩、蒸汽屏蔽薄膜和干燥剂。

（2）移除进气和排气区域的带子确保没有不希望出现的材料。

（3）安装被拆下来的附件单元。

（4）连接被拆下来的管路和电接头。

（5）排放发动机滑油箱（参考 AMM12-13-11/301）。

（6）排放附件齿轮箱（参考 AMM12-13-11/301）。

（7）对发动机滑油箱进行勤务程序（参考 AMM12-13-11/301）。

（8）使用动力装置的湿运转程序来运转发动机（参考 AMM71-00-00/201）。

（9）使用动力装置的湿运转程序来使发动机关闭（参考 AMM71-00-00/201）。

（10）检查燃油和润滑系统的管路、配件、附件是否有渗漏。

（11）对发动机的滑油箱进行勤务程序（参考 AMM12-13-11/301）。

（12）对发动机进行换算慢车功率测试（参考 AMM71-00-00/501）。

5. 发动机干燥程序

发动机干燥程序包括干燥和润滑发动机集油槽。当发动机在空中停车时以及着陆后24h 内运行干燥程序是非常没有必要的。

如果动力装置在着陆后 24h 内运行,发动机的干燥程序可以被忽略。推荐的发动机是最小运行时间为 15~20min 的低慢车功率。

提示：如果着陆后发动机的干燥程序没有及时完成,冷凝会导致被滑油浸湿的部件的腐蚀。参考 AMM 手册中的特定说明。

1) 目的

发动机的干燥程序移除滑油系统的湿气来防止对轴承和齿轮的腐蚀。

2) 维护任务

以下列出发动机干燥程序所需要的工具。

（1）再润滑总管,发动机集油槽工具 No.856A3620。

（2）空气滤子,有以下技术要求：

① 过滤：$25\mu m$；

② 温度：$300\sim325\,°F(150\sim165\,°C)$；

③ 最少流通容量：$120lb/min(55kg/min)$；

④ 压力差：$10psi(70kPa)$；

⑤ 工作压力：$70psi(485kPa)$；

⑥ 密封压力：$105psi(725kPa)$。

（3）热空气源装置（地面气源车或是高流量容积加热器）,有以下技术要求：

① 外排容积：$120\sim130lb/min(55\sim60kg/min)$；

② 温度：$300\sim325\,°F(150\sim165\,°C)$；

③ 供气压力：$30\sim45psi(210\sim310kPa)$。

（4）温度为 $325\,°F(165\,°C)$、压力为 $45PSI(310kPa)$ 的气体通过两个软管和连接的卡箍。一个软管被批准连接到热空气源的出口和滤子的进口,另一个软管被批准连接到空气滤的出口和发动机排气接头出口（干燥程序）或者再润滑总管（再润滑程序）。

（5）厚的保护手套。

（6）两个垫子,有以下技术要求：

① 等级-SC43；

② 氯丁橡胶海绵；

参考图 9.9。

以下步骤列出在机翼上安装的发动机干燥程序。

（1）检查空气滤是否有任何不希望出现的材料。

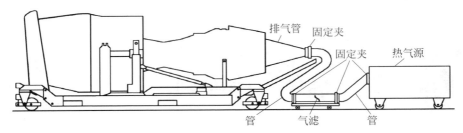

注意：此布局针对下翼发动机，在翼发动机类似

图9.9 发动机烘干设备总体布局

（2）通过软管吹干燥的、过滤过的、压缩过的气体来移除所有不希望有的材料。

（3）在热空气源的出口和空气滤子的进口安装一个软管。

（4）在内整流罩的下半部分进气口处铺上垫子。

（5）打开热空气源使压力缓慢增加到工作水平。空气温度必须在150～165℃。

（6）进行干燥循环最少是20min。在这期间，戴上手套人工使风扇转子缓慢转动，在通常的运行方向上转动一整圈（从前看是逆时针方向）。需要每5min重复一次该步骤。

（7）戴上手套人工缓慢旋转N2转子。

（8）在发动机干燥程序结束后移除热空气源。

参考图9.10。

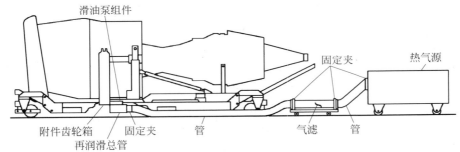

注意：此布局针对下翼发动机，在翼发动机类似

图9.10 发动机再润滑设备总体布局

以下步骤列出在机翼上安装的发动机动力装置润滑程序。

（1）从发动机排气出口移除软管并将它安装在再润滑总管的供气口，用卡箍连接到软管上。

（2）打开热空气源使压力缓慢增加到工作水平。空气温度必须在300～325℉（150～165℃）。

（3）当发动机在运行标准，打开再润滑总管的滑油供油活门。

（4）在润滑循环中，戴上手套人工使风扇转子缓慢转动，在通常的运行方向上转动一整圈（从前看是逆时针方向）。重复该步骤，直到滑油容器是空的（通常需要5～6min）。

（5）人工缓慢旋转N2转子，如果可能的话1min转1圈。

（6）如果滑油容器是空的，则关闭滑油供油活门并且关闭热空气源。

附录 A 发动机英文缩写词汇

AC	alternating current
ACARS	aircraft communication addressing and reporting system
ADC	air data computer
AGB	accessory gearbox
AIDS	aircraft integrated data system
AIPM	aircraft illustrated parts manual
ALF	aft looking forward
AMM	aircraft maintenance manual
AOG	aircraft on ground
APU	auxiliary power unit
ATA	air transport association
ATHR	auto thrust
ATO	aborted takeoff
AVM	airborne vibration monitoring
BITE	built in test equipment
BMC	bleed management computer
BSI	bore scope inspection
C	Celsius (degrees)
CAD	computer assisted design
CBP	compressor bleed pressure
CC	cubic centimeter
CCW	counter clock wise
CDP	compressor discharge pressure
CDU	control display unit
CESM	commercial engine service memorandum
CFM	commercial fan motor
CIP	compressor inlet pressure
CIT	compressor inlet temperature
CODEP	common deposition

CONT	continuous
CRT	cathode ray tube
CSD	constant speed drive
CSI	cycles since installation
CSN	cycles since new
CW	clockwise
DAC	digital to analog converter
DC	direct current
DDG	dispatch deviation guide
DOD	domestic object damage
EBU	engine buildup unit
ECAM	electronic centralized aircraft monitoring
EFH	engine flight hours
EFIS	electronic flight instrument system
EGT	exhaust gas temperature (T49.5)
EICAS	engine indicating and crew alerting system
EIS	engine instrument system
EMF	electronic motive force
ESN	engine serial number
F	Fahrenheit (degrees)
FAA	federal aviation administration
FADEC	full authority digital engine control
FAR	federal aviation regulation
FF	fuel flow
FFCCV	fan frame compressor case vertical
FI	flight idle
FIT	fan inlet temperature
FLA	forward looking aft
FLT	flight
FMV	fuel metering valve
FOD	foreign object damage
GE	general electric
GEAE	general electric aircraft engines
GEM	ground-based engine monitoring
GI	ground idle
GRD	ground
HP	high pressure
HPC	high pressure compressor
HPCR	high pressure compressor rotor

HPT	high pressure turbine
HPTC	high pressure turbine clearance
HPTCC	high pressure turbine clearance control
HPTCCV	high pressure turbine clearance control valve
HPTN	high pressure turbine nozzle
HPTR	high pressure turbine rotor
I/O	input/output
IAS	indicated air speed
ID	inside diameter
IDG	integrated drive generator
IFSD	in-flight shutdown
IGB	inlet gearbox
IGN	ignition
IGV	inlet guide vane
INOP	inoperative
IPB	illustrated parts breakdown
IPC	illustrated parts catalog
K	Kelvin (degrees)
LE	leading edge
LP	low pressure
LPC	low pressure compressor
LPT	low pressure turbine
LPTN	low pressure turbine nozzle
LPTR	low pressure turbine rotor
LRU	line replaceable unit
LVDT	linear variable differential transducer
MCD	magnetic chip detector
MCL	maximum climb
MCR	maximum cruise
MCT	maximum continuous
MEC	main engine eontrol
MO	aircraft speed mach number
MPA	maximum power assurance
MPD	maintenance planning document
mVDC	millivolts direct current
N	Newton
N1	low pressure rotor
N1 *	desired fan speed
N1K	corrected fan speed

N2	high pressure rotor
N2 *	desired core speed
N2K	corrected core speed
NLR	spee d low pressure rotor
NOB	No. 1 Bearing
OAT	outside air temperature
OGV	outlet guide vane
OVBD	overboard
P1	fuel valve inlet pressure
P2	fuel valve discharge pressure
P4	differential servo pressure
P5	CDP regulated pressure
P6	CIT regulated pressure
P7	FIT regulated pressure
PB	bypass pressure (50 psi)
PBR	reference bypass pressure
PC	control pressure (260 psi)
PCR	regulated case pressure (110 psi)
PF	heated servo pressure
PLA	power lever angle
PMC	power management control
PRSOV	pressure regulating shutoff valve
PS	pump supply pressure
PS3	compressor discharge pressure
PS12	fan inlet static air pressure
PS13	fan outlet static air pressure
Pt2. 5	high pressure compressor inlet total
QAD	quick attach detach
Qty.	quantity
RPM	revolutions per minute
RVDT	rotary variable differential transducer
SB	service bulletin
SR	service request
SFC	specific fuel consumption
SG	specific gravity
SGA	specific gravity adjustment
SLS	sea level standard
SLSD	sea level standard day
SN	serial number

SRM	structural repair manual
SSM	system schematic manual
T2	fan inlet temperature (hydromechanical)
T25	high pressure compressor inlet air temperature
T49.5	exhaust gas temperature
T12	fan inlet total air temperature (electrical)
TAI	thermal anti-ice
TE	trailing edge
TO	take off
TR	thrust reverser
TAT	total air temperature
TBD	to be determined
TBO	time before overhaul
TC1	turbine clearance control (5th stage)
TC2	turbine clearance control (9th stage)
TC3	turbine clearance control (timer signal)
TCC	turbine clearance control
TCCV	turbine clearance control valve
TGB	transfer gearbox
TS5	turbine clearance control (5th stage with timer)
TS9	turbine clearance control (9th stage with timer)
TRF	turbine rear frame
VBV	variable bleed valve
VDC	volts direct current
VIB	vibration
VSCF	variable speed constant frequency
VSV	variable stator vane

附录 B 航空发动机的报废分解

随着发动机服役年限的增加和维护成本的上升,像 CFM56-3 这样老旧发动机的使用和修理就越来越不经济,逐渐退出运营机队。一台发动机一般到了第 3 次大修就开始进入不经济修理的维护使用阶段了。为了减轻运营负担,发动机的所有人需要对发动机进行残值处理。直接出售发动机只是其中最简单的方式,虽然操作简单,执行成本很低,但获利也非常有限。除了发动机整机保留作为教学、展示等目的外,几乎所有退役发动机最后都进入车间进行报废分解,通过对单件的处理来获取发动机最后的价值。

发动机的寿命意义远远大于其安装在飞机上的时间,为什么这样说呢?就如捐献人体器官一样,使器官的生命得以延续。发动机报废时仍然有一些零部件可以通过适当的检测、修理,继续用于其他待修发动机,投入到后续的在翼使用中。这首先需要完全分解需报废的发动机,对零部件进行评估、检查、修理,确认哪些件可以用于其他大修的发动机,哪些件可以返回给客户作为航线维护备用件,哪些件可以出售到二手件市场进行销售流通等。发动机报废分解业务间接增加了发动机的残值,为航空运营人或发动机所有人节省了成本,给修理商提供了充分的零部件使用机会,给分销商提供了灵活的航材经贸渠道。

近年来,国内部分航空发动机维修企业也都频频接到各类航空发动机所有者的委托,对退役报废的发动机进行分解处理,使其发动机的残值最大化。随着业务的不断成熟,这些发动机维修企业探索出科学高效的运作方式,对发动机报废分解过程中的零部件管理越来越科学,充分利用了发动机零部件的使用价值,与客户互惠互利。

1. 发动机报废分解的前期准备

一旦发动机的所有人决定对发动机进行报废分解处理,首先需要确定发动机报废分解业务的承接人。全球专门承接发动机报废分解业务的公司非常少。业务承接人不一定是 145 部适航批准单位。有的业务承接人对零部件没有适航发证能力,只负责简单的拆卸,不负责零部件的后续检测和取证。而大多数 145 部适航批准的修理商则可对能力范围内的发动机进行全程分解和处理,包括拆卸、检查、修理,出具相应的可用件适航标签,甚至对零部件进行库房管理和代理销售等。发动机大修厂自己就有很大的零部件使用量,因此如果委托给发动机大修厂进行报废分解还能就地解决大量的零部件出售,节省多个环节的成本。因为人员培训、工装设备、手册资料、行业批准等方面的成本要求很高,所以一个公司很难具备所有发动机机型的拆卸能力。只有根据具体的机型寻找那些具备相应能力的施工企业或修理商,才能很好地完成委托人的委托要求。业务承接商应能够灵活满足发动机所有人对每一台发动机的个性化要求。

根据发动机所有人的商业计划，业务承接人与其签署特定的商业合同进行相应车间分解工作。在正式接收一台报废分解的发动机之前，业务承接商应该和发动机的所有人仔细商定报废分解的工作范围。工作范围依据双方业务合同意图的不同具体内容会有很大差异。不同的发动机所有人有不同的客户化要求，即使同一个所有人对不同的发动机报废分解项目也有不同的特殊要求。有的时候发动机所有人要求把发动机拆解到单元体的状态，并报废其他没有商业价值的零件。有时候则要求发动机分解到单件状态，部分或全部返回给所有人。在双方制订工作范围时，一定要把决议事项具体指向到每一个组件，甚至到每一个单件。准备并约定详细的零部件跟踪目录清单，在工作范围中要明确本部件的分类和处理方法。如果零部件需要检查、修理返回到可用状态的，必须明确检查、修理的文件依据和标准。约定与维修记录文件相关的要求事项，要颁发适航证件的必须定义证件类型，如FAA Form 8130-3，A AC-038、EASA Form one 等。零部件的包装、库存和交付运输是整个业务过程中的重要事项，肯定有客户的具体要求，必须逐一书面约定到工作范围中。

业务承接人必须向发动机所有人索取所有的发动机履历记录，包括航线使用维护记录、屡次大修记录和相关的声明、报告、与发动机技术状态相关的信函等。在后续的零部件处理过程中需要部分发动机的履历文件记录支持单件的履历跟踪记录，以方便未来零部件购买人或使用人的使用确认。工程技术人员提前查看发动机完整的履历文件，明确发动机的所有相关技术状态。业务承接人一定要与发动机所有人（以下简称客户）建立日常的业务沟通方法，确保任何问题都有双方的指定人员进行跟踪，并得到及时的沟通和处理。

2. 发动机报废分解的实施

业务承接人的经营性质各异，但对发动机车间拆解流程的思路基本相同。

（1）发动机送达承接人施工厂房并在卸货前需要进行接收检查，确认并记录发动机序列号，对发动机和支撑托架的外观状态进行检查、记录、拍照。在发动机送入工作车间之前，承接人工程师必须根据客户的工作范围和要求制订车间施工方案，按需编制施工工作单、记录表和报告等。查看发动机的履历记录，确保所有与发动机报废分解工作相关的要求都已转化到施工方案和各操作工卡中。

（2）当发动机送入车间，在进行任何分解工作前，必须执行一系列的进厂检查工作。再次确认发动机的序列号。对发动机及部附件的在位情况进行详细的拍照记录。对照实物记录附件的件号、序列号等详细信息，并按既定的格式汇总成发动机的附件记录清单。对照客户提供的信息和记录，发现任何异常现象都要及时反馈给客户，并得到客户的确认。一旦完成了所有的进厂检查工作，就可以进行发动机的拆解工作了。

（3）发动机分解工作是一个系统工作的过程，工程技术、客户协调、航材管理、生产控制、车间施工、文件记录等各职能部门都必须联动运行，通过质量保证体系、数据信息管理平台来确保不出纰漏、环环相扣，提供可靠的工作质量，满足客户既定的要求。

（4）从技术角度看，发动机的报废分解与正常的发动机大修拆卸分解是一样的。车间基本按照从外到内、从大到小的顺序逐层拆卸和分解。需要强调的是，对拆下零部件的跟踪处理必须完整、清晰、准确、及时。离位零部件应及时挂标签，明示件的跟踪信息和状态。同时第一时间把件的离位信息和状态记录到既定的零部件目录清单中。在件的后续流程中如果有改变件的状态，应立即更新标签和记录，及时反馈件的最新情况。

（5）按照客户的工作范围,需要就地报废的件,及时挂上报废标签,进行报废处理,并隔离到报废库房。就地通过检测修理返回可用状态的件要及时挂上可用件标签或适航标签,送存相应的库房等待交付处理。需要外委修理的件要及时挂上不可用件标签,并列明修理的工作范围和文件要求,转入送修流程进行跟踪。拆下无需做任何工作的件要挂上拆下无检测的标签,送待处理件库房等待处理。

（6）对需要就地修理的零部件和外委修理的零部件,客服代表应与工程技术人员和航材送修人员一起收集修理信息,为客户提供修理费用或修理成本的市场参考报价,与客户一同优化零部件的修理方案和处置策略,使零部件的处置利益最大化。

（7）零部件的库房清单及其跟踪管理是至关重要的一环。首先要有一个完整的清单反映整台发动机的零部件总体信息,包括件/序号、名称、数量、状态、库房位置,按需设置参考价格等。这个汇总清单要根据持续的零部件处理状态时时更新,同时保持客户方按需随时查看清单情况,以方便其做出资产管理决策。另外还要根据客户个性化的要求制订零部件分类跟踪清单。如果零部件就地用于组装其他待修发动机,则要详细跟踪记录用件情况,可能的话列出相应的零部件参考价格和金额,利于客户及时了解报废发动机的残值分配。

（8）交付零部件前,需要明确件包装要求和运输要求。库房管理部门一定要获得客户方明确的书面指令后,认真核对需要交付零部件的状态要求、件/序号、数量,方可从库房发出零件。包装人员要明确客户方对零部件的运输包装要求,没有特殊要求的按行业惯例或标准进行操作,同时还要考虑危险品运输的相关规定。通常客户对零部件的去向有多种意图,所以件的交付运输也依特殊要求执行。负责交付运输的人员一定要核对所运输零部件的件/序号、数量、包装状态,做详细的文件记录和拍照记录,核实运输目的地信息和接收人,与接收人建立联系方式,跟踪确认零部件被完好接收。

3．发动机所有人的商业考虑

作为发动机的所有人,可能是航空公司,可能是租赁公司,可能是航材经销商,也可能是维修商及其他任何经济利益相关的个人或企业。不同性质的发动机所有人必须根据自身特点选择发动机报废分解的实施机构,制订适合自身经营管理目的的零部件处置计划。

（1）优先选择发动机大修厂执行发动机报废分解业务。虽然目前全球有为数不多的企业专门从事发动机的报废分解业务,可如果没有明显的利益驱动,不推荐选择这样的业务公司。因为这样的发动机报废分解公司技术业务单一,操作简单,一般不具备专业的零部件检测修理能力和适航发证能力,不利于零部件的后续处置,影响发动机和零部件的剩余价值。最好选择具有相应机型维修能力的发动机大修厂,减少零部件的处置成本。主要的优点有发动机大修厂技术管理能力强、文件记录专业完整、零部件的就地利用量大、市场信息灵通、恢复可用的零部件在市场上的接受度高、服务全面等。

（2）需要考虑发动机应该部分分解还是全面分解。经过技术评估,整台发动机已经没什么在翼使用的经济价值,但其中一个或几个子单元体的状态还很好时,可以考虑部分分解。譬如某个单元体限寿件的剩余寿命还很多,检查显示各部件状态良好,通过工程技术人员评估认为还可以整体更换到其他待修发动机上继续使用,则可以考虑该单元体作为整体进行处置。

（3）给零部件定义一个门槛价格,放弃无利可图的低价件。通常部分消耗件、标准件和其他一些市场价格低廉的零部件通过一系列的检查修理后,成本上升,已经没什么经济利益,对这些件可以由大修厂自行报废和处置,减少自己的处置成本,同时也给大修厂少许获利空间,间接降低发动机所有人的合作成本。

(4)发动机所有人的机队较大的话,可以采用报废分解一台发动机作为其他2~4台待修发动机的备件。这样可以减少零部件成本的重复支出,减少公司现金流负担,提升待修发动机的TAT管理,减少报废发动机的处置成本等。多个案例显示这样操作对财务利润的综合贡献远远大于以上各方面好处的直接累加。

(5)提前做好零部件的二手件市场调研和商务洽谈。发动机年部件最终都是到了维修商手里,组装于待修发动机上的。所以,在发动机报废分解之前就开始与市场上的发动机维修商和航材经销商进行接触,了解近期各大修厂的购件需求。尽快找到购买人,避免来自市场方面和行业标准方面的不确定风险,减少零部件的库存管理费用和部分文件取证成本。

(6)保存完整清晰的发动机历史使用维护记录。文件记录是二手零部件的生命线。几乎所有的购买人都是通过记录文件确定购买意向的。通常一个二手零部件能否快速被出售取决于其是否有一份完整清晰、高质量的记录文件。尤其对发动机的限寿件来说,记录的完整与否会直接影响限寿件的价值,有时候低质量的记录文件会彻底报废一个限寿件。

发动机所有人在实际的业务操作中除了上述需要考虑的因素还很多细节需要关注。零部件的构型是否满足市场的大众需求?零部件件号是否适用于其他型号发动机?对零部件执行服务通告(service bulletin,SB)的成本和利益怎么样?哪些报废件具有潜在的非在翼使用价值(地面用发动机、装饰工艺品、教具、展示品、回炉……)?所有诸如此类的问题,除了需要发动机所有者团队敏锐的市场、商业洞察能力外,还需要与发动机修理商紧密的合作,利用修理商全面、专业的资源,共同商谈和优化零部件的处置。

参 考 文 献

[1] 徐超群,闫国华.民航维修管理[M].北京:中国民航出版社,2012.

[2] 闫锋,付尧明,尚永锋.民航维修管理基础[M].2版.北京:中国民航出版社,2020.

[3] 莫布雷 J.以可靠性为中心的维修 RCM Ⅱ[M].石磊,谷宁昌,译.北京:机械工业出版社,1995.

[4] ATA MSG-3 operator/manufacturer scheduled maintenance development [S]. Air Transport Association of America,2009.

[5] KINNISON H A.民航维修管理[M].李建珺,李真,译.北京:航空工业出版社,2007.

[6] 闫锋,付尧明,付金华.航空发动机 FADEC 系统安全性分析方法研究[M].成都:西南交通大学出版社,2019.

[7] 常士基,刘延利,郭润夏.民用航空维修工程[M].北京:航空工业出版社,2018.

[8] 左洪福,蔡景,吴昊,等.民航维修工程学[M].北京:科学出版社,2011.

[9] 孙春林.民航维修质量管理[M].北京:中国民航出版社,2001.

[10] 赵廷渝.航空燃气涡轮动力装置[M].成都:西南交通大学出版社,2004.

[11] 闫锋,陆江华,张弛,等.民用航空发动机典型航线维修差错防控[M].北京:中国民航出版社,2020.

[12] NOLAN F S,HEAP H F.可靠性为中心的维修(上、下册)[M].刘云,王立群,等译.中国人民解放军空军第一研究所,1982.

[13] 王端民.民航维修质量与安全管理[M].北京:国防工业出版社,2008.

[14] 张永生.民航维修工程管理概论[M].北京:中国民航出版社,1999.

[15] REASON J,HOBBS A.维修差错管理[M].徐建新,贾宝惠,等译.北京:中国民航出版社,2007.

[16] 帕坦卡尔 M S,泰勒 J C.航空维修中的风险管理与差错减少[M].北京:中国民航出版社,2007.

[17] 里斯麦尔.维修与维修人员[M].程晋萍,译.北京:中国民航出版社,2003.

[18] GE. Diagnostics Trend Interpretation Training. GEK 112802 Revision 5 [Z].2009.

[19] 敖良忠.CFM56-5B 发动机性能衰退评估[J].中国民航飞行学院学报,2006,17(2):28-30.

[20] 民航无损检测人员资格鉴定与认证委员会.航空器无损检测综合知识[M].北京:中国民航出版社,2009.

参 考 文 献